Mosaik

Frieder Sauer

Wasservögel

Herausgegeben von Gunter Steinbach
Illustriert von Fritz Wendler (†)
Beratung von Dr. Helgard Reichholf-Riehm

Mosaik Verlag

Zum Buch

Es gibt Vogelarten, deren Bindung an einen mehr oder weniger feuchten Lebensraum die eindeutige Zuordnung zu den Land- bzw. Wasservögeln nicht zuläßt. Um Doppelbelegungen zu vermeiden, wurden sie entsprechend ihrer vorherrschenden Lebensweise dem Wasservogel- oder dem bereits erschienenen Landvogel-Band zugeordnet. Beide Bücher ergänzen sich zu einer Darstellung der europäischen Wildvögel, die zusammen 382 Arten mit ebenso vielen Verbreitungskarten auf 736 Farbfotos und 477 Zeichnungen umfaßt.
Eine solche Dokumentation konnte nur dank der Mithilfe zahlreicher namhafter Tierfotografen zustande kommen, die, ergänzt durch die Unterstützung bedeutender Archive, eine Auslese aus vielen Jahrzehnten der Vogelfotografie zur Verfügung stellten. Dennoch sei nicht verschwiegen, daß sich bei einigen wenigen Durchzüglern oder sehr seltenen Hochseebewohnern, die in Europa praktisch nie an Land zu beobachten sind, Bildprobleme ergeben. Sie beeinträchtigen den Gebrauchswert eines Feldführers allerdings nicht.
Bei der Frage nach dem Sinn eines neuen Vogelführers kann auf drei Gesichtspunkte verwiesen werden:

1. Die Darstellung der heimischen Vogelwelt in zwei getrennten und dadurch noch handlichen und einheitlich gestalteten Bänden erlaubt Beschreibungstexte von einem für Feldführer ungewöhnlichen Umfang; sie sind nicht nur informativ, sondern auch leicht lesbar, weil auf Abkürzungen und Symbole verzichtet wurde.

2. Die weitaus meisten Vogelarten werden mit mehr als einem Farbfoto gezeigt, so daß auch Nester, Eier und Jungvögel vielfach Berücksichtigung fanden.

3. Darüber hinaus verdeutlichen die für diese Bände erarbeiteten Textzeichnungen Einzelheiten oder ermöglichen Größenvergleiche, die Fotos nicht leisten können.

Zur Handhabung des Bandes:

Die dem Inhaltsverzeichnis folgende Doppelseite enthält alle 28 im Bestimmungsteil verwendeten Gruppensymbole mit Seitenverweisen. Sie führen als erste Orientierungshilfe oder Grob-Schlüssel in den Bestimmungsteil ein. Dort kehren sie als Randsymbole der Bildseiten wieder.
Farbbilder und Beschreibungstexte stehen sich gegenüber: Den rechtsseitigen Bildern entsprechen Textblöcke der linken Seiten an sinngemäß gleicher Stelle.
Die Artbeschreibungen folgen einer gleichbleibenden Anordnung durch hervorgehobene Leitbegriffe: *Merkmale, Lebensraum, Fortpflanzung, Nahrung,* mitunter ergänzt durch allgemein Wissenswertes. Auf Merkmale der Gestalt oder des Federkleides, die das Bild eindeutig zeigt, geht der Text im allgemeinen nicht ein. Über die Artbeschreibungen hinaus werden auf zwölf Seiten Einführungen mit ganzseitigen Übersichtszeichnungen artenreicher Ordnungen, Familien oder Gattungsgruppen vorangestellt. Eine Betrachtung der Besonderheiten von Wasservögeln und ihrer Lebensräume ergänzt den Bestimmungsteil.

Der Herausgeber

Inhalt

Halbfette Schrift weist auf den einführenden Text zu einer Vogelgruppe hin.

Übersicht verwendeten Symbole

♂ = männlich

♀ = weiblich

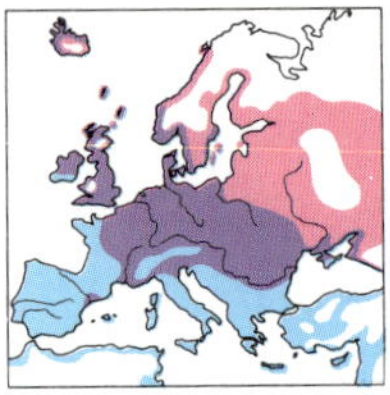

Verbreitungskarte

rot: Brutgebiet

violett: Ganzjahresgebiet

blau: Überwinterungsgebiet

ab Seite 42

ab Seite 46

ab Seite 48

ab Seite 54

ab Seite 148

Seite 154/155

ab Seite 156

Seite 170/171

ab Seite 214

ab Seite 220

ab Seite 242

ab Seite 258

ab Seite 18

ab Seite 24

ab Seite 36

Seite 40/41

ab Seite 72

ab Seite 76

Seite 80/81

ab Seite 84

ab Seite 172

ab Seite 176

Seite 182/183

ab Seite 186

Seite 270/271

ab Seite 270

Seite 276/277

Seite 278/279

Wasservögel

Wasser ist die Voraussetzung jeder Lebensentfaltung; es bietet aber auch Lebensräume im kleinen wie im größten Maßstab. Ähnlich, wie man magere und fruchtbare Böden mit kärglichem oder massereichem Pflanzenwuchs unterscheidet, gibt es auch nährstoffarme und nährstoffreiche Gewässer oder Meeresteile. Nur in mineral- und sauerstoffreichem Wasser, das zudem von Licht durchflutet ist, finden die Pflanzen die erforderlichen Bedingungen zur Erzeugung von Biomasse aus anorganischen Ausgangsstoffen durch Assimilation. Diese Primärproduktion der grünen Pflanzen ist dort besonders hoch, wo ständige Mineralienzufuhr gesichert ist. Bei den Meeren sind das unter anderem die Mündungen großer Flüsse, auf dem Festland zum Beispiel die Verlandungszonen von Süßwasserseen. Von den durch Pflanzen erzeugten organischen Verbindungen (Biomasse) leben letzten Endes alle Tiere.

Die Pyramide der Lebensentfaltung steht deshalb in solchen Feuchtbiotopen mit guter Mineralienversorgung auf einer besonders breiten Basis. Entsprechend reich ist hier auch die Vogelwelt vertreten. Daß Feuchtigkeit oder Wasser ohne ständigen Zustrom mineralischer Pflanzennährstoffe keine Grundlage für vielgliedrige Nahrungsketten bildet, zeigt das Hochmoor: Trotz Wasser, Licht und Sonnenwärme ernährt es nur wenige Pflanzenarten, so daß wir dort auch nur ein dürftiges Vogelleben beobachten können – ganz im Gegensatz zum artenreichen Flachmoor mit seiner Nährstoffzufuhr aus dem Untergrund.

Nahezu die Hälfte aller europäischen Vögel lebt mehr oder weniger an Feuchtbiotope gebunden. Ihre Lebensweise kann sich unübersehbar im Körperbau ausprägen, wie etwa bei den Enten oder Tauchern, die sich auf dem Festland nur noch ungeschickt fortbewegen. Die Bindung ans Wasser muß sich aber nicht immer im äußeren Erscheinungsbild ausdrücken. So bekommt man beispielsweise durch das Studium der Museumspräparate tropischer Eisvögel nicht heraus, ob die betrachtete Art ihre Nahrung stoßtauchend im Wasser erbeutet oder ob sie in trockeneren Gegenden auf Heuschrecken und andere Insekten lauert.

Ähnlich kann man aus dem Vergleich des Körperbaus von Triel und Rotschenkel, von Seeadler und Steinadler, von Rohrammer und Goldammer, von Viehstelze und Gebirgsstelze kaum darauf schließen, welche dieser Arten jeweils an Gewässern und welche fern vom Wasser vorkommt. Es sind also nicht allein Eigenheiten des Körperbaus, sondern auch solche des Verhaltens, die einen Wasservogel ausmachen. Im Gegensatz zum Landvogel fühlt er sich stets vom Wasser angezogen. Auch auf dem Zug, fern seiner Heimat, wird er vorzugsweise am Wasser landen, wenn er rasten und Nahrung suchen will. Ein Wasservogel badet nur im Wasser, manche Landvögel dagegen nur im Sand, wie etwa die Hühner.

Wasservögel gehören nicht durch eine irgendwie geartete Verwandtschaft zusammen, wie etwa alle Eulen oder Tauben eine jeweils einheitliche Ordnung bilden. Vielmehr gibt es in zahlreichen Verwandtschaftsgruppen der Vögel Arten, die man als Wasservögel bezeichnen kann, und andere Arten derselben Gruppe, die sich als Landvögel ausprägten. So sind z. B. unter den Eulen die Fischeulen an Gewässer gebunden, während etwa die Schnee-Eule sich nur bei Gelegenheit als Fischfänger betätigt und die überwiegende Mehrzahl der Eulen nie den Versuch macht, einen Fisch zu erbeuten.

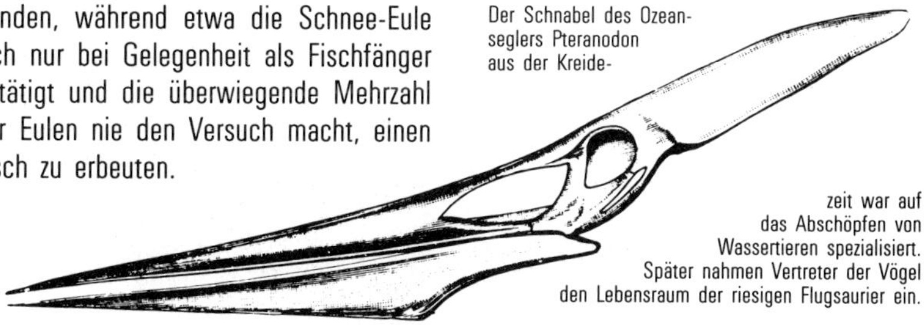

Der Schnabel des Ozeanseglers Pteranodon aus der Kreidezeit war auf das Abschöpfen von Wassertieren spezialisiert. Später nahmen Vertreter der Vögel den Lebensraum der riesigen Flugsaurier ein.

Unter den Singvögeln leben die Wasseramseln, unter den Greifvögeln zum Beispiel See- und Fischadler an und von Gewässern. Andere Gruppen enthalten weit überwiegend Wasservögel, können aber auch einzelne Arten umfassen, die zu Landvögeln wurden. So zählt zur Ordnung der Gänsevögel die seltene Hawaiigans, die fern vom Wasser auf Waldlichtungen und Geröllhängen lebt. Die Ordnung der Watvögel im weitesten Sinne (Charadriiformes) spaltete einige Arten ab, die in Halbwüsten und Wüsten beheimatet sind. Der Wachtelkönig ist eine Ralle, die sich im Gegensatz zu anderen, wassergebundenen Arten der Rallenfamilie in verwilderten Wiesen auch fern des Wassers heimisch fühlt.

Unter den Reihern wurde der Kuhreiher Wild- und Viehherdenbegleiter im Grasland, unter den sonst wassergebundenen Stelzvögeln finden sich die Marabus auf afrikanischen und ostindischen Müllplätzen, wo sie als eine Art Gesundheitspolizei wirksam sind.

Wasservögel gibt es schon sehr lange. Sieht man von Archaeopteryx, dem Urvogel, ab, der vor etwa 140 Millionen Jahren lebte, so stammen die ältesten Vogelfossilien unserer Erde von Wasservögeln. Vor etwa 110 Millionen Jahren, noch zur Zeit der Flugsaurier, hatten sich schon hochspezialisierte Wasservögel entwickelt, etwa der Hesperornis: Er lebte nach Art der heutigen Seetaucher und zeigte auch eine ihnen schon recht ähnliche Gestalt. Seine Füße waren zu Schwimmfüßen umgewandelt, die weit hinten am Körper saßen, seine Flügel so zurückgebildet, daß er nicht mehr fliegen konnte. Etwa gleichzeitig gab es aber auch schon seeschwalbenähnliche Vögel, die wahrscheinlich so virtuose Flieger waren wie die Seeschwalben von heute. Ein fossiler Flamingo und ein Urkormoran sind aus den Ablagerungen der Kreidezeit bekannt geworden, die vor rund 60 Millionen Jahren zu Ende ging.

Stufen der Anpassung

In Verbindung mit dem Wasser entstanden recht unterschiedliche Lebensräume. Entsprechend vielgestaltig entfalteten sich die Wasservögel. Wenn wir uns etwa einem naturnah erhaltenen See in Mitteleuropa nähern, so gehen wir zunächst durch feuchte Wiesen mit einer kennzeichnenden Pflanzendecke, die unter anderem viele Sauergräser enthält. Hier leben vielleicht Kiebitz und Brachvogel, soweit sie nicht durch die landwirtschaftliche Nutzung vertrieben wurden. Diese Vögel sind noch Landbewohner, weshalb wir sie in unserem Landvogel-Band vorstellten.

Weiter zum Ufer hin mischen sich Binsen und Schilf unter die dreikantigen Sauergräser; am Ufersaum stoßen wir auf reines Schilf, das in der Regel nicht mehr landwirtschaftlich genutzt wird. Schilfwald gedeiht sowohl auf sumpfigem Grund als auch in fuß- bis knietiefem Wasser, so daß wir die Vögel, die hier leben, teilweise schon als Wasservögel bezeichnen können. Es sind durchwegs leicht gebaute Vögelchen, die in der Schilfwildnis von Halm zu Halm turnen und sich dabei fast ausschließlich an senkrechten Sprossen festklammern müssen. Hier finden wir zum Beispiel die Rohrammern, verschiedene Rohrsänger und Schwirle; auch die Bartmeise kann hier vorkommen und die Zwergdommel, die so groß und schwer ist, daß sie beim Klettern mit ihren langen Zehen meist mehrere Halme zugleich umgreift. Wie der Schilfwald den Übergang zwischen Land und Süßwasser bildet, so lassen sich auch die hier heimischen Vögel nicht streng in Land- und Wasservögel einteilen.

Noch weiter zum See hinaus, unter umgebrochenem und sich zersetzendem Altschilf der Vorjahre, erstreckt sich das verborgene Reich der Rallen. Sie klettern nicht, sondern schlüpfen geschickt durch das undurchdringlich scheinende Halmegewirr. Der sichtgeschützte Schilfwald bildet einen bevorzugten Brutraum für viele Vögel, die hier ihre Nester verstecken, ihre Nahrung aber vielfach aus dem Wasser holen: Mitglieder der Reiherfamilie, viele Entenarten und Taucher. Der Schilfwald ernährt auch eine auf diesen Lebensraum ausgerichtete Greifvogelart, die Rohrweihe.

Die »Turner« unter den Vögeln des Schilfwaldes sind an ihrem Körperbau noch nicht als Wasservögel zu erkennen. Bei Rallen und Dommeln dagegen fallen über-

Bläßralle der Schwimmblattzone

lange Zehen auf, die das Körpergewicht auf eine so große Fläche verteilen, daß diese Vögel auch auf schwimmenden Wasserpflanzen, wie Seerosenblättern, dahineilen können.

An Salz- und Bitterseen, in der Brandung der Meeresküsten, an Ufern mit stark schwankendem Wasserspiegel sowie an rasch fließenden Gewässern kann sich kein Schilf und meist auch keine andere Uferpflanze halten. Der wenig oder nicht bewachsene Ufersaum besteht je nach Wellengang oder Strömung, nach geografischen oder geologischen Verhältnissen aus Geröll, Kies, Sand, Feinsand oder Schlick. Wo die Wellen auslaufen, spülen sie allerlei lebendes oder totes Getier an Land und decken so einer artenreichen Vogelwelt den Tisch.

Die Vögel, die hier ihre Nahrung suchen und teilweise auch brüten, sind meist von sandfarbenem Gefieder. Als gute Läufer eilen sie von früh bis spät am Ufer entlang und picken hier und dort nach Genießbarem. Für Vögel, die am Spülsaum der Gewässer ihre Nahrung suchen, prägte man die Gruppenbezeichnung Limikolen.

Kurze Beine und ungewöhnlich lange Schnäbel kennzeichnen die Stocherer. Sie durchstochern den Uferschlick und ertasten im Boden verborgene Würmer und Insektenlarven.

Etwas weiter draußen, im etwa handtiefen Wasser, leben Vögel mit langen Beinen, langem Hals und langem Schnabel. Sie waten, oft bauchtief, im Flachwasser und picken nach Nahrung, die auf der Oberfläche treibt, oder sie tunken den Kopf ins Wasser und nehmen kleine Wassertiere vom Grund auf. Einige Spezialisten durchwirbeln auch mit den Füßen den Schlick und scheuchen so die Beutetiere aus ihren Verstecken.

Über tieferem Wasser beginnt die Zone der Schwimmvögel. Zwar können die schon erwähnten Rallen und die Watvögel auch etwas schwimmen, aber ihre Zehen tragen noch keine Schwimmhäute. Bei den Schwimmvögeln ist das anders: Ihre Füße stehen weit hinten am Körper, und zwischen den Zehen breiten sich Schwimmhäute aus. Ziehen sie den Fuß nach vorne, so legen sich die Schwimmhäute zusammen, und der Fuß durchschneidet mit seiner schmalen Vorderkante das Wasser, ohne ihm viel Widerstand zu bieten. Bei der Gegenbewegung aber spreizen sich die Schwimmhäute auseinander, und das Tier kann sich kräftig nach vorn abstoßen.

Da Vögel unterschiedlicher verwandtschaftlicher Herkunft zu Schwimmvögeln wurden, gibt es auch unterschiedlich ausgebildete Schwimmfüße. Die Füße der Enten, Lappentaucher und Bläßhühner beispielsweise lösen die gleiche Aufgabe auf jeweils verschiedene Weise.

Ein Teil der Schwimmvögel sucht seine Nahrung an der Wasseroberfläche, wo sich alles ansammelt, was leichter ist als Wasser und schwerer als Luft. Manche Schwimmvögel tunken auch ihren mehr oder weniger langen Hals ins Wasser und »gründeln«, das heißt, sie durchschnattern die obersten Schlammschichten und sieben dabei die Tiere und Pflanzen aus. Die Übergänge von ihnen zu den Tauchvögeln, die ihre Nahrung überwiegend oder gänzlich beim Tauchen erbeuten, fließen. Einige Tauchvogelarten sind im Süß- und im Salzwasser gleichermaßen zu Hause.

Stelzenläufer der Flachwasserzone

Je mehr ein Vogel beim Tauchen leistet, desto schlechter taugt er als Flieger. Die Pinguine bezeichnen einen Endpunkt dieser Entwicklung: Sie erkauften ihre fast fischartige Gewandtheit im und unter Wasser mit völliger Flugunfähigkeit.

Im Nordmeer lebte der Riesenalk, ein »nordischer Pinguin«. Dieser schwere, ebenfalls flugunfähige Vogel wurde im vorigen Jahrhundert gedankenlos von Robbenschlägern ausgerottet. Noch heute bedeckt eine meterdicke Schicht aus Knochen, Eierschalen, Federn und Nahrungsresten eine seiner ehemaligen Brutinseln und zeugt von einstiger Vogelherrlichkeit, aber auch von der zerstörerischen Tätigkeit des Menschen. Eine flugunfähige Kormoranart hat auf den abgelegenen Galapagos-Inseln überlebt; sie gilt als eine der seltensten Vogelarten überhaupt.

Fast alle Tauchvögel sind bauchseits weiß und auf dem Rücken dunkler, oft sogar schwarz gefärbt. Man nennt diese Farbverteilung Gegenschattierung. Sie bewirkt,

Die Gegenschattierung beim Papageitaucher

daß der Vogel, der von oben vor dunklem, von unten vor hellem Hintergrund gesehen wird, in seinem Lebensraum wenig auffällt.

Auch der Luftraum über dem Wasser ist belebt. Hier jagen Seeschwalben unermüdlich mit weit ausholenden Flügelschlägen ihre Beute, die sie aus der Luft erspähen und stoßtauchend ergreifen.

Ganz eigenartig und unvergeßlich für jeden, der ihn einmal gesehen hat, ist der Nahrungssuchflug der Wellenläufer. Diese Vögel laufen tänzelnd über das Wasser, wobei sie mit schlagenden Flügeln den Hauptteil ihres Körpergewichts tragen. »Petrels«, Petrusvögel, nannten sie die alten, wenn schon nicht frommen, so doch bibelkundig erzogenen Seeleute in Erinnerung an St. Petrus, der einst auch über das Wasser geschritten sein soll.

So hat jeder Lebensraum seine eigene, auf ihn spezialisierte Vogelwelt. Die Verschiedenartigkeit dieser Lebensräume ermöglicht und bedingt den Artenreichtum der Wasservögel. Neben den genannten, auf bestimmte Nahrungsquellen festgelegten Arten gibt es auch sehr vielseitige, also wenig spezialisierte Wasservögel: die Möwen. Sie fliegen meisterhaft, schwimmen korkenleicht und sind trotzdem gut zu Fuß. Weil unter sich wandelnden Bedingungen solche Alleskönner am besten zurechtkommen, gehen die Möwen besonders in der vom Menschen veränderten Umwelt unserer Tage vielerorts als Gewinner aus dem Wettbewerb der Arten hervor. Sie vermehrten sich landstrichweise so stark, daß sie zur Plage und zur Gefährdung für andere Brutvögel ihres Raumes wurden.

Ganz allgemein nimmt der Arten- und Individuenreichtum der Süßwasservögel von den gemäßigten Zonen nach den Polen hin langsam ab; der Reichtum an Meeresvögeln dagegen nimmt von den Tropen zu den Polen hin zu, und zwar aufgrund des Nahrungsangebotes. Die Binnenseen zeigen nach Norden hin abnehmenden Pflanzenwuchs (Primärproduktion). Sie kühlen im Winter stark ab und überziehen sich je nach geographischer Lage monatelang mit einer Eisdecke. Die Wasservögel werden dadurch von ihren Nahrungsquellen abgeschnitten, sie müssen an offene Küsten ausweichen oder in den wärmeren Süden wandern.

Wegen ihres Salzgehaltes frieren die Meere erst in Polnähe regelmäßig zu. Die Wassermassen der Meere wirken zudem als Wärmespeicher mildernd und ausgleichend. Während die Primärproduktion der Binnenseen zu den Polen hin abnimmt, kann sie in kalten Meeren unter dem Zustrom nährsalzreicher Tiefenwasser zur lichtdurchfluteten Oberfläche höher als in warmen sein.

Die Nahrungsketten, an deren Ende zu Lande und zu Wasser oft Vögel stehen, beginnen im Meer mit dem pflanzlichen Plankton. Es besteht aus oberflächennahen, im Wasser schwebenden ein- und mehrzelligen Pflanzen, die durch ihre Primärproduktion das tierische Plankton versorgen. Dieses wird von Fischen und anderen Meerestieren verzehrt, die ihrerseits die Seevögel ernähren. Die räuberischen Arten unter den Meeresvögeln bilden das letzte Glied dieser Nahrungskette auf hoher See.

Während die meisten Landvögel einzeln brüten, schließt sich die Mehrzahl der Wasservögel zur Brutzeit in Kolonien zusammen. Diese Eigenart setzt sich durch alle Gattungen fort. Bei den Enten und Gänsen ist sie weniger ausgeprägt, stark dagegen bei den Reihern, Kormoranen, Pelikanen, den Seeschwalben und Möwen, den Alken und vielen anderen.

Häufig bilden die Meeresvögel gemischte Kolonien, in denen mehrere Arten gemeinsam und gleichzeitig brüten. An den Küsten fischreicher Meere können solche Seevogelkolonien von Hunderttausenden, ja Millionen von Paaren bevölkert werden. Das lärmende Leben in diesen »Großstädten« der Vogelwelt bietet eines der eindrucksvollsten Naturschauspiele der belebten Welt. Außerhalb der Brutzeit liegen die Kolonien verlassen. Manche Meeresvogelarten wandern dann über die Weltmeere und legen dabei fast unvorstellbar große Strecken zurück. So wissen wir von Albatrossen, daß sie den Erdball auf dem Wasserweg umrunden können. Andere Arten bleiben eher in der Nähe der Küsten; sie waren den Seeleuten vergangener Tage erste Vorboten des noch unsichtbaren Landes.

Wasser wirkt meistens »kalt«, weil es als guter Leiter die Wärme höhertemperierter Körper rasch ableitet. Die belebte Natur geht mit Energie sparsam um. Tiere, die mit weniger Nahrung auskommen, haben bessere Überlebenschancen als solche mit hohen Grundumsätzen. Sie können in nahrungsärmere Lebensräume vordringen, brauchen sich nicht so häufig der oft gefährlichen Nahrungssuche hinzugeben, sie können mehr Nachwuchs aufziehen und nahrungsarme Zeiten besser überstehen.

Um den Wärmeverlust durch das Wasser gering zu halten, entwickelten Schwimm- und Tauchvögel verschiedene wirkungsvolle Einrichtungen. Diese Vögel sind im Durchschnitt wesentlich größer als die Landvögel. Schwimmvögel von Zaunkönig- oder Goldhähnchengröße gibt es nicht.

Die Füße der Schwimm- und Tauchvögel werden nur wenig durchblutet. Sie stellen gleichsam wechselwarme Körperteile an einem sonst gleichwarmen Organismus dar. Zudem wird das warme Blut, das in die Beine strömt, zuvor durch eine Art Wärmeaustauscher energiesparend vorgekühlt.

Wasserbewohnende Vögel tragen ein sehr dichtes, bei Schwimmvögeln lufthaltiges Federkleid, das wasserabstoßend gehalten wird. Die meisten Wasservögel fetten ihr Gefieder mit Öl aus der Bürzeldrüse ein und verwenden täglich viele Stunden auf diese Pflege. Andere, etwa die Reiher, besitzen Puderdunen, das sind Federn, die zu einem wasserabstoßenden Pulver zerfallen. Es wird mit dem Schnabel auf dem Gefieder verteilt und imprägniert es.

Die vielleicht bemerkenswerteste Anpassung an die endlosen Salzwasserflächen der Weltmeere zeigen unter anderen die Röhrennasen. Die Mitglieder dieser Vogelordnung bringen einen großen Teil ihres Lebens auf offenem Meer zu. Sie haben die Fähigkeit, ihren Trinkwasserbedarf durch Salzausscheidungen der Röhrennase aus dem Salzwasser zu gewinnen. Die Entsalzung von Meerwasser ist im Bereich der menschlichen Technik bekanntlich nur mit großem apparativem Aufwand und hoher Energiezufuhr möglich.

Vom Vogelzug

Der Vogelzug birgt viele Gefahren. Für etwa die Hälfte der Wanderer gibt es keine Wiederkehr. Oft müssen Wasservögel Landflächen überfliegen, auf denen sie keine Nahrung finden. Andererseits überqueren viele Vögel der Wälder und Gehölze, wie etwa die Nachtigall, Meer und Wüste. Ein Vogel, dem die Kräfte versagen, ist verloren. Ich sah einmal, wie ein Kranich aus seinem Zugkeil zurückfiel, nicht mehr aufholen konnte, schließlich taumelte und entkräftet zu Boden stürzte. Ein solches minutenschnell sich abspielendes Drama mit tödlichem Ausgang macht deutlich, daß der Vogelzug keine Ferienreise, sondern eine unbarmherzige Ausleseprüfung darstellt, der nur voll entwickelte, gesunde und gutgenährte Vögel gewachsen sind.

Ein erheblicher Teil der Zugvögel fällt den Jägern Mittel- und vor allem Südeuropas zum Opfer. Allein in Italien empfangen etwa zwei Millionen Jäger die gefiederten Durchzügler mit himmelwärts gerichteten Gewehren. Auch in Spanien, in Frankreich, im Libanon und anderswo eröffnen einheimische und zugereiste Jäger das Feuer auf Vögel jeder Art und Größe. Heute, im Zeitalter des Ferntourismus, folgen zudem europäische Jäger scharenweise den Zugvögeln in ihre afrikanischen Winterquartiere, um dort das sinnlose Töten fortzusetzen.

Noch schlimmer als dieser Bleihagel, der heute aus vielerlei Gründen nicht mehr zu rechtfertigen ist, wirkt sich für viele Vogelarten die Trockenlegung von Feuchtgebieten aus, die ein Glied nach dem andern aus der Kette uralter Rastplätze der Wasservögel herausbricht – nicht nur in Mitteleuropa und in der Türkei, sondern, kaum beachtet und mit verheerenden Folgen, auch in den Entwicklungsländern der Dritten Welt, so in Nigeria, im Senegal und in vielen anderen Gebieten. Man kann heute über kein Teilgebiet der Vogelkunde mehr schreiben, ohne auf die immer großflächiger und nachhaltiger fortschreitende Naturzerstörung durch den Menschen zu stoßen.

Das Zugverhalten ist den Vögeln angeboren und zeigt sich mit triebhafter Wucht auch bei gekäfigten Wildvögeln, die abgeschirmt vom Wettergeschehen und bei bester Ernährung gehalten werden. Es beginnt mit einer Gewichtszunahme, dann bricht die Zugunruhe aus; viele Vögel flattern schließlich bis zur Ermattung in ihrem Käfig, wobei sie sich das Gefieder arg zerstoßen können.

Immer wieder hat die Zielstrebigkeit des Zuges die Vogelkundler in Erstaunen versetzt. Schwalben etwa kehren nach einem Winter in Zentralafrika oft in ihre Nester des Vorjahres zurück. Ebenso kann der Überwinterungsort mit großer Genauigkeit angeflogen werden. Goldregenpfeifer aus Alaska etwa steuern die Insel Hawaii an, die als winziger Punkt in einer viele tausend Quadratkilometer großen Wasserwüste vor ihnen liegt. Auch andere einsame Inseln südlicher Ozeane haben ihre steten Gäste aus dem hohen Norden.

Soweit die Zeugnisse zurückreichen, nahmen naturkundige Menschen den Vogelzug als eine erstaunliche Erscheinung wahr. Immer wieder wurden Vögel vor ihrem Wegzug mit beschriebenen Bändern gezeichnet. Man hoffte, auf diese Weise Rückmeldungen und Auskunft über das Wanderschicksal der Vögel zu bekommen. Daneben hielt sich bis ins 18. Jahrhundert der Irrglaube, viele Vögel würden den nor-

Dunkler Wasserläufer

dischen Winter in irgendwelchen Verstekken verschlafen. Man hielt es sogar für möglich, daß sie im Winter das Aussehen anderer Vögel annahmen. Diese Vermutung beruhte auf der Beobachtung, daß etliche Vogelarten im Herbst verschwanden und an ihre Stelle anders aussehende Vögel traten, nämlich jene, die als Wintergäste hier die kalte Jahreszeit überdauerten.
Je mehr man über den Vogelzug lernte, desto mehr Fragen warf er auf. Heute setzt sich immer mehr die Meinung durch, daß es nicht nur eine Antwort gibt auf die Frage: Wie orientieren sich die Vögel?
Manche ziehen, wenn das Wetter sie bedrängt, nach Süden und folgen im Frühling dem Winter nordwärts, sobald ihnen Warmluft den Weg bereitet. Andere ziehen ohne Rücksicht auf das Wetter stets zu etwa der gleichen Zeit und kommen auch stets auf einige Tage pünktlich wieder zurück. Man schließt daraus, daß sich diese Vögel nach dem jahreszeitlichen Lauf der Sonne richten.
Die meisten Arten ziehen in breiter Front nach Süden, andere folgen uralten Zugstraßen, die mit arteigenen Überlieferungen erklärt werden. So kann man an windstillen und sonnigen Oktobertagen von den Gipfeln des Sauerlandes aus bis über tausend Kraniche nach Südwesten ziehen sehen, während etwa in Bayern nur selten ein versprengter Trupp beobachtet wird. – Die Störche aus Mittel- und Westeuropa ziehen über Spanien und die Meerenge von Gibraltar, die osteuropäischen über den Bosporus und folgen dann der Küste des Roten Meeres. Schließlich treffen sich die Wanderer beider so weit voneinander entfernten Zugwege in Südafrika.
Die meisten Vögel ziehen nachts und hinterlassen auf den empfindlichen Radarschirmen, die den Himmel über Europa bewachen, geisterhafte Spuren. Sie fliegen meist niedrig, oft aber auch hoch über den Wolken, sie fliegen sowohl einzeln als auch in größeren Gruppen. Bevorzugt ziehen sie bei günstigen Winden und rasten bei widriger Wetterlage. Dennoch werden von heftigen Seitenwinden mitunter große Vogelheere um viele hundert Kilometer von ihrer üblichen Route abgedrängt. Auch diese Vögel sind noch in der Lage, ihr Ziel zu finden, wenn sie nicht vor Erschöpfung zugrunde gehen.
Zugvögel orientieren sich am Stand der Sterne, des Mondes und der Sonne, und sie verfügen über eine innere Uhr, mit der sie den täglichen Gang der Gestirne in ihre instinktive Navigation einbeziehen. Zumindest einzelne Vogelarten gewinnen auf rätselhafte Weise Informationen über das Magnetfeld der Erde und nutzen es auf ihren Wegen zwischen Nord und Süd.
Nicht nur die kalten Zonen haben ihre Wanderer. Auch in den Tropen gibt es umfangreiche Zugbewegungen. Die Vögel weichen hier jedoch nicht der Kälte, sondern meist der Trockenheit aus und suchen die Landstriche auf, die gerade Regenzeit haben. Wer einen Tropenort einmal in der Regen- und ein anderes Mal zur Trockenzeit besucht, wird jeweils eine andere Vogelfauna antreffen.

See- und Lappentaucher *(Gaviiformes, Podicipediformes)*

Der »Beruf« des Tauchers wurde in der Vogelwelt mehrfach von nicht näher miteinander verwandten Vogelgruppen ergriffen. Die Pinguine der Antarktis entwickelten sich zu reinen Meerestieren. Die auf den folgenden Seiten vorgestellten beiden Gruppen fischfressender Tauchvögel halten sich dagegen zumindest während der Brutzeit im Süßwasser auf: die Seetaucher und die Lappentaucher. Die Seetaucher sind große bis sehr große Vögel. Die größte Art unter ihnen, der Eistaucher, wird etwa so groß wie eine Gans. Aber auch die kleinste Art, der Sterntaucher, erreicht über 50 cm Körperlänge und ein Gewicht von rund 2 kg. Die Seetaucher spezialisierten sich in hohem Maße auf die Unterwasserjagd nach Fischen. Ihre Knochen sind nicht hohl und leicht wie die anderer flugfähiger Vögel, sondern massiv und schwer. Ihr Federkleid wächst pelzartig dicht, es wird von den Eskimos zu warmer und wasserabstoßender Winterbekleidung verarbeitet. Die Seetaucher können ihre spaltenförmigen Nasenlöcher unter Wasser verschließen. Ihre Beine sitzen sehr weit hinten am Körper und sind so sehr auf das Fortbewegen im Wasser spezialisiert, daß die Taucher nur noch mit Mühe stehen und an Land am liebsten auf dem Boden rutschen.
Von den Seetauchern, einer uralten Vogelgruppe, gibt es vier Arten, die alle an den Küsten der nördlichen Meere heimisch sind und nur im Winter an den Küsten Mitteleuropas erscheinen. Beide Geschlechter sind gleich gefärbt; sie wechseln zwischen einem meist scharf und kontrastreich gemusterten Brutkleid und einem unscheinbar braungrauen Ruhekleid. Die Jungvögel tragen düsterbraune Dunen.
Die Seetaucher fliegen noch bemerkenswert ausdauernd, aber die großen Arten können sich nur nach langem Anlauf vom Wasser erheben und an Land überhaupt nicht starten. Die Seetaucher verbringen fast ihr ganzes Leben auf dem Wasser. Nur zum Brüten gehen sie an Land.
Die Lappentaucher ähneln in der Gestalt den Seetauchern. Ihre Bürzel laufen weniger spitz aus als bei diesen. Sie sind praktisch schwanzlos und tragen ein pelzartig dichtes Federkleid. Auch bei den Lappentauchern setzen die Füße weit hinten am zylindrischen Körper an. Der Hals ist lang und eher schlank, der Schnabel gerade und spitz.
Die Ähnlichkeiten beider Gruppen drücken die vergleichbare Lebensweise und die Anpassung an eine entsprechende Umwelt aus, nicht aber eine gemeinsame Abstammung. Man spricht von Konvergenz nicht verwandter Tierarten. In Merkmalen, die weniger von der Umwelt geformt wurden, zeigen sich dagegen deutliche Unterschiede: Die Lappentaucher tragen im Sommer und Winter sehr verschiedene Kleider, die Dunenjungen weisen helle Längsstreifen auf. Die Schwimmhäute sind in einzelne Lappen unterteilt, ein unverwechselbares Merkmal, das der Ordnung den Namen Lappentaucher gab.
Die Eier der Lappentaucher sind weiß, die der Seetaucher gefärbt und gefleckt. Lappentaucher legen 3 bis 8 Eier, Seetaucher gewöhnlich nur 2. Lappentaucher sind Süßwasservögel, die nur selten im Meer erscheinen. Lappentaucher bauen ein schwimmendes Nest aus Wasserpflanzen in Ufernähe, Seetaucher brüten auf Inselchen oder auf dem Ufer. Lappentaucher bewohnen in über einem Dutzend Arten die gemäßigten und warmen Zonen und fehlen in der Arktis, wo die Seetaucher heimisch sind.
Lappen- wie Seetaucher haben unter den Nachstellungen durch Sport- und Berufsfischer zu leiden.

Flugsilhouetten

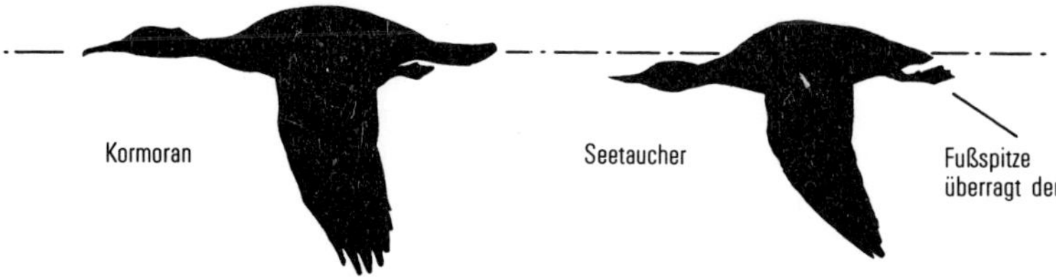

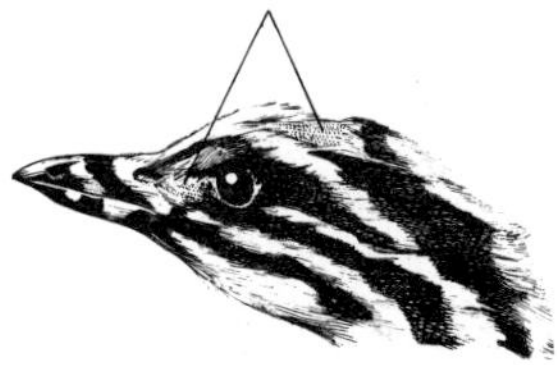

Kopfzeichnung des jungen Haubentauchers

Schnabelformen:

Sterntaucher

Haubentaucher

Prachttaucher

Zwergtaucher

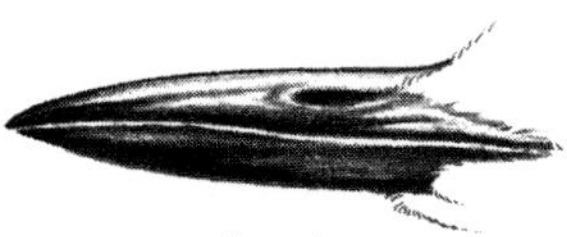

Eistaucher

Gelbschnabel-Eistaucher

Fuß des Zwergtauchers

Eistaucher *(Gavia immer)*

Eistaucher (Brutkleid)

(Ruhekleid) Gelbschnabel-Eistaucher

Merkmale: Im Brutkleid unverwechselbar durch den schwarzen Kopf mit grünblauem Seidenglanz und den schwarzgrauen, geraden Schnabel. Im Winter dem Prachttaucher sehr ähnlich, aber meist etwas größer, Länge 68 bis 81 cm, Spannweite 150 cm, Gewicht bis 4,5 kg. Die roten Augen und die schwarzweiß gemusterte Kehle sowie ein ebenso gestreiftes Halsband des Brutkleides hat auch der Gelbschnabel-Eistaucher. Im Winterkleid können die vier Seetaucherarten leicht miteinander verwechselt werden. Prachttaucher und Sterntaucher sind deutlich kleiner als Eistaucher und Gelbschnabel-Eistaucher (60 zu 70–80 cm Körperlänge). Gelbschnabel-Eistaucher und Sterntaucher haben leicht aufgeworfene Schnäbel, Pracht- und Eistaucher gerade.

Lebensraum: Brutvogel im arktischen Nordamerika, auf Grönland und Island. Einzelne Eistaucher übersommern, ohne zu brüten, bei den Faröern und um Spitzbergen. Im Winter erscheinen Eistaucher vor den Küsten Norwegens, auch in der Nord- und sogar in der Ostsee. Einzelne Jungvögel wurden durch Stürme mitunter weit nach Süden verschlagen, so daß schon am Bodensee, ja sogar im Mittelmeer, Eistaucher gesichtet werden konnten. Im Sommer leben die Vögel auf großen Süßwasserseen in Höhe der Tundra und Waldtundra.

Fortpflanzung: Wo Eistaucher brüten, schallt im Dämmerlicht der Mitternachtssonne der eindrucksvoll heulende Balzgesang der großen Vögel über das Wasser, oft im Duett vorgetragen. Die lebenslang gleichen Partnern verbundenen Eistaucher halten an dem einmal gewählten Brutgewässer fest, auch nach schwereren Störungen. Der Brutbeginn ist abhängig vom Zeitpunkt der Eisschmelze auf dem Brutsee und fällt meist in den Juni. Auch der Neststandort wird über Jahre hin beibehalten. Das Nest auf festem Grund ist bei manchen Paaren nur eine Bodenmulde, bei anderen aber ein beachtlicher Haufen aus Moos und Wasserpflanzen. Beide Eltern brüten, Brutdauer 29 bis 30 Tage. Bei Gefahr drückt sich der Brutvogel auf die Eier und streckt den Hals flach nach vorne. Notfalls wird das Nest mit Schnabelhieben wirksam verteidigt, von manchen Paaren sogar gegen den Menschen. Zwei Eier von etwa 9 cm Länge, die nicht von den Eiern des Gelbschnabel-Eistauchers zu unterscheiden sind.

Nahrung: Fische. Die jagenden Taucher bleiben bis 3 Minuten unter Wasser und schwimmen tauchend bis 200 Meter weit.

Gelbschnabel-Eistaucher *(Gavia adamsii)*

Merkmale: Größter aller Seetaucher, Gewicht bis 6 kg, Länge bis 99 cm, Spannweite über 150 cm – brütet noch nördlicher als der Eistaucher an fischreichen Seen und Strömen Eurasiens. Schnabel gelblichweiß, wirkt etwas aufgeworfen. Außerhalb der Brutzeit treffen Eistaucher und Gelbschnabel-Eistaucher vielerorts zusammen, etwa im Varanger-Fjord zwischen Norwegen und Rußland.

Lebensraum: Zur Brutzeit auf küstennahen Seen, selten auch auf großen Gebirgsseen. Der Gelbschnabel-Eistaucher ist selten. Am häufigsten ist er noch in Ostsibirien.

Fortpflanzung wie beim Eistaucher. Die Eier, fast immer zwei und braun mit kleinen dunkleren Flecken, liegen meist auf dem nackten Boden am Ufer. Die Dunenjungen sind von jungen Eistauchern nicht zu unterscheiden. Zur Zeit der Jungenaufzucht fliegen die Altvögel zum Fischen aufs Meer, während die Jungen auf dem Brutsee zu jagen beginnen. Im September werden sie selbständig.

Nahrung: Fische.

Brutkleid

Ruhekleid

Prachttaucher *(Gavia arctica)*

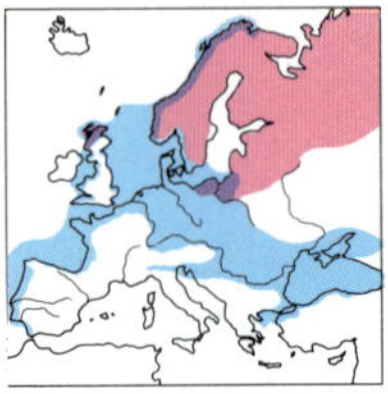

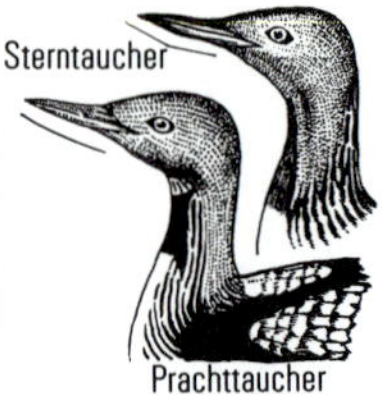

Merkmale: Körperlänge 60 cm. Im Brutkleid leicht am aschgrauen Oberkopf von den anderen Seetauchern zu unterscheiden. Im Winterkleid und während der Mauser ist die Unterscheidung von anderen Seetauchern nicht einfach, auch dann bleibt der Oberkopf heller als der schwarzgraue Rücken. Der Schnabel ist etwas schwächer und die Körperlänge etwas bis deutlich geringer als beim Eistaucher. Vom kleinsten Seetaucher, dem Sterntaucher, unterscheidet sich der Prachttaucher durch die andere Schnabelform. Prachttaucher können leicht wie Enten auf dem Wasser liegen, tauchen aber meist tiefer ein. Fühlen sie sich bedroht, so machen sie sich durch Auspressen von Luft aus dem Gefieder so schwer, daß nur noch Kopf und Nacken aus dem Wasser ragen. Im Flug strecken sie wie alle Taucher den Hals starr nach vorne und die Füße nach hinten. Sie sind ausdauernde Flieger, auch wenn sie nur nach einem längeren Anlauf vom Wasser aus starten können. Der Prachttaucher setzt mit nach hinten gestreckten Beinen und auf der Brust auf dem Wasser auf und kann gleich bei der Landung wie ein Pfeil in die Tiefe schießen. Manche Tiere verunglücken tödlich, wenn sie nachts auf einer bereiften Wiese oder regennassen Straße zu landen versuchen.

Lebensraum: Zur Brutzeit sucht der Prachttaucher meist große, tiefe, klare und fischreiche Seen auf. In Meeresnähe begnügt er sich auch mit kleineren Seen und jagt dann auf dem Meer. Manchmal befischt ein Paar mehrere kleine Seen. Im Süden seines Brutgebietes beschränkt sich der Prachttaucher auf Gebirgsseen. Als Zugvogel folgt er den Flüssen und überwintert meist in Küstennähe auf dem Wasser. Hauptüberwinterungsgebiete sind die Ostsee, das Schwarze und das Mittelmeer. Einige Tiere überwintern regelmäßig auf den großen Voralpenseen.

Fortpflanzung: Das Prachttaucherpaar erscheint auf seinem Brutsee, sobald das Eis geschmolzen ist, meist im April oder Mai; es duldet dort keine Artgenossen. Der Neststandort kann von Jahr zu Jahr wechseln. Stets liegt das Nest so dicht am Wasser, daß der Brutvogel mit einem Sprung wegtauchen kann. Es besteht aus lose zusammengetragenen Pflanzenteilen, oft wird auch nur eine Mulde in angespültes Material geformt. Immer ist das Nest durch und durch naß. Zur Balzzeit schallt in der Morgen- und Abenddämmerung die weittragende Stimme des Prachttauchers über das Wasser. Seine Rufe können heulende, lachende oder krächzende Töne enthalten.

Zwei, seltener drei Eier, Brutdauer 25 bis 30 Tage, Brutzeit je nach örtlichem Klima von Mai bis Juli. Beide Partner lösen sich beim Brüten ab. Brutbeginn nach Ablage des ersten Eies. Sehr oft wird nur ein Junges flügge. Die Jungen schlüpfen in einem oben dunkleren, am Bauch helleren graubraunen Dunenkleid. Sie bleiben am ersten oder an den beiden ersten Tagen im Nest, dann besteigen sie den Rücken eines Altvogels, der ihnen während der nächsten Zeit als schwimmendes Nest dient. Die Jungen können sofort schwimmen und tauchen. Im Alter von etwa 40 Tagen werden sie flugfähig.

Nahrung: Hauptsächlich Fische. Prachttaucher greifen auch Fische an, die sie nicht ganz verschlingen können und reißen ihnen Fleischstücke aus dem Körper. Ihr Schnabel ist ungemein scharfrandig. Wenn sie sich mit ihm verteidigen, so hinterlassen sie tiefe, blutende Wunden. Unter Wasser schwimmt der Taucher mit den Füßen und steuert mit dem Schwanz. Nur manchmal nimmt er auch unter Wasser die Flügel zu Hilfe. Er bleibt bei der Jagd bis zu 2 Minuten unter Wasser und kann in dieser Zeit über 100 Meter weit tauchen. Als Beikost nimmt er Wasserinsekten, Schnecken, Würmer und Krebse. Von Angriffen auf die Küken anderer Wasservögel wird berichtet. Prachttaucher verstricken sich gelegentlich in Fischernetzen und gehen zugrunde. Meist jagen sie nahe der Oberfläche, aber man hat schon einen toten Prachttaucher in einem Netz aus 60 Meter Tiefe heraufgeholt.

Brutkleid (oben)

Sterntaucher *(Gavia stellata)*

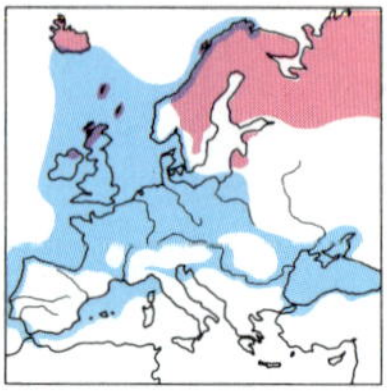

Merkmale: Der kleinste Seetaucher (etwas größer als eine Ente). Länge der Männchen um 66 cm, der Weibchen um 60 cm, Spannweite über 1 Meter. Im Brutkleid unverwechselbar durch das rostrote Halsgefieder, im Winter bilden der mit hellen Sternpunkten übersäte Rücken und der etwas nach oben gerichtete dünne Schnabel sichere Kennzeichen. Sterntaucher fliegen mühelos und ohne Anlauf vom Wasser auf. Als einzige Seetaucher können sie auch von Land aus sicher starten. Die Vögel gehen außer zum Brüten nie freiwillig an Land. Zwingt man sie zum Laufen auf dem Land, so bringen sie es nur zu einem mühsamen Schreiten. Viel lieber rutschen sie auf dem Bauch oder springen, indem sie sich mit Flügeln und Füßen vom Boden abstoßen.

Lebensraum: Zur Brutzeit lebt der Sterntaucher an ruhigen, nicht unbedingt großen Seen, meist in Küstennähe. Wo er zum Fischen aufs Meer hinausfliegen kann, brütet er auch an kleinen Moorblänken. Er erscheint im Mai oder Anfang Juni auf seinem Brutgewässer, dem er lebenslang treu bleibt. Der Wegzug im Herbst erfolgt mit der ersten Eisdecke auf dem Brutsee, im hohen Norden manchmal schon im August. Die Taucher fliegen auf dem Zug hoch und schnell und immer nachts. Sie rasten auf Flüssen, Strömen und Binnenseen, vor allem aber in Meeresbuchten oder zwischen Inseln im Meer, wo der Wellengang gemildert ist. Ziehende Sterntaucher erscheinen ab Oktober, hauptsächlich aber im November an den Küsten der Nord- und Ostsee, viele ziehen weiter bis in den Atlantik. Einzelne überwintern auch im Mittelmeer, viele, die aus östlichen Brutgebieten kommen, im Schwarzen Meer. Sterntaucher ziehen teils einzeln, teils in lockeren Gesellschaften. Auf den großen Seen des Alpenvorlandes tauchen sie nur vereinzelt auf. Der Sterntaucher brütet auch in Nordamerika, ohne daß es dort zur Ausbildung lokaler Rassen gekommen wäre.

Fortpflanzung: Der Idealbrutplatz des Sterntauchers ist ein küstennaher kleiner See ohne Steilküsten, mit grasbewachsenen Ufern und kleinen und kleinsten Inseln als Neststandorten. Die Balz erreicht im Mai ihren Höhepunkt. Die Taucher rufen dann Tag und Nacht, oft im Duett, mit teils gackernden, teils miauenden oder lachenden Stimmen. Außerdem zeigen sie verschiedene Kunstschwimmfiguren: Sie richten sich, allein oder paarweise, senkrecht im Wasser auf und pressen die Schnäbel dabei an die Brust, oder sie schwimmen umher und schlagen dabei das Wasser mit den Flügeln – sie benehmen sich also so auffällig wie möglich. Gleichzeitig werden alle anderen Paare aus dem Brutgebiet, das meist den ganzen See umfaßt, vertrieben. Soweit man weiß, leben die Taucher in lebenslanger Ehe, wie sie auch konstant bei ihrem Brutrevier bleiben.
Das Nest findet sich manchmal über viele Jahre hin auf dem gleichen Inselchen, stets dicht am Wasser. Wie bei den anderen Tauchern auch, ist es ein geringer Haufen aus zusammengetragenen oder schon angespülten durchnäßten Pflanzenteilen mit einer flachen Nestmulde. Beide Eltern lösen sich etwa alle 8 Stunden beim Brüten ab. Brutbeginn meist Anfang Juni, Brutdauer etwa 25 Tage. Geht die Brut vor Anfang Juni zugrunde, so kommt es erneut zu Balz und Begattung, die übrigens an Land erfolgen, und die Taucher fertigen ein Nachgelege. Die Eier sind mit rund 75 mm Länge und rund 80 Gramm Gewicht wesentlich größer als Hühnereier. Wenn die Jungen schlüpfen, wiegen sie 50 bis 60 Gramm. Ein geringer Anteil des Gewichtsverlustes entfällt auf die Eierschale, der größte Teil ist Wasserverlust. Das Küken im Ei kann ja nicht trinken; ein Teil von Dotter und Eiweiß wird zu Wasser und Kohlensäure abgebaut und vom Küken verbraucht.
Das Dunenkleid der jungen Küken ist fast einfarbig schwarzbraun.

Nahrung: Die Nahrung wird unter Wasser erbeutet und besteht hauptsächlich aus Fischen, dazu kommen Krebse, Schnecken und Wasserinsekten, vor allem Libellenlarven. Kleinere Beutetiere werden unter Wasser totgequetscht und dort verschluckt, mit größeren taucht der Vogel auf.

Brutkleid

Ruhekleid

Haubentaucher *(Podiceps cristatus)*

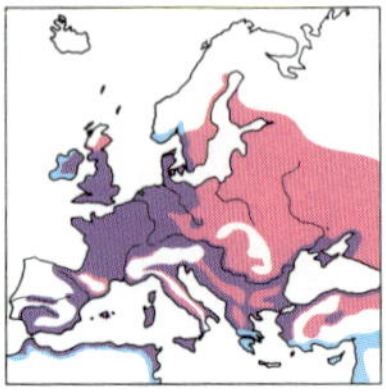

Merkmale: Entengroß, Länge um 48 cm. Von einer Ente schon von fern durch den hochgereckten Hals zu unterscheiden. Schnabel rötlich. Im Brutkleid mit beweglicher Federhaube und rostrotem Halskragen. Zum Winter verschwinden die Federohren fast ganz, die Wangen sind dann weiß ohne Braun. Der Vogel wirkt im Flug von unten fast ganz weiß. Ruflustig, mit verschiedenen knarrenden Tönen.

Lebensraum: Der Haubentaucher ist eine Zierde ruhiger, fischreicher Gewässer, die im Idealfall einen breiten Schilfsaum und eine reiche Wasserpflanzenwelt aufweisen. Hier finden sich die Vögel im April oder Mai ein und bleiben manchmal bis in den Spätherbst. Die mittel- und nordeuropäischen Haubentaucher ziehen im Winter süd- und westwärts und überwintern in Westeuropa, auch in England und im Mittelmeerraum. Im Winter trifft man sie in ruhigen Buchten auf dem Meer an. Einzelne Haubentaucher versuchen die Überwinterung nördlich der Alpen, kommen dabei aber während kalter Winter in höchste Gefahr. Viele werden dann erschöpft aufgefunden und in Tierheimen abgeliefert.

Fortpflanzung: Haubentaucher kehren vielfach alljährlich in ihr vertrautes Brutgebiet zurück. Hier zeigen sie im April und Mai ihre ausdrucksvolle und vielfältige Balz: Sie holen symbolisch Nistmaterial vom Gewässergrund und zeigen es dem Partner. Sie richten sich Brust an Brust hoch im Wasser auf, spreizen den prachtvoll rostroten Federkragen und zeigen ihn schüttelnd vor, sie umschlingen den Hals des Partners oder schlagen mit den Flügeln. Dabei kann man das Weibchen nicht leicht vom Männchen unterscheiden. Für die Paarung bauen die Vögel eigens eine Plattform, auf der sich das Weibchen mit vorgestrecktem Hals und halb im Wasser liegend niederstreckt. Das Nest ist ein schwimmender Haufen aus abgestorbenen Wasserpflanzen. Nur der kleinste Teil ragt über den Wasserspiegel hinaus, der größte, bis 60 cm dicke Teil liegt untergetaucht. Insgesamt kann das Nest mehrere Zentner schwer werden. Die Vögel legen es in der Regel so tief im Schilf an, daß es nicht mehr vom Wellenschlag erreicht wird, aber auch so nahe am Schilfrand, daß die Altvögel mühelos heranschwimmen und bei Gefahr wegtauchen können. Die Brutzeit beginnt meist Mitte Mai. Beide Partner lösen sich beim Brüten ab. Während einer auf den Eiern sitzt, hält der andere in Nestnähe draußen vor dem Schilfwald Wache. Meist liegen die Nester einzeln, in Seen mit großem Fischreichtum aber auch in lockeren Kolonien beisammen. Brutdauer 27 bis 29 Tage, Gelegegröße 3 bis 4 Eier. Eifarbe anfangs grünlichweiß, die Eier werden aber sehr bald schmutzig braun. Viele Gelege gehen durch Krähen, manche durch Rohrweihen zugrunde, dann kommt es bis weit in den Hochsommer hinein zu Nachgelegen.

Die Jungen der Erstbruten schlüpfen im Juni und wachsen so schnell heran, daß sie im Juli schon zu fliegen beginnen. Die Familie bleibt aber bis zum Herbst beisammen. Das Dunenkleid der Jungen ist an Kopf und Rücken auffallend längsgestreift. Die Jungen können vom ersten Tag an schwimmen, aber noch nicht tauchen. Anfangs fahren sie auf dem Rücken der Eltern spazieren und lassen sich dort auch füttern. Manchmal werden sie beim Tauchen unter den Flügeldecken mit in die Tiefe genommen. Sie bekommen von beiden Altvögeln Fischchen und Wasserinsekten, sowie Federn, die sich die Eltern auszupfen oder von der Wasserfläche auflesen. Auch die erwachsenen Taucher fressen regelmäßig Federn.

Nahrung: Fische, Schnecken, Frösche, Molche, Wasserinsekten, meist tauchend erbeutet. Unter Wasser schwimmen die Taucher mit angelegten Flügeln nur mit den Füßen, die sie ähnlich wie ein Brustschwimmer grätschend nach hinten schlagen. Sie bleiben bis 50 Sekunden unter Wasser und tauchen einige Meter tief. Als Fischfresser hat sich der Haubentaucher unter den Sportfischern erbitterte Feinde gemacht. Mancher Vogel muß das mit dem Leben büßen.

Rothalstaucher *(Podiceps griseigena)*

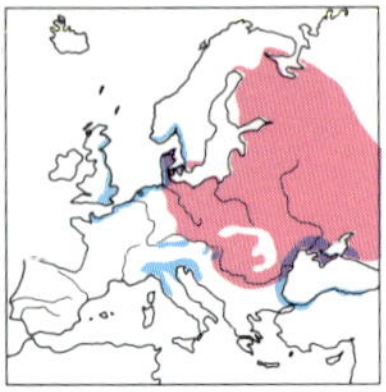

Merkmale: Kleiner als der Haubentaucher. Länge des Männchens um 45 cm, das Weibchen ist etwa 2 cm kleiner. Gewicht über ½ kg. Zweitgrößter Lappentaucher Eurasiens. Im Brutkleid leicht durch den kastanienroten Hals, die grauweißen Wangen und den schwarzen Scheitel mit kleinen Federohren zu erkennen. Im Ruhekleid ist vor allem der kurze, gedrungene Schnabel mit gelber Wurzel und schwärzlicher Spitze ein sicheres Kennzeichen. Die Vögel mausern im Februar und März, oft noch im Winterquartier, in das Brutkleid. Stimme keckernd, zur Brutzeit Tag und Nacht zu hören. Der Vogel ist scheu und verbirgt sich oft im Schilfwald.

Lebensraum: Im Sommer auf stark verkrauteten Weihern und Seen. In Mitteleuropa selten, häufiger im Osten, vor allem in den Gewässern der Wolganiederung. Im Winter auf Seen im Tiefland, in Lagunen und in Meeresbuchten. Zugvogel, der sich von Oktober bis März in den Winterquartieren in West- und Südeuropa aufhält. Einzelne Rothalstaucher überwintern auch in den vom Golfstrom erwärmten Gewässern Skandinaviens.

Fortpflanzung: Die Balz im April und Mai ist ähnlich gestenreich wie beim Haubentaucher. Die Vögel führen Paarschwimmen vor, spritzen mit Wasser, richten sich voreinander auf und sträuben das Kopfgefieder. Alljährlich wird das gleiche kleine Brutrevier aufgesucht, wahrscheinlich halten die Paare sogar lebenslang zusammen. Gelegentlich brüten mehrere Paare in loser Nachbarschaft. Das Schwimmnest findet sich im Schilf, manchmal aber auch ganz offen zwischen Schwimmblattfluren, mit Vorliebe in der Nähe von Lachmöwenkolonien. Es liegt zu $^{9}/_{10}$ unter Wasser und ist auch in den nur wenige Zentimeter über den Wasserspiegel ragenden Teilen völlig mit Wasser vollgesogen. Zudem deckt der Altvogel die Eier vor dem Verlassen des Nestes mit verrottenden Wasserpflanzen zu. So ändert sich ihre anfangs grünlichweiße Färbung rasch nach Schmutzigbraun. Das Nest muß während der ganzen Brutzeit ständig ausgebessert werden, um seine Schwimmfähigkeit zu erhalten. Während der Balzzeit hört man häufig die keckernden oder wiehernden Stimmen.
Die Hauptzeit der Eiablage liegt Ende Mai, die Gelege enthalten 3 bis 6, meist aber 4 bis 5 Eier, die Brut dauert etwa 23 Tage. Beide Eltern brüten, vor allem aber das Weibchen. Nachgelege manchmal bis in den Juli. Die Jungen der Normalbruten schlüpfen Ende Juni. Sie tragen das gestreifte Taucherkükenkleid, nur ihre Stirn ist einfarbig. Kurz nach dem Schlüpfen steigen sie auf den Rücken der Eltern und werden so übers Wasser getragen. Nach etwa 10 Tagen schütteln die Altvögel ihre Jungen ab, sie müssen nun selbst schwimmen. Im Alter von 8 bis 10 Wochen beginnen die Jungvögel sich selbständig zu machen. Um diese Zeit legen sie auch ihr erstes Wintergefieder an, das sie im nächsten Frühjahr gegen das Brutkleid vertauschen werden. Sie ziehen einzeln, seltener auch in kleinen Gruppen.

Nahrung: Kleine Fische und Frösche, Kaulquappen, Würmer, Schnecken, Wasserinsekten. Dazu auch Pflanzenkost wie Sprosse von Wasserpflanzen und Schilfsamen. Die Nahrung wird teils im Schwimmen von der Wasseroberfläche aufgepickt, teils tauchend erbeutet. Rothalstaucher können unter Wasser bis 50 Meter zurücklegen. Fühlen sie sich bedroht, so flüchten sie in den Wasserpflanzengürtel und verbergen sich unter Wasser, wobei nur Schnabel und Augen herausragen.

Allgemeines: In Mitteleuropa tritt der Rothalstaucher vor allem als Durchzügler auf. Die ersten Vögel erscheinen im August, teils noch im Brutkleid, teils schon im unscheinbaren Winterkleid. Ende September sind alle ins Winterkleid vermausert. Im September erreicht der Durchzug seinen Höhepunkt, aber einzelne Vögel treffen bis in den Januar hinein auf den großen Voralpenseen ein, wo sie bisweilen auch die Überwinterung wagen. Dabei halten sie sich meist weit vom Ufer entfernt in der Seemitte auf.

Brutkleid

Ruhekleid

Ohrentaucher *(Podiceps auritus)*

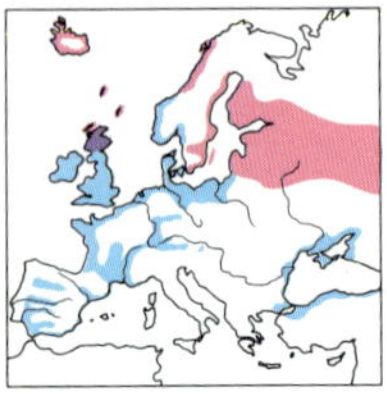

Merkmale: Etwas größer als der Schwarzhalstaucher – Länge um 33 cm. Im Brutkleid am rostfarbenen Hals, dem schwarzen Backenbart und den rostroten Federohren leicht zu erkennen. Im Winter unscheinbar grau und weiß. Vom Schwarzhalstaucher am sichersten an Form und Farbe des Schnabels zu erkennen: er ist gerade, kräftig und schwärzlichgrau mit gelbroter Spitze. Die Stimme ist trillernd bis gackernd. Außerhalb der Brutzeit stumm.

Lebensraum: Im Sommer auf krautreichen Süßwasserseen in der nordischen Nadelwaldzone, auch auf Island und in Nordamerika. Manchmal während der Brutzeit auch an langsam fließenden Strömen, selten aber auf dem offenen Wasser, sondern mehr in der Ufervegetation. Die Überwinterungsgebiete liegen bis über 1000 km südlich des Brutgebietes in West- und Südeuropa; nur im wintermilden England berühren sich Sommer- und Winterherberge. Im Winter meist auf Strömen und an der Meeresküste, nicht selten in Hafenbecken. Einzelne Tiere überwintern auch auf den deutschen und Schweizer Alpenseen. Der Frühjahrszug fällt in den April und Mai. Die Vögel bleiben bis Oktober im Brutgebiet. Der Herbstzug hat den Charakter einer Winterflucht. Der Ohrentaucher ist ein seltener Vogel. Am häufigsten kommt er noch in einzelnen Landschaften Sibiriens vor.

Fortpflanzung: Weiher werden meist von einem Paar besetzt, auf Seen kann es in günstigen Buchten auch zu kleinen Brutkolonien kommen. Im Mai und Juni vernimmt man häufig den Balztriller. Die Vögel zeigen sich dann heraufgeholtes Nistmaterial und nehmen verschiedene dekorative Posen ein. Der Brutbeginn kann schon im Mai oder erst im Juli liegen, Hauptbrutzeit ist der Juni. Das typische Tauchernest besteht aus Wasserpflanzen. Beide Eltern bauen und brüten, wobei sie sich etwa alle 5 Stunden ablösen. Die 3 bis 6, meist aber 4 bis 5 Eier sind anfangs weiß, oft mit leichtem Grünton, und werden durch die Berührung mit dem verrottenden Nestmaterial rasch schmutzfarben braun. Brutdauer 22 bis 25 Tage. Verlassen die Taucher das Nest, dekken sie die Eier mit Nistmaterial zu, wie das auch von den übrigen Lappentauchern bekannt ist. Die Jungen ruhen in ihren ersten Lebenstagen gerne im Nest, stürzen sich aber bei der geringsten Gefahr ins Wasser und fliehen schwimmend. Die meisten Bruten schlüpfen Ende Juni, die Jungen werden im August flügge und verlassen im September ihre Eltern. Sie vermausern dann in das Jugendkleid und ziehen in ihm weg. So erscheinen sie auch an den Küsten der Nord- und Ostsee. Die Altvögel sieht man in Mitteleuropa dann schon im unscheinbaren Winterkleid. Im März oder April, manchmal noch in der Winterherberge, legen sie das Brutkleid an, und zwar durch eine Teilmauser, bei welcher der größte Teil des Gefieders noch nicht gewechselt wird. Am Ende der Brutzeit, im August, folgt dann die Vollmauser. Zuerst fallen die Schmuckfedern des Kopfes aus, dann folgen alle Schwungfedern gleichzeitig, so daß die Vögel für einige Zeit flugunfähig sind. Im Oktober sind die Federn nachgewachsen, die Taucher können sich dann auf ihre Winterreise machen. Sie sind Nachtzieher, die meist einzeln, selten auch zu zweit oder in kleinen Gruppen wandern.

Nahrung: Wasserinsekten, Flohkrebse, Fischchen, dazu Wasserpflanzen und deren Samen in so großen Anteilen, daß man nicht von pflanzlicher Beikost, sondern von einer gemischten Ernährung sprechen kann. Auf dem Wasser treibende Nahrungsteile werden nicht nur im Schwimmen aufgepickt, sondern manchmal auch beim Tauchen von unten ergriffen. Wie alle Taucher frißt auch der Ohrentaucher gerne Federn und läßt bei der Mauser nur die großen Schwungfedern übrig.

Allgemeines: Alle Taucher verbringen täglich Stunden damit, ihr Gefieder mit einem aus den Bürzeldrüsen ausgeschiedenen Öl einzufetten. Es wird teils mit dem Schnabel verstrichen, teils aber auch mit den merkwürdigsten Verrenkungen des Halses im Gefieder verteilt.

Schwarzhalstaucher *(Podiceps nigricollis)*

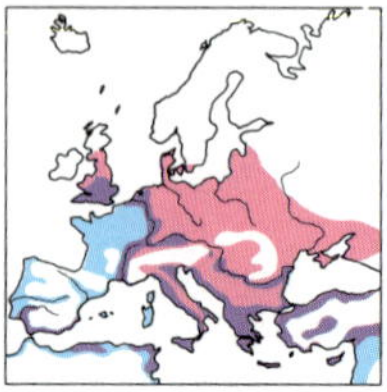

Merkmale: Körperlänge um 30 cm. Im Brutkleid am schwarzen Hals und in allen Kleidern durch den schwächeren, leicht aufwärtsgebogenen Schnabel vom sonst ähnlichen und nur wenig größeren Ohrentaucher zu unterscheiden. Die weittragenden zweisilbigen Triller sind vor allem an Abenden während der Balz- und Zugzeit zu hören. Scheuer als der Rothalstaucher.

Lebensraum: Der schöne Vogel mit dem Rubinauge ist in Osteuropa der häufigste Taucher überhaupt. Er drang in den letzten Jahrzehnten von Südosten her weit nach Mitteleuropa vor. Am liebsten hält er sich in Seen oder Buchten auf, in langsam fließenden Gewässern mit offenen Flächen und reicher Unterwasserflora. Einen Schilfgürtel braucht er dagegen nicht. Zur Zugzeit und im Winter ist er auf Flüssen, Tieflandseen, in Lagunen und Meeresbuchten zu finden. Der Schwarzhalstaucher lebt auch in Nordamerika und in Ost- und Südafrika, dort in einer Rasse, die nie ein Winterkleid anlegt. Wo mehrere Paare auf einem See leben, brütet der Schwarzhalstaucher in Kolonien. Im Osten gab es Kolonien von etwa 150 Brutpaaren. Dort lagen die Nester so dicht beieinander, daß man nicht mit dem Boot durch die Kolonie fahren konnte. Die nach Taucherart gebauten Schwimmnester liegen meist ganz offen zwischen Schwimmblattfluren. Einzelpaare brüten bevorzugt in Lachmöwenkolonien.

Auch die Balz ist ein Gemeinschaftsereignis. Sie beginnt noch in der Winterherberge und erreicht ihren Höhepunkt nach der Ankunft im Brutgewässer von März bis Mai. Bei der Balz zeigen beide Partner die gleichen Posen, die von den Vogelkundlern besondere Namen bekamen. Sie unterscheiden die Katzenpose, die Geisterpose, den Pinguintanz, den Paarlauf, den Kopulationstriller, der nach der Paarung im Duett vorgetragen wird, und die Nachbalz. Brutzeit Mai und Juni, für Nachgelege auch Juli, Brutdauer 20 bis 21 Tage. Gelegegröße meist 4, wobei das Weibchen die Eier durch den Berührungsreiz »mit dem Bauch« zählt. Sobald es 4 Eier beim Sitzen auf dem Nest fühlt, erlischt die Eierzeugung. Selten fand man auch 3 oder 5 und extrem selten 6 Eier in einem Gelege. Die Jungen werden in den ersten Tagen nach Taucherart getragen und beim Tauchen unter den Flügeldecken mitgenommen. Die Eier sind wie bei den anderen Tauchern anfangs grünlichweiß und verschmutzen rasch, da die Taucher beim Verlassen des Nests die Eier mit halbverfaulten Pflanzen zudecken. So nehmen die Eier manchmal eine fast schwarze Farbe an. An warmen Tagen überlassen die Eltern das Brüten gerne der Sonne. Das Kleid der Dunenjungen zeigt die Längsstreifung nur undeutlich. Im August werden die Jungen flügge. Wenig später verlieren sie Teile ihres Jugendkleides und vermausern in das Winterkleid. Im Winter sind die Vögel von dem um etwa 3 cm kleineren Zwergtaucher auch durch den mehr gestreckt getragenen Hals zu unterscheiden. Die Altvögel machen im Frühherbst eine Vollmauser durch, die mit dem Verlust der Schmuckfedern beginnt und in deren Verlauf die Vögel flugunfähig werden, weil alle Schwungfedern gleichzeitig ausfallen. Vögel, die ein Nachgelege ausbrüten und im August noch Junge führen, mausern später als ihre Artgenossen, die zur üblichen Zeit mit dem Brutgeschäft fertig geworden sind. Von März bis April, teilweise noch im Überwinterungsgebiet, legen die Vögel in einer Teilmauser wieder ihr prachtvolles Brutkleid an.

Nahrung: Die Taucher suchen ihre Nahrung tauchend und schwimmend im offenen Wasser. Sie erbeuten im Sommer Wasserinsekten, Flohkrebse, Wasserasseln, Schnecken, Kaulquappen, Pflanzenteile und kleine Fische.

Allgemeines: Schwarzhalstaucher sind Zugvögel, die hauptsächlich nachts ziehen. Sie können nur vom Wasser auffliegen und zeigen im Flug einen weißen »Spiegel« im Flügel. Im Herbst versammeln sich die Taucher auf bestimmten Seen zur gemeinsamen Mauser.

Zwergtaucher *(Tachybaptus ruficollis)*

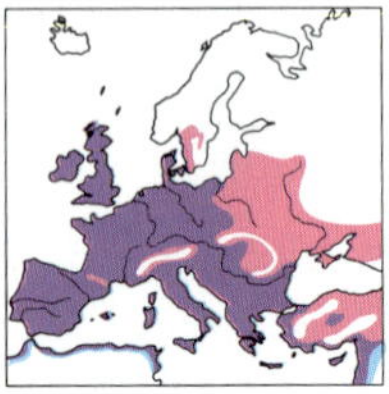

Winter

Sommer

Merkmale: Mit etwa Faustgröße der kleinste aller Taucher und einer der kleinsten Schwimmvögel. Im Brutkleid ohne Federohren und mit rostroter Kehle und ebensolchem Hals. Im Schnabelwinkel eine hellgelbe Hautstelle. Außerhalb der Brutzeit unscheinbar graubraun mit dunklerer Oberseite. Länge 27 cm. Der Hals ist, im Verhältnis zum Körper, kürzer als bei den anderen Taucherarten. Die Stimmlaute während der Balzzeit bestehen aus hellen Trillern, die viel öfter zu hören sind, als man den heimlichen Vogel zu sehen bekommt, da er sich meist zwischen Uferpflanzen verbirgt. Die Jungvögel sind nach Taucherart gestreift.

Lebensraum: Außer in Europa auch im tropischen Afrika und durch das mittlere und südliche Asien bis nach Australien verbreitet. In Mitteleuropa der häufigste Taucher mit heute stark rückläufigen Brutbeständen. Zur Brutzeit auf Teichen, Seen und deren Verlandungsgürteln, auf Flüssen und in Wassergräben mit schlammigem Grund und dichter Ufervegetation. In Mitteleuropa Jahresvogel; ein Teil der Vögel zieht von September bis November in südwestlicher Richtung fort, während aus den nördlichen und östlichen Gebieten andere Taucher nachrücken. Im Winter auf allen eisfreien Gewässern. Die Zwergtaucher erleiden in Härtewintern große Verluste.

Fortpflanzung: Die Balz bietet kein so eindrucksvolles Schauspiel wie bei den größeren Tauchern. Die Partner schwimmen aufeinander zu, wenden sich hin und her, richten sich voreinander auf oder schwimmen nebeneinander. Am auffälligsten ist das häufige Duett-Trillern. Daneben kommt es zum Vorzeigen von Nistmaterial. Eigens für die Begattung bauen die Partner stets ein Paarungsnest aus schwimmenden Wasserpflanzen. Nach der Begattung stehen beide noch für ein paar Sekunden starr nebeneinander. Dann kann es nach kurzer Pause zu einer erneuten Begattung kommen, diesmal aber mit vertauschten Rollen, so daß man draußen bei der Balz die äußerlich gleichen Männchen und Weibchen nicht unterscheiden kann. Dieses merkwürdige Verhalten ist einmalig in der gesamten Vogelwelt.

Im März oder häufiger im April besetzt das Taucherpaar, das manchmal in vieljähriger Ehe zusammenhält, ein Brutrevier und vertreibt daraus alle fremden Zwergtaucher. Meist genügen dazu drohende Gesten, aber mitunter kommt es an der Reviergrenze auch zu erbitterten Kämpfen mit Beißen und Treten. In Mitteleuropa kann man von Mai bis Ende Juli die Nester des Zwergtauchers finden. Sie liegen meist im unzugänglichen Teil der Schilfdickichte, sind aber für die Vögel immer schwimmend zu erreichen. Manchmal liegen die Nester aber auch völlig frei auf dem Wasserspiegel. Sie bestehen wie bei allen Tauchern aus Haufen nasser Pflanzen, deren größter Teil unter Wasser liegt.

Manche Zwergtaucherpaare brüten zweimal im Jahr. Dabei kann es zu Schachtelbruten kommen, das heißt, daß ein Partner schon auf dem zweiten Gelege sitzt, während der andere noch die heranwachsenden Jungen der ersten Brut führt. Meist aber lösen sich beide Partner etwa alle halbe Stunde beim Brüten ab. Der neu ankommende Vogel bessert zunächst das schwimmende Nest aus, ehe er sich auf den Eiern niederläßt. Man vermutet, daß auch die Fäulniswärme im Nest zur Erwärmung der Eier beiträgt. Eizahl meist ca. 4, Brutdauer um 20 Tage. Da die Taucher in der Regel vom zweiten Ei an brüten, schlüpfen die Jungen nicht alle am gleichen Tag. Sie können von Anfang an schwimmen und stürzen sich bei Gefahr ins Wasser. In der Not tauchen sie auch schon am ersten Tag unter. Ihre ersten Lebenstage verbringen die Jungen noch im Nest, werden aber auch schon auf dem Rücken der Eltern über und unter Wasser getragen.

Nahrung: Zwergtaucher finden ihre Nahrung tauchend oder picken sie von der Wasseroberfläche. Kleinere Funde werden unter Wasser verschluckt, mit größeren kommt der Taucher an die Oberfläche. Hauptnahrung Wasserinsekten, Pflanzenteile, Schnecken und kleine Fische.

Brutkleid

Ruhekleid

Röhrennasen *(Procellariiformes)*

Röhrennasen ist ein ungewöhnlicher Name für eine Vogelgruppe. Er leitet sich von hornigen Röhren auf dem Oberschnabel ab, in die die Nasenlöcher münden. Diese Organbildung hängt mit den Salzdrüsen der Röhrennasen zusammen. Mit ihnen können die Vögel das Meerwasser in eine hochprozentige Salzlösung, die durch die Nasenlöcher abtropft, und eine Restflüssigkeit mit dem geringeren Salzgehalt der Körpersäfte scheiden. Das ist eine Voraussetzung für die Beherrschung ihres Lebensraumes: Alle Röhrennasen sind Hochseevögel, die weit von den Küsten entfernt die Ozeane bevölkern. Nur zur Brutzeit suchen sie das Festland oder Inseln auf. Die meisten Arten leben auf der südlichen Erdhälfte. Eine weitere Besonderheit der Röhrennasen ist ihr Magenöl, eine übelriechende Flüssigkeit, welche die Vögel bei Bedrohung meterweit gegen einen Feind spucken und die in der Kälte zu einer wachsartigen, lange stinkenden Masse erstarrt. Die Gruppe enthält von der gut schwalbengroßen Sturmschwalbe bis zum gänsegroßen Albatros die kleinsten und größten flugfähigen Meeresvögel der Welt. Die Gefiederfarben liegen zwischen Rußigschwarz und Weiß, also ähnlich wie bei den Alken, Möwen und Seeschwalben. Das Leben über dem Wasser fördert offenbar keine bunten Farben. Der Schnabel der Röhrennasen ist seitlich zusammengedrückt, ziemlich gerade und an der Spitze hakig gekrümmt. Ihre Füße sind schwach, die Vorderzehen durch Schwimmhäute verbunden, die Hinterzehe ist verkümmert. Ihre überlegene Flugkunst macht die Röhrennasen zu Dauerfliegern. Die großen Arten segeln mühelos und nutzen dabei geschickt die kleinräumigen Aufwindfelder aus, die an Wellenbergen entstehen. Bei Flaute lassen sich Albatrosse auf dem Meer nieder. Die Vögel nomadisieren außerhalb der Brutzeit über die Weltmeere, sind aber mit einem wunderbaren Heimfindevermögen begabt und kehren zielsicher zu dem Eiland zurück, auf dem sie geboren wurden. Man nimmt an, daß sie in den letzten Nächten vor ihrem ersten Flug aus den Bruthöhlen kommen und sich dabei die Lage ihrer Insel am Stand der Gestirne einprägen. An Land bewegen sich vor allem die kleineren Arten nur mühsam, sie können kaum stehen und rutschen mit Hilfe von Flügeln und Beinen auf dem Bauch umher. Alle Arten brüten in Kolonien. Die europäischen Arten sind meist Höhlenbrüter. Alle legen nur ein Ei, das aber bis zu einem Viertel vom Gewicht der Mutter erreichen kann. Der Nestbau ist wenig entwickelt; vielfach werden die Eier auf den nackten Boden gelegt, in einer Kolonie meist etwa gleichzeitig. Beide Eltern brüten, die Brutzeit ist mit 36 bis 40 Tagen bei den kleinsten Arten und über 2 Monaten bei den größten außerordentlich lang. Die Jungen schlüpfen blind, aber mit dichtem Dunenkleid. Die meisten Eltern kommen nur bei Nacht zu ihren Brutkolonien und verbringen die Tage weit draußen auf dem Meer. Trotzdem fallen in den hellen Polarnächten noch viele der Skua zum Opfer. Die Jungen entwickeln sich auch nach dem Schlüpfen ungewöhnlich langsam und brauchen bei den kleinen Arten um 70 Tage, bei den großen über 6 Monate bis zum Ausfliegen. Die Jungen holen das Futter aus dem Schnabel des Altvogels, der meist nur einmal je Nacht zur Fütterung erscheint. Die Jungen werden schließlich sehr fett und können dann von den Eltern allein gelassen werden. Tage später fliegen sie, manchmal alle in einer Nacht, aufs Meer hinaus. Ihre Nahrung suchen die Röhrennasen an der Wasseroberfläche. Nur die Sturmtaucher sind auch geschickte Taucher.

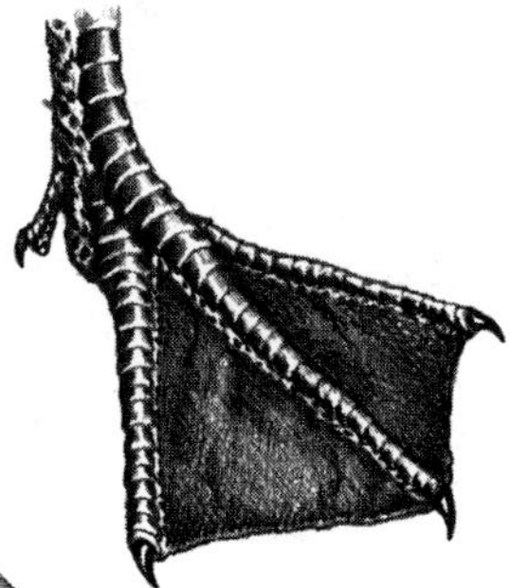

Fuß des Eissturmvogels

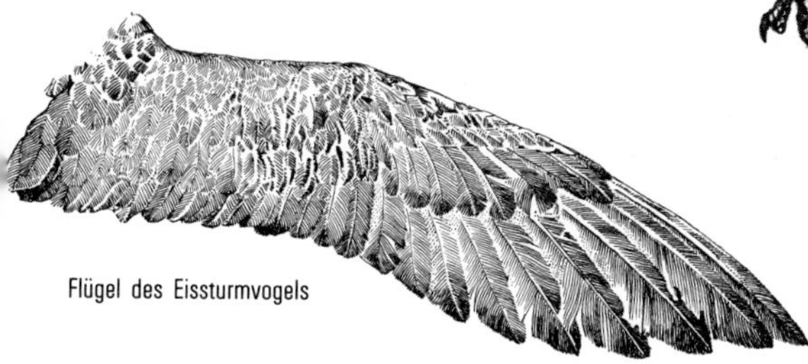

Flügel des Eissturmvogels

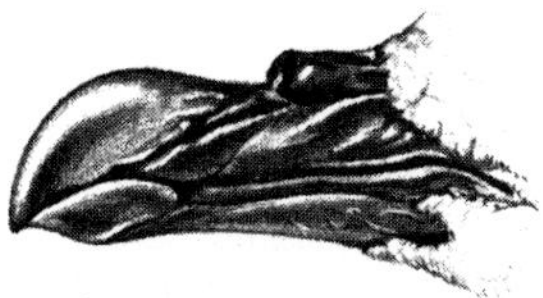

Schnabel einer ›Röhrennase‹

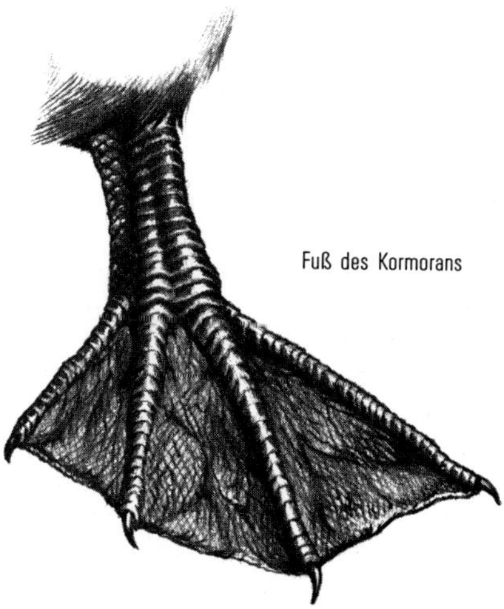

Fuß des Kormorans

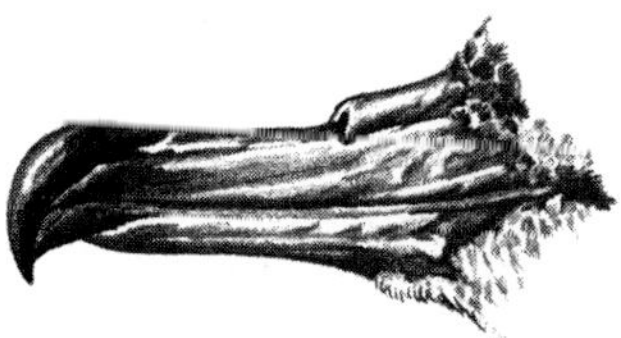

Schnabel des Gelbschnabel-Sturmtauchers

Eissturmvogel *(Fulmarus glacialis)*

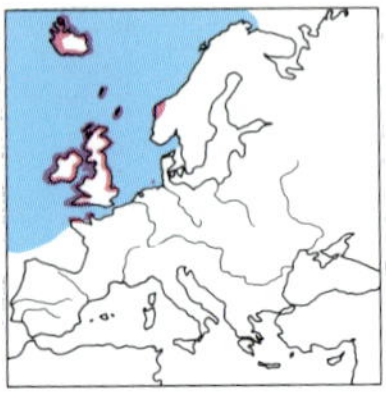

Merkmale: Auf den ersten Blick der Möwe ähnlich, aber nicht näher mit ihr verwandt, und leicht am ganz anderen Flug zu unterscheiden: Möwen rudern mit schwimmendem Flug und segelnden Abschnitten, der Eissturmvogel hält seine Schwingen beim Segeln starr ausgebreitet und neigt den Körper mal auf die eine, mal auf die andere Seite. Dabei fliegt er meist dicht über dem Wasser. Er folgt elegant und unermüdlich dem Heben und Senken der Wogen. Seine Flügelschläge sind rasch und kurz. Er schwimmt fast korkenleicht auf dem Wasser und erhebt sich mühelos nach kurzem Anlauf. Auf unebenem Boden kann er auch vom Festland aus starten. Es gibt zwei Farbphasen und zwischen beiden kaum Übergänge. Die eine ist unterseits weiß und auf Rücken und Flügeldekken silbergrau, die andere fast einfarbig dunkelgrau. Körperlänge um 47 cm, Spannweite um 112 cm, Gewicht um 800 g. Sehr gesellig und lärmend, die Stimmen hören sich von ferne wie das Gackern von Hühnern oder Gänseschnattern an und tragen sehr weit.

Lebensraum: Die nördlichen Meere von der Packeisgrenze im Norden bis etwa auf die Höhe der Bretagne. Während der Brutzeit halten sich die Vögel nicht mehr als 30 bis 40 km von den Kolonien entfernt auf, ansonsten streifen sie über das offene Meer. Wenn der Seemann Möwen sieht, so weiß er, daß das Land nicht mehr fern ist. Sieht er Eissturmvögel, so muß er sich gedulden. Gern folgen die Tiere den Fischereibooten und balgen sich um die Abfälle. Der Eissturmvogel war früher ein hochnordischer Vogel. Er bevölkert die nördlichste Seevogelkolonie überhaupt, an der Nordspitze Grönlands, dicht an der Packeisgrenze. In den letzten hundert Jahren hat er sein Brutgebiet aber weit nach Süden ausgedehnt und sich gewaltig vermehrt. Heute gilt er als einer der am häufigsten vorkommenden Vögel im Nordmeer. Seine Zahl wird auf etwa eine Million geschätzt. Seit einiger Zeit brütet er auch auf Helgoland.

Fortpflanzung: Der Eissturmvogel ist Koloniebrüter in oft riesigen Kolonien, meist in Gesellschaft anderer Meeresvögel. Die Kolonien liegen in der Regel in Felswänden über der Brandung bis in Höhen von einigen hundert Metern. Im März und April erscheinen die Vögel vor dem Brutfelsen, gehen aber anfangs noch nicht an Land. Die Männchen sind zuerst da. Sie balzen auf dem Wasser, indem sie rhythmisch den Körper hochreißen, mit den Flügeln schlagen und Schreie ausstoßen. Die Eissturmvögel des Pazifiks reißen zudem den Schnabel auf und zeigen dem Partner den leuchtend orangefarbenen Schlund.

Eiablage im Mai. Das einzige Ei ist größer als ein Hühnerei und wird von beiden Partnern abwechselnd bebrütet, wobei es nur alle paar Tage zur Brutablösung kommt. In den Vogelfelsen besetzt der Eissturmvogel meist die obersten Etagen. Seine Konkurrenten um den Brutplatz bespuckt er mit einem öligen, klargelben Sekret aus dem Magen. Leidtragende sind vor allem Dreizehenmöwen und Papageitaucher, die nicht selten daran zugrunde gehen. Zu ihrer Verteidigung spucken die Vögel gezielt und 50 bis 100 cm weit auf den Angreifer. Sie können mehrfach hintereinander spucken, wenn auch mit sinkender Ergiebigkeit. Das Öl hat einen ekelhaft fauligen Geruch. Auch die halbwüchsigen Nestlinge verfügen schon über die Spuckwaffe. Die Jungen schlüpfen um Mitte Juni in einem sehr dichten Dunenpelz, der in der hellen Phase weiß und grau, in der dunklen rauchgrau gefärbt ist.

Nach 6 bis 8 Wochen Fütterungszeit ziehen die Eltern wieder auf die Hochsee, die Jungen stürzen sich wenig später – 50 bis 60 Tage alt – von den Felsen und treiben, noch nicht flugfähig, auf dem Meer. Von seiner Oberfläche nehmen sie Plankton auf.

Nahrung: Fische, Schnecken, Krebse, Aas, Abfälle. Die Nahrung wird ohne Tauchen von der Wasserfläche gepickt. Beim Streit um Fischereiabfälle hört man auch die Stimmen der sonst auf hoher See recht schweigsamen Vögel.

helle Phase

Schwarzschnabel-Sturmtaucher *(Puffinus puffinus)*

Merkmale: Drei Rassen, die sich durch die hellen bis dunklen Rücken- und Bauchseiten voneinander unterscheiden. Von den anderen, selteneren Sturmtauchern der europäischen Meere meist durch die Größe unterschieden: Körperlänge ca. 35 cm, also so groß wie eine Lachmöwe und etwas größer als eine Straßentaube. Flügel lang und schmal, im Flug starr getragen. Schnabel schwarz.

Lebensraum: Außerhalb der Brutzeit auf hoher See jenseits der Sichtweite von den Küsten aus. Ab Mitte März und bis in den Herbst nähern sich die Vögel ihren volkreichen Brutkolonien auf felsigen Inseln, örtlich auch auf dem Festland.

Fortpflanzung: Männchen und Weibchen graben gemeinsam eine bis 150 cm tiefe Bruthröhre, wenn sie sich nicht mit tiefen Felsspalten oder dem Höhlengewirr in Geröllfeldern begnügen. Die Nester enthalten eine dürftige Unterlage aus Halmen und Gräten, oft liegt das eine Ei auch auf nacktem Boden. Es ist mattweiß, bis 6 cm lang und wiegt etwa 40 g. Es verströmt einen üblen Geruch. Eiablage meist Anfang Mai; beide Eltern lösen sich nach mehreren Tagen beim Brüten ab. Nach über 50 Tagen schlüpfen die Jungen, meist Mitte Juni, mit einem dichten, wolligen Dunenpelz. Sie werden noch etwa 10 Tage lang gewärmt und 60 Tage lang gefüttert, meist einmal täglich. Tagsüber liegen die Kolonien scheinbar verlassen. Nur aus der Nähe der Bruthöhlen vernimmt man feine, heiser klingende Stimmen. Nach Einbruch der Dämmerung kehren die Altvögel zur Kolonie zurück. Dann ertönen summende, singende, glucksende Laute. Ende August fliegen die Eltern aufs Meer zurück. Die Jungen bleiben noch 2 Wochen in den Höhlen.

Gelbschnabel-Sturmtaucher *(Calonectris diomedea)*

Merkmale: Körperlänge ca. 46 cm, etwa wie der Eissturmvogel. Oberseite gleichmäßig braungrau ohne dunkle Kopfkappe, Schnabel gelb.

Lebensraum: die Hochsee. Unermüdlich segeln und rudern die Vögel, fast die Wellenberge streifend und manchmal die Gischtkämme durchstoßend. Im Flug schöpfen sie Meeresorganismen von der Wasserfläche. Manchmal ruhen sie schwimmend auf dem Wasser oder rudern eifrig umher, um Nahrung von der Oberfläche zu picken. Sie scheuen weder Menschen noch Schiffe. Zur Brutzeit sammeln sie sich in Kolonien, die manchmal recht hoch in den Küstenbergen liegen. In den volkreichen Kolonien erhebt sich mit Einbruch der Dämmerung ein Gewirr weinender, klagender Stimmen aus der Höhe und aus der Erde, wo die Vögel in selbstgegrabenen Höhlen oder Spalten brüten. Mitunter gemischte Kolonien mit dem Schwarzschnabel-Sturmtaucher.

Fortpflanzung: Beide Eltern bebrüten abwechselnd über 4 Wochen lang das eine mattweiße und nach Moschus riechende Ei. Brutbeginn Ende Mai oder Anfang Juni. Das Junge schlüpft mit einem dichten Dunenpelz. Es wächst sehr langsam und zeigt sich erst im Oktober im Eingang der Bruthöhle. Um diese Zeit ist es überaus fett und wiegt mehr als seine Eltern, die es dann verlassen. Es zehrt von seinem Fettspeicher, mausert sich zu einem schmucken Jungvogel und fliegt eines Nachts – spätestens im November – aufs Meer hinaus.

Nahrung: Fischchen, Planktonorganismen wie Schwimmschnecken und Kleinkrebse, daneben auch Fetzen von Algen. Die Nahrung wird teils beim Umherschwimmen mit etwas gelüfteten Flügeln aus den obersten Wasserschichten gepickt, teils auch im Fluge dicht über dem Wasserspiegel aufgefischt – daher der englische Name »shearwater« gleich Wasserstreifer.

Sturmschwalbe *(Hydrobates pelagicus)*

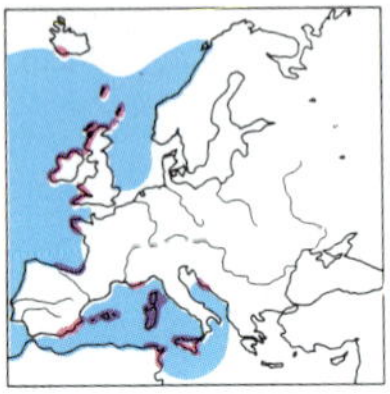

Dunkler Sturmtaucher

Merkmale: Mit einer Länge von 15 cm (etwas größer als die Schwalbe) der kleinste aller Meeresvögel. Erinnert an eine Mehlschwalbe, hat aber keinen Gabelschwanz. Weißer Bürzel, heller Flügelstreif. Füße schwarz. Bei Nacht in der Brutkolonie schnurrende Stimmen. Die Sturmschwalbe pflegt in seglerartigem Flug den Schiffen zu folgen.

Lebensraum: Die Sturmschwalbe verbringt fast ihr ganzes Leben auf den oft sturmgepeitschten Ozeanen. Sie steigt und fällt in eigenartigem Flatterflug dicht über den Wellen, ohne jemals von ihnen verschüttet oder auch nur erreicht zu werden. Dabei scheint sie sich ständig niederzulassen und berührt schon mit den Füßen das Wasser, fliegt dann aber doch weiter – tagelang. Besonders rege ist sie in der Dämmerung, wenn die Meerestiere zur Oberfläche drängen. Ab und zu schwimmt sie auch wie eine Möwe.

Fortpflanzung: Sturmschwalben nisten in kleinen bis mittelgroßen Kolonien auf felsigen Inseln, wo sie ihre Eier meist tief im Spaltengewirr von Blockhalden bebrüten, manchmal aber auch in Steinhaufen und Trockenmauern und sogar in selbstgegrabenen Höhlen im torfigen Boden der Hochflächen. Wenn ein später Schneefall die Höhleneingänge zuschüttet und unkenntlich macht, gehen oft viele Bruten zugrunde. Großen Schaden in den Kolonien können auch Ratten, Katzen und Hunde anrichten.

Allgemeines: Der nicht im Foto abgebildete *Wellenläufer* ist etwas größer als die Sturmschwalbe und von dieser vor allem durch den nur schwach ausgeprägten Gabelschwanz zu unterscheiden. Der Wellenläufer folgt nicht den Schiffen, sondern fliegt in eigenartig hüpfendem Zickzackflug unbeirrt seinen Weg.

Buntfuß-Sturmschwalbe *(Oceanites oceanicus)*

Merkmale: Etwas größer als die Sturmschwalbe, Körperlänge 18 cm. Segelt im Gegensatz zur Sturmschwalbe oft, wobei die Füße mit den gelben Schwimmhäuten den gerade abgeschnittenen Schwanz überragen. Scheint über das Wasser zu laufen. In Wirklichkeit tunkt die Sturmschwalbe nur einen oder beide Füße in das Wasser, um den Flug abzubremsen, wenn sie eine mögliche Beute erspäht hat.

Lebensraum: Millionenbrutvogel auf den Inseln rund um das südliche Eismeer und einer der wenigen Zugvögel der südlichen Halbkugel, die im Südwinter in unseren Sommer fliegen. Reiner Hochseebewohner, der nur ausnahmsweise an den Küsten zu beobachten ist. An Land rutschen die Vögelchen auf dem Bauch mit Hilfe von Flügeln und Beinen. Sie wehren sich, indem sie ihren tranigen Mageninhalt dem Feind entgegenspucken.

Wellenläufer   Buntfuß-Sturmschwalbe

Fortpflanzung: Ein großes weißes Ei in einer Felsspalte oder Erdhöhle. Brutdauer um 40 Tage. Das in silbergraue Dunen gekleidete Junge wird vor dem Flüggewerden sehr fett und viel schwerer als seine Eltern. In ärmeren Zeiten wurden junge Sturmschwalben getrocknet, mit einem Docht durchzogen und nach Kerzenart zur Beleuchtung verwendet.

Nahrung: Kleine Tintenfische, Fischchen, Krebse, Schnecken, vom Wasserspiegel aufgepickt. Die Sturmschwalben können auch rütteln und ins Wasser tauchen, das sie wie einen Korken wieder auswirft. Sie sind vor allem dämmerungs- und nachtaktiv.

Rosapelikan *(Pelecanus onocrotalus)*

Merkmale: Nur mit dem Krauskopfpelikan zu verwechseln, zumal beide Arten am Kopf einen struppigen Federschopf tragen. Der Rosapelikan hat aber einen gelben Kehlsack, fleischfarbene Beine und rote Augen. Das Gefieder ist zur Brutzeit rosa überhaucht. Die Flügelspitzen sind – im Fluge sichtbar – von oben schwarz, von unten gesehen zieht sich ein schwarzer Saum am Flügelhinterrand bis zum Körper. Länge 150 cm.

Lebensraum: Weitläufige Sümpfe mit eingestreuten seichten Gewässern, flache, warme Seen, in Afrika auch Lagunen und langsam fließende Ströme, Deltalandschaften. Die europäischen Rosapelikane sind Zugvögel, die teils über Ägypten bis ins tropische Afrika ziehen, teils aber auch nach Asien wandern. Der Bestand in Europa wird auf rund 3000 Paare geschätzt.

Fortpflanzung: Pelikane sind Koloniebrüter, wobei der Rosapelikan besonders gesellig lebt und riesige Kolonien bilden kann. Berühmt sind die Kolonien im Donaudelta, am Manias-See in der Türkei und am Srebana-See in Bulgarien. Die Nester liegen meist im Altschilf dicht am Wasser, so daß die Pelikane, die sehr schwache Fußgänger sind, fast bis an die Nester heranschwimmen können. Zur Brutzeit bildet sich an der Stirn der Altvögel ein halbkugelförmiger, rosafarbener Höcker. Im Mai werden 2 bis 3, manchmal aber auch 4 und noch seltener 5 Eier in das aus Altschilf und Reisig zusammengeschichtete Nest gelegt. Die Eier sind etwa 9 cm lang, bläulichgrau bis gelblichgrau gefärbt und sehr rauhschalig. Beide Eltern teilen sich zu etwa gleichen Teilen in das Brutgeschäft. Die Brutdauer liegt bei 30 Tagen oder wenig darüber. Die Jungen werden aus dem Kehlsack mit halbverdauten Fischen gefüttert. Werden sie größer, holen sie sich ihr Futter selber aus dem Kehlsack und stecken Kopf und Hals tief in den Schlund der Eltern. Die Jungen kommen nackt und schwarz aus dem Ei, erst nach 8 bis 14 Tagen sprießt ihnen ein dunkles Dunenkleid. Mit 12 bis 15 Wochen beginnen sie selber zu fischen und zu fliegen. Vor dem Ausfliegen legen sie sich einen Fettspeicher an und wiegen dann bis zu 14 Kilogramm, das ist etwa ein Drittel mehr als das Altersgewicht. Im Jugendkleid sind die Rosapelikane oben gelblichbraun, unten weiß gefärbt. Sie werden erst in ihrem dritten oder vierten Sommer geschlechtsreif. Bis dahin halten sie sich während der Brutzeit in Jugendgruppen abseits von den Brutkolonien der geschlechtsreifen Vögel auf.

Nahrung: Pelikane sind spezialisierte Fischfresser, die meist nur in der Gemeinschaft erfolgreich jagen. Dabei gehen sie je nach ihrer jeweiligen Umwelt recht verschieden vor. Meist bilden zahlreiche Vögel in Ufernähe eine Treiberkette, die flügelschlagend gegen das Ufer schwimmt und dabei die Fische im Flachwasser zusammentreibt. Schließlich stoßen alle Schnäbel gleichzeitig in das von Fischleibern brodelnde Wasser. Im tieferen Wasser schwimmen sie einige Zeit in nach vorne offener V-Formation dahin, dann schließen sie rasch einen Kreis und wieder stoßen die Schöpfschnäbel gleichzeitig zu. Die Nahrungsreviere können 50, ja sogar 100 km von der Brutkolonie entfernt liegen.

Allgemeines: Pelikane können nur nach längerem Anlauf vom Wasser auffliegen. Im Zoo, wo ihnen dieser Anlauf fehlt, braucht man ihnen die Flügel nicht zu stutzen. In der Luft bewegen sie sich elegant und sicher. Sie fliegen in schrägen Ketten, deren Formation sich ständig ändert, sie rudern und schweben und können sich in die Höhe schrauben. Eine große Schar kreisender Pelikane in der Abendsonne bietet ein großartiges Naturschauspiel. Ihr Flügelschlag gleicht einem Schwimmen im Luftmeer. Im Flug legen sie den Hals s-förmig zurück.

Krauskopfpelikan *(Pelecanus crispus)*

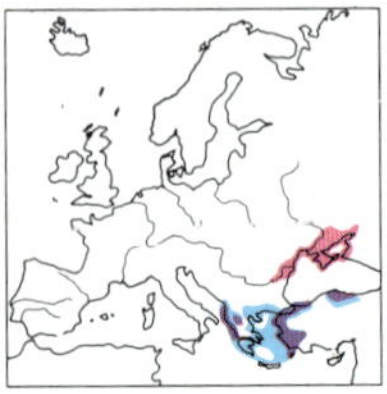

Merkmale: Geringfügig größer als der Rosapelikan, Gefieder mit silbergrauem Anflug, so daß die Vögel auch von ferne vom Rosapelikan zu unterscheiden sind. Der Federschopf ist länger und weiter ausgedehnt, der Kehlsack orangerot, die Füße sind grau, die Augen gelb. Im Flug zeigen sich die Flügel weiß mit dunklen Spitzen. Im Jugendkleid ist die Oberseite bräunlichgrau, die Unterseite weiß.

Lebensraum: Vielerorts lebte der Krauskopfpelikan an den gleichen Plätzen wie der Rosapelikan, aber ohne sich diesem anzuschließen. Im Donaudelta brütet er zwar in der Kolonie der Rosapelikane, hält sich aber dort nur am Rande auf und bildet eigene Gruppen. Darüber hinaus ist er auch an kleineren Seen heimisch, etwa am Prespa-See in Mazedonien. Der Bestand in Europa wird auf etwa 1000 Paare geschätzt. In historischer Zeit war der Krauskopfpelikan auch am Niederrhein heimisch. Er wurde wahrscheinlich durch Eiersammeln für Küchenzwecke ausgerottet und ist damit vielleicht der erste Vogel, der in Mitteleuropa vom Menschen ausgerottet wurde.

Die südeuropäischen Krauskopfpelikane verlassen im August ihre Brutgebiete und ziehen bis in die Lagunenlandschaften an der Westküste Griechenlands und im Nil-Delta. Im März, früher als die Rosapelikane, kehren sie wieder in ihre Brutgebiete zurück.

Fortpflanzung: Der Krauskopfpelikan brütet nie in so großen Kolonien wie der Rosapelikan, sondern in kleinen Gruppen, die sich auch an Seen mittlerer Größe halten können. Die Nester liegen meist dicht an dicht, teils im Schilfgürtel, manchmal aber auch auf kleinen Inseln oder auf Bäumen. Im Verlauf der Brutsaison können die Vögel die Nester flachtrampeln, so daß schließlich eine gemeinsame Plattform übrig bleibt. Beide Eltern brüten abwechselnd rund 30 Tage, dann kommen die jungen Pelikane nackt und schwarz zur Welt. Erst im Alter von zwei Wochen sprießt ihnen ein weißliches Dunenkleid. Bald werden »Kindergärten« gebildet, das heißt, die Jungen mehrerer Familien schließen sich zu dicht gedrängten Gruppen zusammen, in denen sich Vögel sehr verschiedenen Alters finden können. Sie werden mit vorverdauten Fischen aus dem Kehlsack gefüttert. Die Jungen bleiben drei bis vier Monate am Brutplatz und erreichen kurz vor dem Flüggewerden mit bis zu 14 kg ihr Höchstgewicht. Sie tragen in den ersten Jahren ein aschgraues Jugendkleid und werden meist erst in ihrem vierten Sommer geschlechtsreif. Während die erwachsenen Pelikane sehr schweigsam oder fast stumm sind, machen die Jungen mit blökenden und grunzenden Tönen in der Kolonie großen Lärm, der allerdings sofort verstummt, wenn sie sich bedroht fühlen. Im Alter von drei Wochen können sie aufs Wasser flüchten, mit etwa 10 Wochen beginnen sie in der Nähe der Nester zu fischen.

Der Schnabel ist beim Schlüpfen schmal und kurz und erreicht erst nach 8 Monaten seine volle Länge. Er bleibt immer weich. Zwischen den Unterschnabelästen spannt sich eine sehr dehnbare Haut und bildet einen Kehlsack. Der Oberschnabel endet in einem Haken, mit dem die Vögel den Schnabel verschließen können.

Nahrung: Krauskopfpelikane sind Fischfresser mit den gleichen Fangtechniken wie beim Rosapelikan. Die Vögel schwimmen korkenleicht auf dem Wasser und halten dabei die Flügel etwas gelüftet. Wenn sie ins Wasser stoßen, können sie mit dem Kehlsack bis zu 13 Liter Wasser samt den darin enthaltenen Fischen schöpfen. Dann verschließen sie den Schnabel und ziehen ihn langsam aus dem Wasser, wobei das mitgeschöpfte Wasser zwischen den Schnabelrändern abfließt. Der Krauskopfpelikan erbeutet Fische bis zu einem Gewicht von 2 kg, die man noch lange von außen im Kehlsack zappeln sieht. Er kann auch nach kurzem Hochrecken förmlich ins Wasser springen und damit tiefer schöpfen als seine Hals- und Schnabellänge vermuten läßt.

Allgemeines: Die Pelikane bilden eine scharf abgesetzte Familie in der Ordnung der Ruderfüßler (Pelekaniformes), in der so verschiedene Vögel wie Kormorane, Tölpel, Fregattvögel und Tropikvögel zusammengefaßt werden.

(Rosapelikan) Krauskopfpelikane

Baßtölpel *(Sula bassana)*

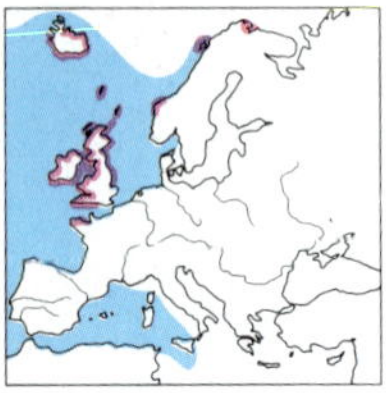

Merkmale: Ein gänsegroßer Meeresvogel (um 92 cm) mit einer Spannweite um 175 cm, weiß mit schwarzen Flügelspitzen, Jungvögel in den ersten Jahren mehr oder weniger braun gefleckt. Fliegt meist in etwa 20 Metern Höhe mit raschen Flügelschlägen und eingeschobenem Segelflug dahin, fern der Brutkolonien gewöhnlich einzeln.

Lebensraum: Außerhalb der Brutzeit meist nicht in Sichtweite der Küsten, aber auch selten mehr als 200 km vom Festland entfernt. Brutvogel in etwa 30 großen Kolonien, von denen gut ein Dutzend auf den Britischen Inseln liegen, zwei an der norwegischen Küste (Runde und Vatsö) und zwei an der Küste der Bretagne. Weitere Kolonien befinden sich auf Island, in Nordamerika, bei Australien, Neuseeland und Südafrika. Die Tölpel der Südmeere werden von manchen Zoologen als eigene Arten angesehen. Die Altvögel der nordatlantischen Populationen sind Strichvögel, die sich außerhalb der Brutzeit vor allem dort sammeln, wo es reichlich Fische gibt. Die Jungvögel dagegen unternehmen weite Wanderungen in südlicher Richtung und kommen dabei bis vor die Küsten Westafrikas.

Zahlreiche Baßtölpel brüten in zum Teil jahrhundertealten Kolonien, die stets auf Inseln liegen. Bis zur Jahrhundertwende, als die Kolonien rücksichtslos geplündert wurden und der Tölpel vom Aussterben bedroht war, lagen alle verbliebenen Brutplätze an unzugänglichen Steilwänden über der Brandung. Heute hat sich der Bestand wieder erholt.

Fortpflanzung: Ab Februar sammeln sich die Tölpel vor ihren Brutfelsen, aber sie tragen meist erst im April das korbgroße Nest aus Tang und Treibgut zusammen, auf dem sie dann für 42 bis 45 Tage ihr 8 cm langes Ei bebrüten. Dabei halten sie es sorgfältig zwischen ihren zur Brutzeit besonders warmen Schwimmhäuten. Die Nester liegen so dicht beieinander, daß sich die brütenden Vögel eben nicht mehr mit den Schnäbeln bearbeiten können. Dennoch gibt es in der Kolonie oft

Kämpfe. Der Unterlegene gibt schließlich auf, indem er den Kopf senkt und seine Waffe, den Schnabel, im Brustgefieder versteckt. Daraufhin läßt ihn der Sieger in Ruhe.

Beide Eltern brüten. Die Ablösung – etwa alle 24 Stunden – erfolgt nach einer gestenreichen Begrüßung. Sie beginnt, indem der Ankommende ein Bündel Nistmaterial abliefert. Dann folgt lange anhaltendes Kopfschütteln. Der Abflug gelingt oft nur nach hüpfendem Anlauf durch die Nestreviere der Nachbarn. Um diesen die friedliche Absicht mitzuteilen, schaut der Tölpel vor dem Abflug demonstrativ in die Wolken. Muß ein Tölpelpaar einmal sein Nest für kurze Zeit unbewacht lassen, wird es sofort von den Nachbarn zerlegt und abgebaut.

Die Jungen schlüpfen nackt, blind und schwarz. In etwa 10 Tagen wächst ihnen ein weißes Dunenkleid, und von da an bedürfen sie nicht mehr der mütterlichen Wärme. Sie werden etwa dreimal am Tag gefüttert. Dabei holen sie sich die Fische aus dem Schlund des Altvogels. Im August, wenn das Junge rund 75 Tage alt ist, stellen die Eltern das Füttern ein. Das Junge wiegt dann bis über 4 kg und damit rund 1 kg mehr als die Altvögel. Die Jungen bleiben noch einige Zeit im Nest, dann stürzen sie sich, noch nicht voll flugfähig, vom Brutfelsen ins Meer, wo sie noch etwa 10 Tage lang von der Strömung abgetrieben werden, ehe sie zu fliegen und zu fischen beginnen. Die Jungen sind im ersten Jahr braun, im zweiten werden Kopf und Hals weiß, im dritten sind sie weiß mit schwarzbraunen Flecken.

Nahrung: Wenn der Tölpel einen Fisch erspäht hat, läßt er sich aus 10 bis 40 Metern Höhe abkippen und stößt steil nach unten. Anfangs steuert er noch mit den Flügeln, dann legt er sie nach hinten und stößt mit bis zu 100 km/h in die Wogen. Unter Wasser rudert er mit den Füßen und taucht 15 Meter tief.

Jugendkleid

Kormoran *(Phalacrocorax carbo)*

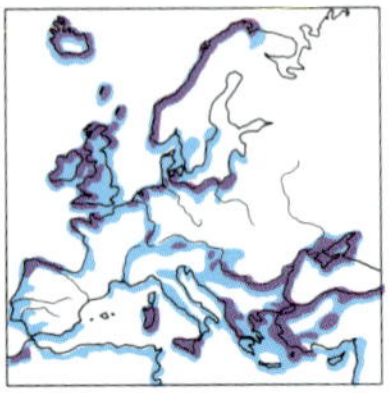

Merkmale: Ein großer, schlanker und düster gefärbter Schwimmvogel, Länge um 90 cm, Spannweite um 140 cm. Liegt beim Schwimmen sehr tief im Wasser, sitzt oft stundenlang mit ausgebreiteten Flügeln (wie ein Wappenadler) auf Pfählen oder Ästen über dem Wasser. Flugbild kreuzartig mit langem Schwanz und nach vorn gestrecktem Hals. Kormorane fliegen meist in langen, welligen Schrägreihen.

Lebensraum: Fischreiche Süß-, Brack- und Salzgewässer, Meeresküsten. Der Kormoran war früher weit verbreitet, wurde aber vor allem im vorigen Jahrhundert als Fischereischädling in teilweise fast kriegerischen Schlachten weitgehend ausgerottet. Mit dem Erstarken des Naturschutzgedankens in den letzten Jahren wurde auch der Kormoran besser geschützt. Heute gibt es in Mitteleuropa wieder einige, zum Teil rasch wachsende Brutkolonien, z. B. am Speichersee bei München.

Fortpflanzung: Kormorane brüten auf felsigen Inseln, oft auch auf Bäumen in Kolonien, die sich unter günstigen Bedingungen rasch auf Hunderte und auch Tausende von Brutpaaren vermehren können. Zu Ende des Winters legen die Kormorane kurzzeitig ein Brutkleid an, in dem Teile von Kopf, Hals und Nacken weiß sind und der Hinterkopf einen Federschopf trägt. Aber schon während der Brutzeit fallen die Schmuckfedern wieder aus. Die Kormorane balzen auf dem Nest durch geduldiges und langsames Flügelwinken. Zum Nestbau verwenden sie Zweige und polstern die Nestmulde mit Schilf und anderen aus dem Wasser gefischten Pflanzenteilen aus. Durch den Kot der Vögel sterben die Horstbäume nach einigen Jahren ab. Oft brüten die Kormorane in gemischten Kolonien mit Graureihern. Brutzeit Mai, Eizahl meist 4 bis 5. Die Eier sind zart hellblau gefärbt, aber von einer kreidigen weißen Schicht überzogen. Die Brutzeit beginnt schon nach der Ablage des ersten Eies, Brutdauer 23 bis 24 Tage, beide Eltern bauen und brüten. Kormorane brüten auch in geringer Zahl

Krähenscharbe Zwergscharbe Kormoran

in manchen Vogelfelsen der nördlichen Meere. Hier besetzen sie meist die Blockflur am Fuße der Vogelberge, wo sie ihr Nest aus Tangfetzen in Felshöhlen bauen. Die Jungvögel tragen ein dichtes dunkelgraues Dunenkleid und nach dem Flüggewerden ein unscheinbar düsterbraunes Jugendkleid.

Nahrung: Kormorane sind spezialisierte Fischfresser. Der Tagesbedarf soll bei etwa 750 g liegen. Kormorane werden, anders als die meisten Schwimmvögel, beim Tauchen naß bis auf die Haut, darum treibt sie nur der Hunger ins Wasser. Nach dem Tauchen sitzen sie lange mit ausgebreiteten Flügeln und schwenken sie zum Trocknen im Wind. Auf dem Wasser schwimmen sie in typischer Pose mit hochgestrecktem Hals und leicht angehobenem Schnabel. Unter Wasser können sie im Grätschschlag, aber auch rudernd, schwimmen oder beide Beine zusammenlegen, so daß sie als ein Paddel wirken. Außerdem nehmen sie mitunter noch die Flügel zu Hilfe. Zur Brutzeit fischen die Kormorane bis in 10 km Abstand von der Kolonie. Außerhalb der Brutzeit streichen sie umher. Ein Teil der mitteleuropäischen Brutvögel überwintert im Mittelmeerraum.

Allgemeines: Kormorane kann man zum Fischfang einsetzen. In Ostasien wird diese Art von Fischfang heute noch für Touristikzwecke gepflegt. Die Vögel sitzen an langen Leinen auf dem Fischerboot, und um ihren Hals wird ein enger Ring gelegt, so daß sie die Beute nicht verschlucken können. Der Fischer fährt bei Nacht zum Fang aus und lockt die Fische durch den Schein von Fackeln bis an das Boot, wo sie dann von den Kormoranen erbeutet werden. Gegen Ende der Fangnacht wird der Halsring entfernt, und die Vögel können für ihren Eigenbedarf fischen. In Mazedonien ist diese Fischerei heute noch in Anwendung.

Krähenscharbe *(Phalacrocorax aristotelis)*

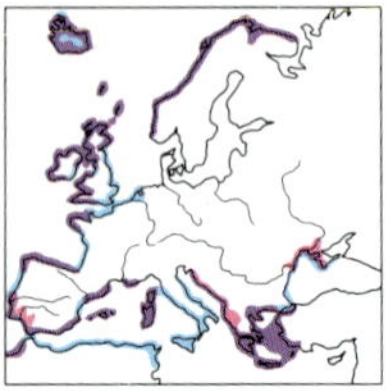

Merkmale: Deutlich kleiner als der Kormoran, Länge um 76 cm. Altvögel düster mit Metallglanz und gelbem Schnabelgrund. In den Wochen der Brutzeit mit nach vorne gekrümmter Federholle. Jungvögel unscheinbar bräunlichgrau. Außer am Brutplatz fast stumm. Stimme krächzend.

Lebensraum: Die Krähenscharbe ist ein reiner Meeresvogel und brütet von Marokko, wo das Meer im Sommer eine Temperatur von 26 Grad erreicht, bis zum Nordkap, wo es nie wärmer wird als 4 Grad. Sie lebt an Felsküsten mit reicher Gliederung durch Buchten und vorgelagerte Inseln. Beim Fischen bleibt sie stets in Sichtweite der Küste. Außerhalb der Brutzeit ist sie teils Stand-, teils Strichvogel und wird nicht selten vor Helgoland gesehen.

Fortpflanzung: Krähenscharben brüten oft am Fuße der Vogelberge in Felsnischen und auf Felsbändern, meist in kleinen Gruppen. Ihre Nachbarn und Mitbewerber um die besten Brutplätze sind Dreizehenmöwen und Eissturmvögel. Brutzeit März bis Mai. Meist drei Eier von etwa 63 mm Länge, Brutdauer 27 bis 29 Tage, die Jungen werden nach 6 bis 8 Wochen selbständig. Beide Eltern brüten, wobei der nichtbrütende Partner oft neben dem Nest steht. Meist brütet das Weibchen, und das Männchen erscheint jeweils einmal am Vor- und Nachmittag recht pünktlich zur Brutablösung. Beim Brüten liegen die Eier auf den Flossenfüßen. Die Jungen schlüpfen nackt und schwarz und bekommen rasch ein schwarzes Dunenkleid.

Nahrung: Krähenscharben werden wie die anderen Kormorane beim Tauchen naß bis auf die Haut. Darum gehen sie nur zum Fischen ins Wasser und trocknen nachher sorgfältig und mit Flügelschwenken ihr Gefieder. Andererseits haben sie im Wasser kaum Auftrieb und tauchen daher bis 20 Meter tief. Sie erbeuten Fische aller Art.

Zwergscharbe *(Phalacrocorax pygmeus)*

Merkmale: Der kleinste europäische Kormoran, mit rund 48 cm Länge nur reichlich halb so lang wie der Kormoran. Schnabel kurz. Im Sommer schwarz mit hellen Federsäumen und dunkelbraunem Kopf, im Winter unscheinbar düsterbraun.

Lebensraum: Mittelasiatische Steppenseen, nach Westen bis in die Balkanhalbinsel hinein. In Afrika tritt die ganz ähnliche *Riedscharbe* an die Stelle der Zwergscharbe. Sie lebt gesellig an von Schilf umstandenen sumpfigen Seen, auch in den Mündungsgebieten großer Flüsse und in brackigen Lagunen, meidet dagegen Seen, die mit Schwimmblattfluren bedeckt sind. Der europäische Bestand wird auf rund 1000 Brutpaare geschätzt (am Utovo Blato, in den Narenta-Sümpfen, am Scutari-See).

Fortpflanzung: Koloniebrüter, meist in gemeinsamen Kolonien mit Seiden-, Nacht- und Rallenreihern. Die Nester liegen gewöhnlich im Weidengebüsch, manchmal auch hoch auf Bäumen oder im Schilf und werden aus Schilf oder Zweigen erbaut. Die europäischen Zwergscharben sind im Gegensatz zu ihren südlicher lebenden Artgenossen Zugvögel, die im Mittelmeerraum überwintern und Anfang März wieder in ihren Kolonien erscheinen. Einzelne überwintern auch im Brutgebiet. Der Nestbau fällt in die zweite Aprilhälfte, Anfang Mai sind die meisten Gelege vollzählig. Die kreidige Schicht der Eier verliert sich im Laufe der Brutzeit. 3 bis 4 Eier von rund 47 mm Länge, Brutdauer 27 bis 29 Tage, die Jungen werden erst mit etwa 40 Tagen selbständig. Sie tragen einen schwarzen Dunenpelz. Bei einer Störung springen sie früh aus den Nestern und können auch schon schwimmen. Später klettern sie dann wieder in die Nester zurück. Ende Juni verlassen die letzten Jungen die Kolonie.

Nahrung: Kleine Fische. Zwergscharben fischen vor allem in der Schilfzone im Flachwasser und in den Wasserlöchern von Sümpfen.

Stelzvögel, Schreitvögel *(Ciconiiformes)*

Die Stelzvögel sind mittelgroße bis große Vögel mit langem Hals und Schnabel und langen, dünnen Beinen, die sie nicht zu raschem Lauf befähigen, sondern nur zu einem gemächlichen »Stelzen«. Die Ordnung wird in fünf Familien unterteilt, von denen drei auch in Europa mit einigen Arten vertreten sind. Die Störche, große bis sehr große Vögel und gute Segelflieger, strecken im Flug den etwas gesenkten Hals weit nach vorn. Sie bauen große Nester und legen weiße Eier. Zwei Arten kommen in Europa vor: Weißstorch und Schwarzstorch. Die Ibisvögel, mittelgroße Stelzvögel, haben ungewöhnliche Schnabelformen. Alle Ibisvögel leben gesellig und brüten in Kolonien. In Europa kommen der Braune Sichler und der Löffler vor. Die dritte Familie umfaßt die Reiher, die mit 9 Brutvogelarten in Europa vertreten sind. Da zwischen den einzelnen Familien keine großen Unterschiede in der Lebensweise bestehen, stellen wir hier nur die Reiher eingehender vor. Die Familie enthält weltweit 64 Arten, die meisten davon mit tropischer Verbreitung. Hals und Beine sind lang, der Schwanz ist kurz, der Schnabel gerade und lanzenförmig. In der Ruhe legen die Reiher den Hals s-förmig zurück und strecken ihn schräg aufwärts, wenn sie aufmerksam werden. Alle Reiher sind Watvögel mit mehr oder weniger enger Bindung an das Wasser, süßes wie salziges. Bei der Jagd stehen sie entweder unbeweglich im bis hüfttiefen Wasser oder schreiten mit zeitlupenlangsamen Bewegungen dahin, den Hals zurückgelegt, den Schnabel schräg abwärts gerichtet. Aus dieser Stellung heraus stoßen sie den Schnabel mit großer Wucht gegen die Beute, spießen sie aber nicht mit geschlossenem Schnabel auf, sondern ergreifen oder durchbohren sie mit geöffnetem Schnabel. Die Speiseröhre ist überaus dehnbar, so daß die Reiher auch sehr dicke Beutetiere unzerkaut hinunterwürgen können. Zappelnde Beute wird auf den Boden geschlagen, bis sie sich nicht mehr rührt. Die kleinen Reiherarten fressen vor allem Insekten, Kaulquappen, Jungfische, am Meer hauptsächlich Krabben, die größeren erbeuten neben Fischen und Fröschen auch Mäuse, Schlangen und Jungvögel. Der Magensaft der Reiher löst die Knochen auf, unverdauliche Bestandteile wie Schuppen, Haare und Krallen werden im Magen zusammengeballt und durch den Schnabel als Gewölle ausgeworfen. In die Enge gedrängt, wehren sich die Reiher mit Schnabelhieben, die sie gezielt auf das Gesicht richten. In Gegenden, wo die Gewässer im Winter zufrieren, müssen die Reiher Zugvögel sein. Im Flug legen sie den Hals s-förmig zurück und rudern zwar langsam, aber ausdauernd dahin. Während die Reiher bei der Nahrungssuche eher einzelgängerisch sind, brüten die meisten Arten gesellig in manchmal großen Kolonien, die in vom Menschen wenig gestörten Gegenden viele tausend Paare und mehrere verschiedene Arten beherbergen können. Auch andere koloniebrütende Sumpfvögel schließen sich gern den Reiherkolonien an. Die Reiher bauen ihre Nester mit trichterförmig zusammengesteckten Schilfhalmen oder Zweigen. Beide Geschlechter sehen etwa gleich aus, aber zur Balzzeit schütteln die Männchen ihre Schmuckfedern auf, Schnabel und Iris nehmen bei einigen Arten eine leuchtend bunte Färbung an. In der Kolonie verkehren die Reiher untereinander mit zeremoniellen Beschwichtigungsgesten oder symbolischen Mitbringseln. Den Jungen wird das Futter im Vormagen zugetragen und in die Nestmulde gelegt. Die Dommeln findet man nicht in der Reiherkolonie, sie brüten einzeln im dichten Altschilf.

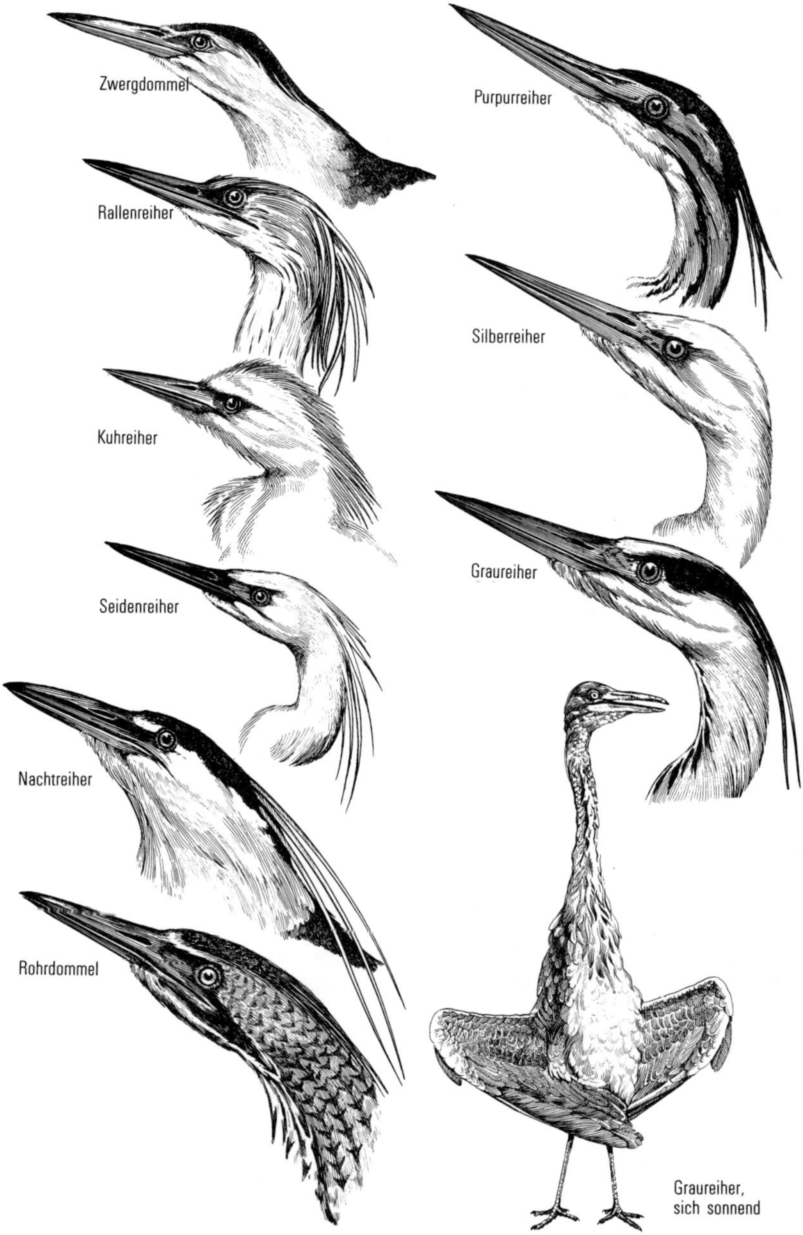
Zwergdommel
Purpurreiher
Rallenreiher
Silberreiher
Kuhreiher
Graureiher
Seidenreiher
Nachtreiher
Rohrdommel
Graureiher, sich sonnend

Graureiher *(Ardea cinerea)*

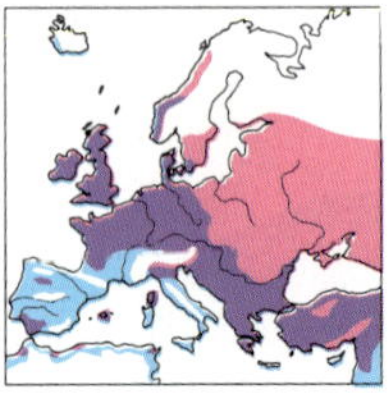

Merkmale: Der letzte in Mitteleuropa noch weit verbreitete Großvogel mit einer Länge von 90 cm und einer Spannweite bis 170 cm, Gewicht um 1,5 bis 2 kg. Gefieder in verschiedenen Grautönen, bei den Altvögeln von weiß bis schwarz, bei den Jungvögeln in matteren Kontrasten. Flug wuchtig rudernd mit zurückgelegtem Hals. Stimme laut und krächzend »kräik«, oft im Fluge zu hören. Tag- und nachtaktiv bis in die späte Dämmerung.

Lebensraum: Graureiher sind sehr anpassungsfähig. Sie brauchen nur fischreiche Gewässer vom Bach bis zur Meeresküste und ein Mindestmaß an Duldung durch den Menschen. Sie fehlen nur in geschlossenen Großwaldungen. Wenn es genügend Nahrung gibt, etwa wo gerade eine Mäuseplage herrscht oder wo – im Süden – Heuschreckenschwärme auftauchen, kommt der Graureiher sogar ohne Wasser aus. Wo er nicht verfolgt wird, gewöhnt er sich auch an den Menschen und brütet sogar inmitten von Großstädten, z. B. in Stockholm, Amsterdam, Nairobi und Mombasa.

Graureiher sind Teilzieher, die noch vor Ende der Schneeschmelze im Brutgebiet erscheinen, aber schon bald nach Ende der Brutzeit abziehen. Vor allem die Jungvögel unternehmen nach dem Flüggewerden weite Wanderungen und kommen mitunter bis nach Nordafrika. Manche jungen Reiher lassen sich später in fremden Reiherkolonien bis einige 1000 Kilometer von ihrem Geburtsort entfernt nieder. Die meisten Graureiher überwintern in Süd- und Westeuropa, manche auch in Mitteleuropa, wo sie in harten Wintern große Ausfälle hinnehmen müssen.

Fortpflanzung: Graureiher sind selten Einzel-, meist aber Koloniebrüter. Reiherkolonien können uralt werden, manche werden schon seit Jahrhunderten benutzt. Die Eiablage beginnt schon im März. Im Mai herrscht in einer volkreichen Reiherkolonie großer Lärm. Die Jungen gackern rauh, dazwischen mischt sich das Krächzen der Altvögel.

Graureiher wirken in ihrem Verhalten hin- und hergerissen zwischen der Einzelgängerei, die ihnen bei der Jagd auf die nicht in beliebiger Menge vorhandenen Fische nützt, und der Geselligkeit, die ihnen während der Brut Vorteile bringt, weil sich manche Feinde nicht in die volkreiche Reiherkolonie wagen. Aus dieser Spaltung heraus haben die Reiher, wie auch andere Koloniebrüter, ein gestenreiches Ritual entwickelt, mit dem sie etwa ihrem Paarungspartner auf dem Nest nahetreten. Die festgelegten Verhaltensformen werden vom Artgenossen als ein Signal verstanden, das den »Einbruch« in dessen Individualdistanz ermöglicht, ohne Abwehrhandlungen auszulösen.

Beim Begrüßungsritual wird dem Partner auch ein Zweig als symbolischer Beitrag zum Nestbau überreicht. Menschlich gesprochen überwinden die Reiher instinktive Aggression durch ausgesuchte Höflichkeit.

Eizahl 3 bis 5, beide Eltern brüten, Brutdauer 26 bis 27 Tage, Nestlingsdauer 6 bis 7 Wochen. In einer Kolonie sind meist Junge sehr verschiedenen Alters anzutreffen. Fütterung etwa alle 2 Stunden aus dem Vormagen, worin die Nahrung aus bis 30 km Entfernung herbeigeschafft wird. Aus dem Nest gefallene Jungvögel werden am Boden weitergefüttert.

Nahrung: Der Graureiher braucht täglich etwa 500 Gramm tierische Kost. Er schlägt hauptsächlich Fische, aber auch Insekten, Mäuse, Schlangen, Jungvögel, sogar erwachsene Zwergtaucher. Bei der Jagd schreitet der Graureiher betont langsam umher. Erspäht er Beute, so schnellt der Schnabel blitzartig und äußerst zielsicher vor.

In einem natürlichen Gewässer hat der Fisch die Möglichkeit, sich zu verstecken, in einem künstlichen Fischzuchtweiher ist er dem Reiher oft schutzlos ausgeliefert. Darum rufen von Reihern geplagte Fischzüchter lautstark nach dem Abschuß von Reihern, dem auch mancherorts von den Behörden nachgegeben wird. Es wäre wirksamer, durch gitterartig über den Fischteich gespannte Stolperdrähte den Reihern dort das Fischen zu verleiden und dafür zu sorgen, daß den Vögeln naturnahe Fischgründe zur Verfügung stehen, wo sie die Bestände nicht gefährden.

Purpurreiher *(Ardea purpurea)*

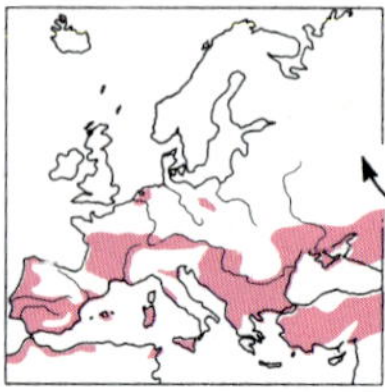

Merkmale: Gestalt und Flugbild ähnlich dem Graureiher, aber deutlich kleiner, Länge 79 cm, Spannweite 140 cm. Wirkt viel dunkler und hat kastanienbraune Gefiederteile, Stimme krächzend, ähnlich wie die des Graureihers.

Lebensraum: Ausgedehnte, im Wasser stehende Schilffelder oder Weidendickichte mit eingestreuten Wasserlöchern. Fehlt in waldreichen Gegenden. Zugvogel, der im September süd- und südwestwärts zieht, teilweise den Äquator überfliegt und mit den dort brütenden Purpurreihern zusammentrifft. Nach Osten reicht das Verbreitungsgebiet bis Indonesien.

Fortpflanzung: Die mitteleuropäischen Purpurreiher kehren im April in ihr Brutgebiet zurück. Sie sind selten Einzel-, meist Koloniebrüter. Ihre Horste bauen sie gern in stehendes oder umgebrochenes Altschilf, nicht selten in 2 Meter Höhe, so daß man sich wundert, wie das zerbrechliche trockene Schilf den Horst mit der Vogelfamilie tragen kann. Sie horsten nur ausnahmsweise auf Bäumen und baumen auch nur höchst selten einmal auf, wie das der Graureiher so häufig tut. Beide Eltern bauen und brüten. Auf dem Horst begrüßen sie sich gestenreich mit Sträuben der Stirnfedern, Halsrecken und krächzenden Rufen. Der Purpurreiher ist wenig scheu. Trotzdem wurde er durch Badebetrieb von manchen seiner Brutplätze vertrieben.

Brutzeit Mai und Juni, wobei die Bruten in einer Kolonie bis zu 4 Wochen auseinanderliegen können. Die Eier sind hellblau und deutlich kleiner als die des Graureihers, Länge um 55 mm.

Eizahl 3 bis 5, selten bis zu 8 Eier, die vom ersten Ei an bebrütet werden. Brutdauer 24 bis 28 Tage. Die Jungen klettern, wenn sie sich bedroht fühlen, schon im Alter von 10 Tagen aus dem Nest, kehren aber später dorthin zurück. Die Altvögel müssen während der Brut- und Fütterzeit den zerbrechlichen Horst ständig ausbessern. Anfangs hat er die Gestalt eines aus Schilfhalmen gesteckten Trichters, später ist er plattgetreten. Die Jungen werden etwa 3 Wochen lang gehudert und später bei Bedarf beschattet. Die Eltern bringen ihnen das Futter in einer Erweiterung der Speiseröhre, dem Vormagen. Beim Betteln ergreifen die Jungvögel den Schnabel des Altvogels von der Seite und ziehen ihn zu sich herunter. Es sieht wie ein wüster Kampf aus, ist aber die übliche Gebärdensprache der Reiher. In den letzten Tagen der Nestlingszeit treiben sich die Jungen schon im Schilf herum, doch werden sie noch auf der Nestplattform gefüttert. Mit 7 bis 8 Wochen verlassen sie endgültig das Nest, das im nächsten Jahr nicht wieder benutzt wird. Im Jugendkleid fehlen den Jungvögeln alle Schmuckfedern und die aschgrauen Flügeldekken. Insgesamt wirkt ihr Gefieder matt.

Nahrung: Purpurreiher sind wie die Graureiher Auflauerer und Schleicher, aber wie immer bei nahe verwandten Arten machen sie sich keine Konkurrenz, indem sie verschiedene Futterquellen beanspruchen. Der Graureiher jagt am offenen Flachufer und im freien Wasser, wo er noch waten kann. Der Purpurreiher sucht seine Nahrung vor allem im Schilf- oder Weidendikkicht, wo er manchmal stundenlang unbeweglich an einem Wasserloch ausharrt. Hauptbeute sind Fische, wobei größere mit dem leicht geöffneten Schnabel aufgespießt werden. Der Reiher schüttelt die Beute ab und fängt sie erneut, ergreift sie aber diesmal einfach mit dem Schnabel. Dann schluckt er den Fisch mit dem Kopf voran und befördert ihn in den sehr dehnbaren Schlund. Daneben verzehrt der Purpurreiher alles, was er bewältigen kann, Eidechsen, Schlangen, Mäuse, Insekten, Froschlurche, sogar Knoblauchkröten, die ein giftiges Sekret absondern.

Allgemeines: Der Purpurreiher verfügt wie die Dommeln über die »Pfahlstellung«. Die Jungen zeigen sie, wenn man sie im Nest überrascht, die Altvögel nur in höchster Not. Dabei reckt der Reiher den Hals senkrecht in die Höhe und weist auch mit dem Schnabel nach oben. In dieser Stellung verharrt er unbeweglich und ist dann im Schilfwald nur schwer zu entdecken.

Silberreiher *(Casmerodius albus)*

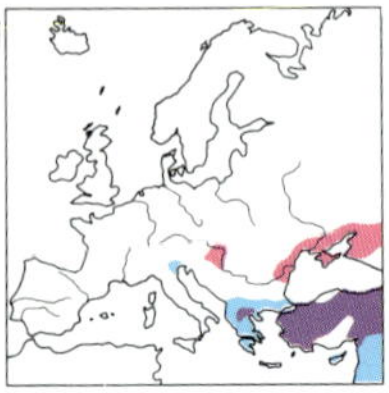

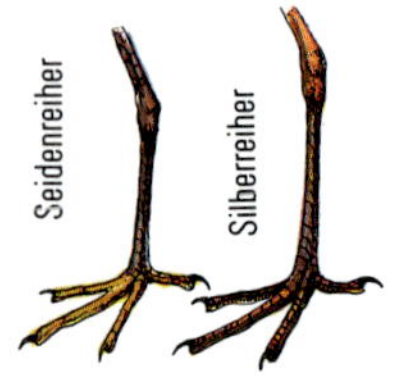

Merkmale: Etwa so groß wie der Graureiher, Länge um 90 cm, Spannweite bis 190 cm, in allen Kleidern rein weißes Gefieder. Schnabellänge etwas variabel, Schnabel im Brutkleid schwarz mit gelber Wurzel, im Winter und im Jugendkleid gelb. Beine schwarz, Zehen grünlichschwarz. Die Haut um die Augen ist grünlichgelb, die Iris schwefelgelb. Im Brutkleid entspringt dem Rücken ein Schleier feiner Schmuckfedern, die den Schwanz etwas überragen. Kein Federschopf. Der Silberreiher fliegt mit wuchtigen Flügelschlägen rauschend auf, im Streckenflug rudert er mit langsamen Schlägen majestätisch dahin. Gruppen ordnen sich gern zu Schräglinien oder zur V-Formation. Sehr schweigsam, sogar in der Brutkolonie, wo nur die Jungen lautstark betteln. Im Herbst auch in gemischten Trupps mit Graureihern. Sitzt nur ausnahmsweise auf Bäumen. Die europäischen Silberreiher sind extrem scheu, die afrikanischen Populationen, die nie beschossen wurden, geben sich zutraulicher, sie lauern sogar in Dorftümpeln auf Beute.

Lebensraum: Der Silberreiher besiedelt ein sehr großes Gebiet, zu dem das tropische und subtropische Amerika ebenso gehören wie weite Teile Afrikas und Asiens. In Mitteleuropa war er immer selten. Als um die Jahrhundertwende Reiherfedern in Mode kamen, wurden Silberreiher rücksichtslos bejagt und viele ihrer Kolonien zum Erlöschen gebracht. In Europa hat sich ihr Bestand bis heute nicht erholt, in Osteuropa nimmt er langsam zu, aber die Reiher sind sehr scheu geblieben.

Der Silberreiher bevorzugt als Aufenthaltsorte verschilfte Seen mit offenen Wasserflächen, wasserreiche, dabei waldarme Niederungen und langsam fließende Ströme mit flachen Ufern. Er ist ein Zugvogel, der im März in den nördlichen Brutgebieten erscheint und frühestens dann wieder abzieht, wenn die Jungen voll beflogen sind. Mitunter trifft man noch im Frühwinter einzelne Silberreiher in Mitteleuropa. Silberreiher überwintern teilweise schon im Mittelmeerraum und halten sich dann auch in Lagunenlandschaften der Meeresküste auf.

Fortpflanzung: Silberreiher nisten in kleinen Kolonien von einigen Dutzend Paaren im unzugänglichsten Teil weiträumiger Schilfsümpfe, manchmal auch in gemischten Kolonien mit Grau- und Purpurreihern, Seidenreihern, Ibissen, Löfflern und sogar Pelikanen. Auch Einzelbrüter kommen vor. Die Nester liegen in Europa fast stets auf vorjährigem Schilf, in anderen Teilen der Welt auch hoch auf Bäumen. Die Nester einer Kolonie können mit 10 Meter Abstand voneinander oder auch so dicht liegen, daß sie sich berühren und später, wenn sie von den Jungen plattgetreten werden, zu einer gemeinsamen Plattform zusammenwachsen.

Die Nester werden aus Schilfhalmen trichterförmig zusammengesteckt und innen mit feinerem Material ausgelegt. Das Männchen bringt die Niststoffe, das Weibchen baut sie ein. Beide Eltern lösen sich beim Brüten ab. Ein Gelege enthält meist 3 oder 4, selten auch 5 hellblaue Eier von etwa 60 mm Länge, wie beim Graureiher. Brutbeginn nach Ablage des ersten Eies, Brutdauer 25 bis 26 Tage. In einer Kolonie können sich halberwachsene Nestlinge neben hoch bebrüteten Eiern finden. Gebrütet wird ab Ende April, in den Tropen zu Beginn der Regenzeit. Mit etwa 6 Wochen beginnen die Jungen zu fliegen. Nach der Brutzeit mausern die Altvögel und legen dabei ihre Schmuckfedern ab.

Nahrung: Fische, Wasserinsekten, Mäuse, Spitzmäuse, Heuschrecken, Jungvögel. Silberreiher jagen mit Vorliebe im Flachwasser von Seen und Lagunen, in überschwemmten Reisfeldern, aber auch in feuchten Wiesen. Zur Brutzeit tragen sie das Futter bis 15 km weit zur Kolonie. An Orten mit reicher Landtierfauna können Silberreiher auch ganz ohne Wasserjagd auskommen. Es wurden schon Silberreiher dabei beobachtet, wie sie aus niedrigem Flug über dem Wasser erfolgreich nach Fischen stießen. Zuweilen kommt es vor, daß der Reiher einen Fisch erbeutet, der so groß ist, daß er ihn nicht verschlingen kann.

Seidenreiher *(Egretta garzetta)*

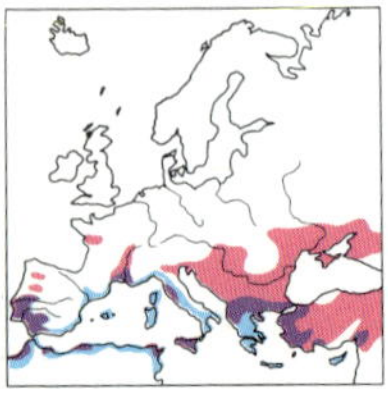

Merkmale: Viel kleiner als der Silberreiher, Länge um 55, Spannweite um 105 cm. Beine schwarz, aber gelbe Zehen, Schnabel schwarz. Langer, zierlicher Federschopf, der meist im Winde weht. Länge der Schmuckfedern am Kopf bis 20 cm, am Rücken bis 24 cm und den Schwanz knapp überragend. Beim Weibchen kürzer. Nicht scheu. Sitzt gerne auf Bäumen, an manchen Orten auch auf dem Rücken von Weidevieh. Gesellig. Schreitet meist spähend im Flachwasser, fliegt langsam und meist geradlinig mit raschen Flügelschlägen. Schweigsam, aber lärmend in den Brutkolonien. In den Tropen kommen dunkelgraue Exemplare vor, die sehr leicht mit dem dort heimischen Küstenreiher verwechselt werden können.

Lebensraum: Sumpfige Niederungen, verschilfte Seen, Lagunenlandschaften, Reisanbaugebiete. Nahrungssuche auch auf feuchten Wiesen und zwischen Weidevieh. Die nördlichen Populationen sind Zugvögel und ausdauernde Flieger, die bis über den Äquator wandern können. Viele Seidenreiher überwintern auch schon im Mittelmeerraum, wo sie die häufigsten und auffälligsten Reiher sind, örtlich allerdings übertroffen vom Kuhreiher. Bestand steigend mit Ausbreitungstendenzen. Von Atlantiküberquerungen wird berichtet.

Fortpflanzung: Bis auf seltene Ausnahmen Koloniebrüter. Brutkolonien meist in Bäumen, in der Regel in Gemeinschaft mit anderen Wasservögeln wie Kuh-, Nacht- und Rallenreihern, Löfflern, Sichlern und Kormoranen. Die Kolonien liegen teils in Auwäldern, teils in Feldgehölzen und in einzeln stehenden Bäumen, gelegentlich auch im Schilf. In der Kolonie gibt es zur Zeit der Nestgründung viel Streit um die besten Plätze. Nachtreiher und Sichler müssen mitunter in die Randbezirke der Kolonie ausweichen.

Beide Eltern bauen, das Männchen bringt Zweige und Halme, das Weibchen steckt sie nach Reiherart zu einem Trichter zusammen. Oft werden auch nur die vorjährigen Nester ausgebessert und verstärkt. Gelegegröße 3 bis 6 Eier; sie sind anfangs hellblau, aber die Farbe bleicht rasch aus, so daß die Eier weiß werden. Beide Eltern brüten, hauptsächlich aber das Weibchen. In einer typischen Kolonie findet man Ende April die ersten, im Juni die letzten Gelege, so daß später auch Jungreiher aller Altersstufen nebeneinander vorkommen. Brutdauer um 25 Tage, Nestlingsdauer über 4 Wochen. Zur Begrüßungszeremonie der Altreiher auf dem Nest gehört das Sträuben der Schmuckfedern, so daß die Reiher wie in einen Schleier gehüllt aussehen. In der Kolonie sind die Vögel oft wenig scheu. Dringt man in eine Schilfkolonie ein und stellt sich nur ruhig hin, so landen Augenblicke später die ersten aufgescheuchten Reiher mit rauhem Krächzen wieder auf ihren Nestern, und kurz darauf nimmt das Leben in der Kolonie wieder seinen normalen Verlauf. Das Verhalten der Brutvögel hängt natürlich auch von Art und Häufigkeit der Störungen ab. Im Alter von 14 Tagen klettern die Jungen bei Bedrohung schon aus dem Nest, kehren aber später wieder zurück. Mit drei Wochen sitzen sie in den Zweigen und treffen sich nur zu den Fütterungen im Nest. Auch wenn sie flügge sind, werden sie noch einige Zeit weitergefüttert und schlafen in der Kolonie. Gegen Mitte Juli wird es in den Kolonien still. Wenig später machen die Altvögel eine Vollmauser durch und verlieren dabei ihren Federschleier. Er bildet sich im nächsten Jahr von Januar bis April neu.

Nahrung: Fische, Frösche, Wasserinsekten, Heuschrecken, Libellen. Im Spätsommer kann die Nahrung überwiegend aus Landtieren bestehen. Seidenreiher sind Pirschjäger. Im Wasser scheuchen sie durch schnelle Bewegungen ihrer langen Zehen manche Wassertiere aus ihren Verstecken.

Allgemeines: Um die Jahrhundertwende waren die Schmuckfedern der Reiher etwa 10 Jahre lang in der Hutmode sehr begehrt. In dieser Zeit wurden zahlreiche Reiherkolonien, unter ihnen die meisten Baumkolonien, vernichtet. Man schoß die Altvögel ab und ließ die Jungen zugrundegehen. Die Vogeljäger schnitten nur die Schulterhaut der Reiher mit den Schmuckfedern heraus.

Rallenreiher *(Ardeola ralloides)*

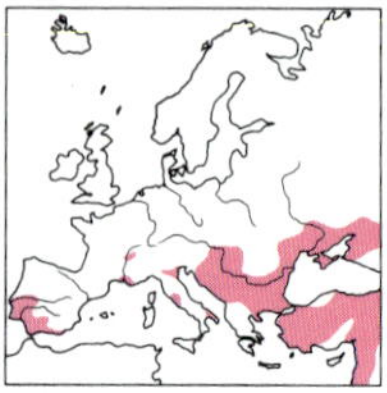

Merkmale: Länge um 46 cm. Im Ruhekleid insgesamt graugelb mit feinen dunklen Längslinien, ohne Federschopf und Schleier. Der Schnabel stets mit schwarzer Spitze, sonst im Jugendkleid blaßgelb, im Ruhekleid gelbgrün und im Brutkleid leuchtend gelbgrün und kobaltblau. Brutkleid in sehr lichtem Braunrot, Flügel und Bauch weiß. Bei der Balz schüttelt das Männchen seine zerschlissenen Federn an Hals und Rücken auf und sträubt die langen, schwarz gerandeten Schmuckfedern des Nackens. Der Reiher wirkt im Flug fast weiß, doch fallen die im Vergleich mit den anderen weißen Reihern kurzen grünen Beine auf. Der Flug ist langsam, fast eulenartig. Außerhalb der Brutkolonie wenig gesellig. Meist hocken sie alleine und zusammengesunken im Jagdrevier am Ufer, und auch in der Kolonie achten sie auf Abstand von den Nachbarn. Nie sieht man größere Gesellschaften. Rallenreiher klettern geschickt im Schilf und zeigen sich wenig scheu. Sie sind außerhalb der Kolonie sehr schweigsam, manchmal stoßen sie beim Auffliegen einen knarrenden Ruf aus.

Lebensraum: Südeuropa, Vorder- und Mittelasien. Weiter östlich wird der Rallenreiher von nahe verwandten Arten abgelöst. In Europa ist der Rallenreiher nirgends häufig, er besiedelt verlandende Seen und Flachmoore mit offenen Wasserflächen und eingestreuten Büschen. Zur Nahrungssuche sieht man ihn auch in überfluteten Reisfeldern, auf Weiden zu Füßen des Viehs, an Wassergräben, oft ohne Scheu vor den Feldarbeitern.

Die Vögel aus dem Norden ihres Verbreitungsgebietes sind Zugvögel, die teils schon im Mittelmeerraum, meist aber im tropischen Afrika überwintern. Sie ziehen im August oder September weg und erscheinen Anfang Mai wieder in den Brutkolonien. Die Jungvögel verstreichen kurz nach dem Selbständigwerden im Juli und August.

Fortpflanzung: Rallenreiher brüten ausschließlich zusammen mit anderen Koloniebrütern, vor allem mit Seidenreihern, oft auch mit Zwergscharben, im Osten sogar mit Saatkrähen, die sich allerdings keine Gelegenheit zum Eierraub bei den kleinen Reihern entgehen lassen. In der Regel bleibt ein Altvogel als Wache beim Nest, sobald das erste Ei gelegt ist. Meist brüten die Rallenreiher zwischen anderen Reihern; man erkennt ihre Nester an der geringen Größe. Wo sie zahlreicher sind, bilden sie auch ein eigenes »Viertel«. In Baum- und Buschkolonien liegen die Nester der Rallenreiher auf den unteren Zweigen, in Schilfkolonien auf den Spitzen des Altschilfs. Das Männchen bringt Zweige herbei, das Weibchen steckt sie zu einem flachen Trichter zusammen. Die Eier sind mit etwa 39 mm Länge viel kleiner als die der Kolonienachbarn und in frischem Zustand blaugrün. Gelegegröße 4 bis 6, Brutzeit Mitte Mai bis Ende Juni, Brutdauer 22 bis 24 Tage, Nestlingsdauer etwa ein Monat. Das Weibchen wacht am Nest, das Männchen sorgt für Nahrung. Junge, die aus dem Nest gefallen sind, versuchen mit Schnabel, Krallen und Flügeln wieder zurückzuklettern, und es gelingt ihnen öfter als den Küken anderer Reiher. Die meisten Jungen verlassen in der Julimitte ihre Nester, lange bevor sie fliegen können.

Die Jungvögel bekommen erst im dritten Jahr das pastellfarbene Alterskleid und den Federschmuck.

Nahrung: Rallenreiher jagen besonders eifrig in der Dämmerung. Sie können, zwischen den Schilfhalmen kletternd, nach kleinen Fischen stoßen.

Werden sie gestört, so nehmen sie nach Dommelart die Pfahlstellung ein. Meist suchen sie ihre Nahrung watend in seichtem Wasser mit schlammigem Grund. Sie erbeuten vor allem Wasserinsekten und Egel, auch Blutegel, daneben Kaulquappen und Kleinkrebse.

♂ Brutkleid ♂

Nachtreiher *(Nycticorax nycticorax)*

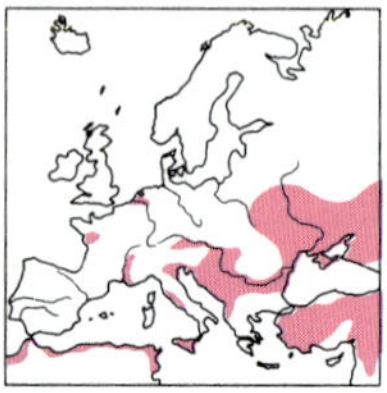

Merkmale: Etwa hühnergroß, Länge um 61 cm, Spannweite 105 bis 110 cm. Im Brutkleid 2 bis 4 lange Schmuckfedern im Nacken, die beim Männchen etwa 5 cm länger werden als beim Weibchen. Der Schnabel ist in der Brutzeit schwarz, sonst schwarzgrau mit hellen Schneiden. Große, im Alterskleid korallenrote Augen. Die Jungvögel erinnern entfernt an eine Rohrdommel. Sie sind braun mit graugelben Tropfenflecken auf jeder Feder, haben grüne Beine und gelbe Augen. Die gelbliche Kehle zeigt braune Längsstreifen. Auch in ihrem zweiten Sommer sind die Jungvögel noch zu erkennen: Ihr Gefieder wirkt matter, bräunlicher und verwaschener als das der Altvögel, ihre Schmuckfedern sind kürzer.
Nachtreiher hocken tagsüber in geduckter Haltung an schattigen Plätzen in Bäumen und lassen den Menschen nahe herankommen. Schließlich fliegen sie überraschend schnell fast senkrecht auf, nicht selten mit einem rauhen Schrei. Ihr Flug ist sonst weich und eulenartig leise; eine Gruppe fliegt in Schräglinien. Nachtreiher klettern gut mit bedächtigen Bewegungen. Sie können notfalls auch schwimmen. Sie sind sehr ruflustig, in den Kolonien sogar lärmend. Ihr Flugruf, den man in der Nacht aus der Höhe vernimmt, klingt rauh »kwack, kwack«.

Lebensraum: Der Nachtreiher kommt in Nord- und Südamerika vor, ebenso in Afrika und den warmen Zonen Eurasiens, bis nach Japan. Um die Jahrhundertwende wurde er, wie viele andere Vögel auch, in Mitteleuropa beinahe ausgerottet; in den letzten Jahren konnte er hier und da wieder kleine Kolonien gründen. Er bewohnt sumpfige, wasserreiche Auwälder und Schilfgebiete mit Büschen, Bäumen und offenen Wasserstellen. Nachtreiher sind in Europa Zugvögel, die im tropischen Afrika überwintern. Sie ziehen nachts, meist in großer Höhe, und rasten um Mitternacht. Einige der Vögel schließen sich einer tropischen Nachtreiherkolonie an und bleiben für den Rest ihres Lebens dort.

Fortpflanzung: Zur Balzzeit färben sich die Füße der Reiher hellrot und der Zügel, die nackte Gesichtshaut zwischen Schnabel und Auge, wird kobaltblau, das rote Auge sticht dann mehr als sonst hervor. In der Abenddämmerung führt das Männchen auf dem begonnenen Nest eine Art Tanz auf; es winkt demonstrativ mit einem Zweig, der dann in das Nest verbaut wird. Nachtreiher nisten teils in artreinen, teils in gemischten Kolonien, meist im Weidengebüsch, teils aber auch im Schilf oder auf hohen Bäumen. In einer typischen gemischten Baumkolonie nisten die Graureiher und die Kormorane in den höchsten Zweigen, im Mittelbau sitzen Nachtreiher, Zwergscharben und Sichler, auf den unteren Zweigetagen die Rallenreiher, Seidenreiher und Kuhreiher. Der Brutbeginn in der Kolonie zieht sich über etwa einen Monat hin, wie das auch von anderen Reihern bekannt ist. Brutzeit Mai und Juni, Brutdauer 21 bis 23 Tage. Die Eier sind anfangs blaugrün, verbleichen aber schnell. Beide Eltern lösen sich etwa alle 2 bis 4 Stunden auf den 3 bis 5 Eiern ab. Wenn die Jungen klein sind, legen ihnen die Eltern das halbverdaute Futter ins Nest, später betteln die Jungen nach Reiherart, indem sie am Schnabel des Altvogels zerren. Nestlingsdauer 35 Tage.

Nahrung: Bei Sonnenuntergang fliegen die Reiher einer Kolonie gemeinsam zu ihren Jagdgründen, bis zu 20 km von den Schlafbäumen entfernt. Bei der Jagd stehen sie meist still am Ufer und starren ins Wasser, manchmal schleichen sie auch langsam dahin. Sie jagen bis zur letzten Dämmerung und wieder in der ersten Morgenfrühe, haben sie große Junge zu versorgen, auch am Tage, wenn die Sonne tief steht. Sie erbeuten Frösche, Fische, Egel, Insekten, Schermäuse, ausnahmsweise Jungvögel, selbst nestjunge Reiher.

alt

jung

Kuhreiher *(Bubulcus ibis)*

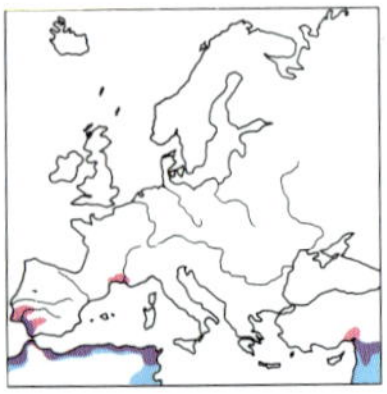

Merkmale: Mit 51 cm Länge etwas kleiner als der Seidenreiher, aber größer als der Rallenreiher. Im Brutkleid mit ockergelben Schmuckfedern an Kopf, Nacken, Brust und Rücken, die beim Weibchen schwächer entwickelt sind. Außerhalb der Brutzeit ohne Federschleier und bis auf einen ockergelben Flecken am Kopf ganz weiß. Die östliche Rasse ist zu erkennen am orangeroten Kopfgefieder und an goldenen Schleierfedern auf dem Rücken. Schnabel kurz und gelb. Schweigsam außerhalb der Brutkolonien. Zutraulich.

Lebensraum: Weideland, Reisfelder, Seeufer, oft in der Nähe des Menschen und bei Ortschaften. Der Kuhreiher ist ein Kulturfolger und weltweit im Vordringen. Vor etwa 40 Jahren überflog er den Atlantik und traf in Amerika auf keine Konkurrenten, so daß er sich dort bis heute explosionsartig ausbreitet. 1948 erreichte er Australien und wurde inzwischen auch in Neuseeland heimisch. Er fehlt nur in Großwaldungen der Tropen, siedelt sich aber im Gefolge der Rodungen an. In der Camargue steigt sein Bestand rasch an. Die Ornithologen warten auf erste Brutversuche nördlich der Alpen. Hierzu müßten die Kuhreiher aber neue Zugtraditionen entwickeln, denn den mitteleuropäischen Winter dürften sie nicht überstehen. Daß sie Zugvögel sein können, beweisen die osteuropäischen Populationen, die nur von März bis August im Brutgebiet verweilen.

Fortpflanzung: Im Mittelmeerraum brütet der Kuhreiher etwa zeitgleich mit dem Seidenreiher und am Wasser in gemischten Kolonien zusammen mit Seiden-, Nacht- und Graureihern, mit Kormoranen und Zwergscharben. Wo die Kolonien in Bäumen liegen, besiedelt der Kuhreiher die unteren und mittleren Etagen. Daneben gibt es auch Kolonien im Schilf und reine Kuhreiherkolonien inmitten von Ortschaften, etwa am Zoo von Kairo, wo sich niemand daran stört, daß der Kot der Vögel auf die Gehsteige fällt. Kuhreiherkolonien können auch weitab vom Wasser liegen. Die afrikanischen Kuhreiher brüten während der Regenzeit, und manche Populationen ziehen mit Beginn der Trockenzeit weg. In den großen Kolonien zählt man in manchen Bäumen über 50 Nester. Der Boden unter der Kolonie ist von Kot gekalkt. Meist sterben die Horstbäume nach einigen Jahren ab. Das Nest ist manchmal sehr locker aus speichenartig zusammengesteckten Zweigen gebaut, so daß man die Eier von unten durchschimmern sieht. Wird ein Nest über Jahre hin ausgebaut, so kann es auch ein recht solider Bau werden.

Das Männchen bringt die Zweige, das Weibchen verbaut sie und verteidigt das Nest gegen diebische Nachbarn. Meist 4 oder 5 Eier, in den Tropen nur 2 bis 3. Eifarbe hellblau, Eilänge um 47 mm. Brutbeginn in Kairo im März, in Europa im Mai mit Nachzüglern im Juni. Beide Eltern brüten, Brutdauer 21 bis 24 Tage. Die Jungen klettern lange vor dem Flüggewerden auf die äußersten Zweige und erwarten dort mit ausdauernden Bettelrufen die futtertragenden Eltern.

In den ersten Tagen nach dem Ausfliegen kehren sie zum Schlafen in die Brutbäume zurück, beginnen aber bald ein geselliges Nomadenleben und ziehen langsam südwärts. Sie wählen gern bestimmte Schlafbäume, deren Äste sich dann unter der weißen Last biegen.

Nahrung: Insekten, vor allem Heuschrecken, daneben Libellen und deren Larven, Wasserkäfer, Schnecken, kleine Frösche. Die Kuhreiher folgten früher den Wildherden der Savannen Afrikas. Genauso treiben sie es heute mit den Herden der Hausrinder und Wasserbüffel. Sie reiten gerne auf dem Rücken der Großtiere und eilen hurtig neben ihren Beinen einher, um aufgescheuchte Insekten zu ergreifen.

Allgemeines: Schon in der Brutkolonie verlieren die Reiher als Auftakt der herbstlichen Vollmauser ihren Schleier aus Schmuckfedern.

Rohrdommel *(Botaurus stellaris)*

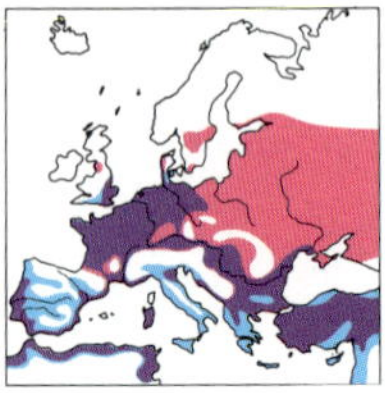

Merkmale: Gut hühnergroß, Länge 65 bis 70 cm, Spannweite 105 bis 110 cm. Die Grundfarbe der Altvögel ist Rostgelb, der Jungvögel Strohgelb. Der schwarzbraune Bart- und Scheitelstreif tritt bei den Jungvögeln kaum hervor. Die Genickfedern sind etwas verlängert. Rohrdommeln bewegen sich zeitlupenhaft langsam und schleichend. In der Ruhe stehen sie auf einem Bein mit zusammengesunkenem Körper, so daß der lange Hals vollständig im Gefieder versinkt. Die Rohrdommel trägt an den Mittelzehen Putzkrallen mit einem Hornkamm. Er dient unter anderem dazu, das Mundinnere nach dem Fang eines schleimigen Fisches zu reinigen, gleichsam als Naturzahnbürste. Dem eulenartig weichen Gefieder entspricht ein nahezu geräuschloser Flug. Bei Bedrohung nimmt die Rohrdommel Pfahlstellung ein, das heißt, sie macht sich schlank und richtet den Schnabel steil nach oben (Sterngucker). In dieser Stellung ist sie leicht mit einem Bündel alten Schilfes zu verwechseln. Sie kann stundenlang in Pfahlstellung verharren und sich darin uhrzeigerlangsam davonstehlen. Beim Klettern umgreift sie mehrere Schilfhalme zugleich mit ihren langen Zehen und überkreuzt die Beine. Erst im letzten Augenblick fliegt sie senkrecht hoch, rudert dann ein kurzes Stück über das Schilf und läßt sich wieder nieder. Früher wurden manche Dommeln in Pfahlstellung mit dem Knüppel erschlagen. In die Enge getrieben plustert sich die Dommel zu bedrohlich wirkender Größe auf, schlägt mit den Flügeln eine Art Rad und öffnet den inwendig hellroten Rachen. Dann stößt sie mit überraschender Reichweite mit dem Schnabel nach den Augen des Angreifers.

Rohrdommeln halten sich tagsüber sehr zurückgezogen im dichten Schilf auf und sind besonders in der Dämmerung rege. Dann zeigen sie sich manchmal am Schilfrand oder fliegen – vor allem im Herbst – niedrig oder hoch über den Schilfwald und rufen dabei laut und halb reiher-, halb rabenartig »krauw . . . krauw«. Viel auffälliger als der Vogel ist sein Balzruf, der im April und Mai zu hören ist, zu jeder Tages- und Nachtzeit, vor allem aber in der letzten Abenddämmerung. Er klingt dumpf muhend (Moorochs) und wird mehrmals wiederholt, ehe der Vogel eine Pause von einigen Minuten einlegt. Der Ruf hört sich wie »ui prumb« an; er ist nicht besonders laut und doch in der Abendstille weit tragend. Es gab lange Streit unter Gelehrten, ob die Dommel beim Rufen den Schnabel ins Wasser stecke. Sie tut es nicht, bläst vielmehr beim Rufen den Hals ballonartig auf.

Lebensraum: Das Verbreitungsgebiet der Rohrdommel zieht sich als breiter Streifen durch ganz Eurasien. Außerdem lebt sie in Südafrika; ähnliche Arten bewohnen Amerika und Australien. Sehr häufig ist sie in den Ländern um das Schwarze Meer, wo die Männchen im Schilfwald ganze Konzerte aufführen. Im westlichen Europa ist die Rohrdommel ein seltener Vogel der Tiefländer, der großflächige, nicht zu dichte Schilfwälder mit angrenzenden offenen Wasserflächen verlangt. Die Dommel zeigt sich zwar nur selten dem Menschen, haust aber oft in der Nähe von Yachthäfen oder Bootsstegen. Im Herbst und Winter bekommt man sie eher zu Gesicht.

Die meisten mitteleuropäischen Dommeln ziehen im Herbst bis in die Mittelmeerländer und sogar ins tropische Afrika, einige aber trotzen dem Winter nördlich der Alpen.

Fortpflanzung: Das Nest liegt mitten im Nahrungsbiotop, meist im Schilf über knöchel- bis knietiefem Wasser auf umgebrochenem Altschilf, manchmal weit vom Rufplatz der Dommel entfernt. Das Gelege besteht aus 5 bis 6 Eiern von etwa 53 mm Länge, Brutzeit ab Mitte April und im Mai, Brutdauer 25 bis 26 Tage. Manche Männchen beteiligen sich nicht an der Brut- und Jungenaufzucht. Die struppig gelbbraun bedunten Jungen können schon mit gut zwei Wochen in Not geraten aus dem Nest springen und sich verbergen.

Nahrung: Wassertiere, teils im Lauern von Schilfhalmen herunter, teils im Wasser stehend oder schleichend erbeutet. Fische, Frösche, Egel, Wasserinsekten, Kleinvögel, Mäuse. Die Dommel schleicht sich langsam an und stößt auf kurze Distanz zielsicher zu.

Jungvogel

Zwergdommel *(Ixobrychus minutus)*

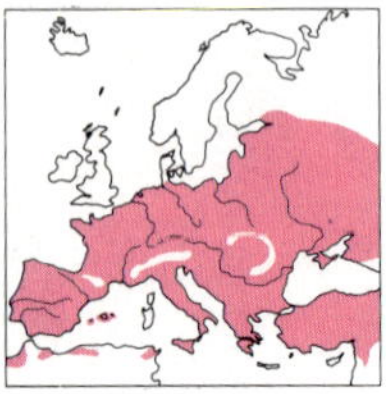

Merkmale: Der kleinste europäische Reiher. Mit einer Länge um 35 und einer Spannweite von etwa 55 cm bei einem Gewicht um 140 Gramm nur etwa taubengroß. Die Zwergdommel ist ein sehr heimlicher Vogel, der in nächster Nähe des Menschen leben kann, ohne aufzufallen. Nur manchmal sieht man den rahmgelb und schwarz gefärbten Vogel mit taubenartigem Flug, eingezogenem Kopf und etwas hängenden Beinen am Schilf entlangfliegen und gleich wieder verschwinden. Bei Gefahr weiß sich die Dommel unbeschreiblich geschickt auch in kleinen Schilffeldern zu verstecken. Sie beherrscht die Pfahlstellung mit gegen den Himmel gerichtetem Schnabel; wenn sich die Halme ihrer Umgebung im Wind wiegen, ahmt ihr Körper sogar diese Bewegung nach. Ihr Stimmlaut ist ein leises »Prump«.

Lebensraum: Die Zwergdommel kommt in Eurasien etwa bis Indien, in der gemäßigten und warmen Zone vor; weiter östlich tritt eine nahe verwandte Art an ihre Stelle, ebenso in Nordamerika. In Afrika lebt eine Rasse unserer Zwergdommel. Die Zwergdommel braucht Schilf, aber sie kommt mit kleinen Lebensräumen aus. In Südeuropa ist sie häufig in verschilften Entwässerungsgräben zu finden. Sie liebt stille Altwässer, verlassene Kiesgruben und überhaupt kleine und größere Schilfdickichte. In Mitteleuropa ging ihr Bestand erschreckend zurück, seit der Boots-, Bade- und Sportfischerbetrieb ihre überkommenen Brutgewässer mehr und mehr einengt. Nur in größeren Schilfwäldern versumpfter Seen kann man ihr noch begegnen. Als Zugvogel überwintert sie im tropischen Afrika und trifft dort mit ihren afrikanischen Artgenossen zusammen.

Fortpflanzung: Die Zwergdommel brütet erst, wenn das junge Schilf schon herangewachsen ist, meist im Juni, manchmal bis in den Juli hinein. Das Nest steht im Schilfwald über dem Wasser, meist auf einem im Schilf wachsenden Weidenbusch, manchmal aber auch bis 4 Meter hoch in Bäumen. Es ist ganz unverwechselbar aus Schilfhalmen zu einem Trichter zusammengesteckt, wobei die Vögel die Schilfhalme mit ihrem Schnabel auf die passende Länge zurechtschneiden.

Die 3 bis 6 Eier des Geleges sind weiß und 34 mm lang. Männchen und Weibchen brüten, Brutdauer 16 bis 19 Tage. Die pastellfarben bedunten Jungen, die nach dem Schlüpfen nicht einmal 10 Gramm wiegen, betteln nach Reiherart: Sie fassen den elterlichen Schnabel von der Seite und ziehen ihn ins Nest. Der Altvogel würgt daraufhin Nahrung aus seinem Kehlsack, teilweise schon durch die Verdauung angeätzt, in die Nestmulde, wo sie von den Jungen aufgepickt wird. Sie können wie alle Reiher und auch Kormorane Brocken verschlucken, die dicker sind als ihr Kopf. Dabei weichen ihre elastischen Unterkieferäste weit auseinander. Werden die Jungen älter, so pakken sie das Futter schon, wenn es im Schnabel des Altvogels erscheint. Die Jungen sind vom ersten Tage an »stubenrein«: Zur Darmentleerung schieben sie sich rückwärts auf den Nestrand und halten mit nach innen gestrecktem Hals die Balance, dann schießen sie ihren Kotstrahl nach außen.

Nahrung: Zwergdommeln jagen vor allem in der Dämmerung. Sie steigen mit sehr vorsichtigen Bewegungen über dem Wasser durchs Schilf, setzen die Beine überkreuz, fassen einen Halm oder mehrere gleichzeitig mit ihren langen Zehen und stoßen dann blitzschnell nach ihrer Beute ins Wasser. So fangen sie bis fingerlange Fische, junge Frösche, Kaulquappen, Molche und Wasserinsekten. Sie können an nur zwei Schilfhalmen in die Höhe klettern und holen mit ihrem lanzenförmigen Schnabel zielsicher eine schlafende Libelle von der Schilfrispe. Bei Bedrohung stoßen sie mit ihrem Schnabel nach dem Angreifer und zielen dabei wie die Rohrdommel nach den Augen.

♂ ♀

Sichler *(Plegadis falcinellus)*

Merkmale: Größe und Gestalt ähnlich wie ein Brachvogel, aber fast einfarbig dunkel, im Sommer rostbraun mit grünlichem Glanz, im Winter und Jugendkleid am Hals fein hell gestrichelt.

Länge 52 bis 55 cm, Spannweite um 1 Meter. Sichler sind sehr gesellig, aber nur unter ihresgleichen. Sie schreiten reiherartig und fliegen im Wechsel einiger rascher Flügelschläge kurze segelnde Strecken. Größere Gruppen formieren sich im Flug zu einer eindrucksvollen Schräglinie, die sich ständig schlangenartig wellt und verschiebt. Wo Sichler sehr häufig sind, kann sich die Kette fast von Horizont zu Horizont hinziehen. Vor der Landung schwenkt der Vogel niedersinkend hin und her wie ein fallendes Blatt.

Lebensraum: Die Verbreitungskarte zeigt punktförmige Vorkommen in den Tropen und Subtropen in Amerika, Eurasien und Afrika: Letzte Inseln einer einst großflächigen Verbreitung.

Sichler suchen ihre Nahrung in weitläufigen, reich gegliederten Sümpfen mit offenen Wasserflächen, Gebüsch und Baumgruppen. Sie brüten im Schilf, im Gebüsch, auf Bäumen, immer aber an Menschen schlecht zugänglichen Orten. Die Nahrungsreviere können bis 20 km von der Brutkolonie entfernt liegen. Die größte europäische Kolonie mit über 10 000 Paaren liegt in der Wolgamündung, eine zweite mit bis zu 4000 Paaren im Donaudelta, eine kleine bei der Dora-Mündung in der Po-Ebene. Die europäischen Sichler sind Zugvögel, die von April bis September im Brutgebiet verweilen und im Mittelmeerraum, vor allem aber im tropischen Afrika überwintern. Die Sichler des Wolgadeltas überwintern in Indien.

Fortpflanzung: Sichler brüten meist in Gemeinschaft mit anderen Sumpf- und Wasservögeln, wie Reihern, Kormoranen, Löfflern und in der Nachbarschaft von Pelikanen. Die Nester der Sichler liegen dabei oft so dicht beieinander, daß sie mit der Zeit zu größeren Plattformen verschmelzen. Die meisten Kolonien liegen im Schilf, manche auch auf Büschen und Bäumen. In den Baumkolonien besetzen die Sichler die unteren Etagen bis zu Höhen von 5, höchstens 7 Metern.

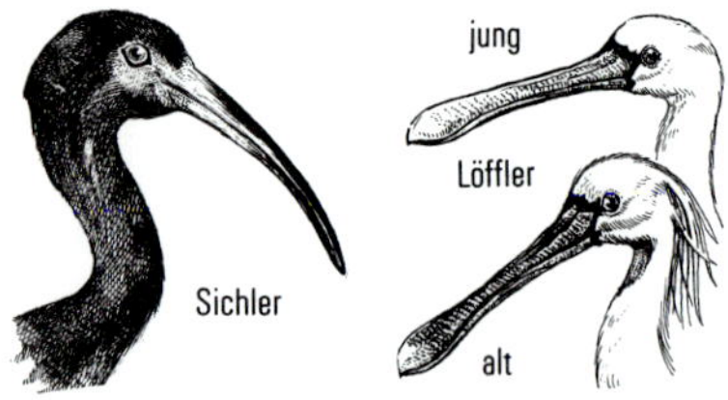

Eifarbe dunkel blaugrün, Eizahl meist 3 bis 4, Eilänge um 52 mm, Brutzeit von Mitte Mai bis Juni, Brutdauer 21 Tage. Beide Eltern brüten, nachts aber stets das Weibchen. Die Brutablösung erfolgt zeremoniell: Meist bringt der kommende Partner einen Zweig mit und verbaut ihn im Nest, dann schnäbeln und kraulen sich beide Vögel. Wenn das erste Ei gelegt ist, bleibt ein Partner beim Nest und steht meist über dem Gelege. Die Brut beginnt gegen Ende der Legezeit. Die meisten Jungen schlüpfen um Mitte Juni. Zur Fütterung stecken sie ihren Kopf bis an die Augen in den Schlund der Eltern. In den ersten Tagen ist etwa alle 90 Minuten mit einer Fütterung zu rechnen, später verlängern sich die Pausen auf durchschnittlich drei Stunden. Mit etwa 2 Wochen beginnen die Jungen, in Nestnähe umherzuklettern. In manchen volkreichen Kolonien können sich Jungenkrippen bilden, in denen die Eltern ihre Kinder nicht mehr von anderen unterscheiden. Sie füttern dann den Nestling, der am dringlichsten bettelt. Am Ende bekommt jeder, was er braucht. Eine Fütterung dauert etwa 10 Minuten. Im Alter von etwa 24 Tagen fliegen die Jungen von Baum zu Baum, mit 30 Tagen können sie ihren Eltern in die Futtergründe folgen. Sobald die Jungen selbständig sind, fliegen sie in alle Richtungen davon. So zigeunern auch immer wieder einzelne Sichler durch Mitteleuropa; einer kam sogar schon bis Island. Ab Mitte Juli wird es in den Sichlerkolonien still.

Nahrung: Sichler suchen ihre Nahrung vorwiegend im Flachwasser, teils auch auf sumpfigen Wiesen, nie aber im Schilfdickicht. Sie erbeuten Wasserinsekten, Heuschrecken, Würmer, Fröschchen und ähnliches Getier.

Löffler *(Platalea leucorodia)*

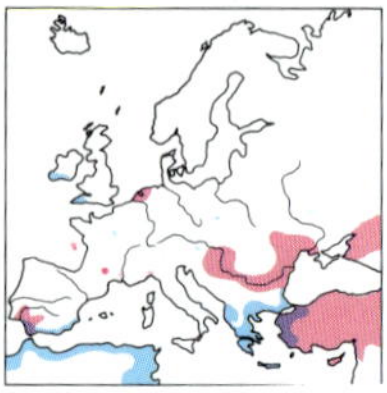

Merkmale: Unverwechselbarer Schnabel: bei den Jungvögeln ist er im ersten Jahr rosafarben und weich, mit den Jahren wird er immer dunkler; gleichzeitig färbt sich die Iris blutrot. Beine schwärzlich, bei Jungvögeln heller. Altvögel ab dem dritten Jahr tragen im Brutkleid einen zartgelben Federschopf, der meist im Nacken hängt. Bei Erregung kann er aber auch aufgestellt werden. Kinn und Kehle sind in der Brutzeit kräftig gelb. Das Gefieder ist cremeweiß, was besonders neben den schneeweißen Seidenreihern auffällt. Das Männchen kann man an einem deutlich ausgeprägten rötlichgelben Brustband erkennen, das beim Weibchen nur angedeutet ist. Die Weibchen tragen auch einen kleineren Nackenschopf. Flügelspitzen bei Jungvögeln schwarz. Länge um 86 cm, Spannweite 140 bis 150 cm.

Löffler schreiten wie Störche und fliegen mit ausgestrecktem Hals. Sie wechseln zwischen raschen Flügelschlägen und Segelflug. Trupps ordnen sich zu Schrägreihen oder V-Formationen. Löffler sind sehr schweigsam, sogar in der Brutkolonie, wo man nur ab und zu von den Altvögeln grunzende Laute hört, sowie zirpendes Betteln der Jungen.

Lebensraum: Isolierte Brutvorkommen in Andalusien und in Holland, rund ein Dutzend Kolonien in den Balkanländern und weitere im Osten bis nach China und Indien. Die größten Kolonien liegen am Aralsee und im Wolgadelta. Die meisten europäischen Kolonien sind so schwach, daß man um ihren Bestand fürchten muß.

Löffler benötigen Gewässer mit schlammigem Grund und ohne dichte Vegetation, also Lagunen, Verlandungszonen, flache Seen mit Süß- oder Brackwasser. Sie sind Zugvögel, die im April zurückkehren und meist im September fortziehen. Sie überwintern teils im Mittelmeerraum, teils im tropischen Afrika. Die holländischen Löffler bleiben auch im Winter isoliert von ihren osteuropäischen Artgenossen: sie ziehen an der Atlantikküste entlang bis nach Marokko; die im Wolgadelta und weiter östlich brütenden Löffler überwintern in Indien.

Fortpflanzung: Löffler brüten in manchmal sehr volkreichen Kolonien, oft unter sich, oft aber auch gemeinsam mit verschiedenen anderen Sumpfvögeln, wie Reihern und Scharben. Die Kolonien liegen meist im Altschilf nahe der Wasserseite, örtlich auch in Bäumen, die Nester selten höher als 5 Meter. Sie liegen im Zentrum der Kolonie dichter. Wo sich Nester berühren, werden sie im Verlauf der Brutzeit zu einer einheitlichen Plattform niedergetreten.

Die Partner pflegen sich häufig gegenseitig das Gefieder, vor allem an Kopf und Hals, also an Stellen, die sie mit dem eigenen Schnabel nicht erreichen. Beide bauen am Nest und brüten auch abwechselnd auf den 3 bis 5 Eiern, die im Gegensatz zu denen der Reiher und Störche nicht einfarbig, sondern gefleckt sind. Eilänge um 70 mm, Brutdauer 24 bis 25 Tage, Hauptbrutzeit Mai.

Wo wenige Löffler in einer größeren Kolonie anderer Vögel brüten, liegen ihre Nester regellos verstreut. Brüten aber viele Löffler in einer Reiherkolonie, so schließen sie ihre Nester in eigenen »Stadtvierteln« zusammen.

Die Jungen holen sich das Futter aus dem Schlund der Eltern, und sie werden, wenn es nötig ist, beschattet. In dicht gedrängten Kolonien vermischen sich bald die Jungen der verschiedenen Nester und bilden »Krippen«, die von allen Eltern ernährt werden. Im Alter von etwa 4 Wochen stehen die Jungen schon im Flachwasser vor den Kolonien und werden dort noch lange weitergefüttert. Sie fliegen erst im Alter von zwei Monaten.

Nahrung: Löffler suchen ihre Nahrung im Flachwasser von meist 10 bis 20 cm Tiefe, gehen aber auch 30 cm tief, wo das Wasser bis an ihr Bauchgefieder reicht. Schreitend ziehen sie mit mähenden Bewegungen – im Takt ihrer Schritte – den Schnabel durch die obersten, dünnflüssigen Schlickschichten. Dabei erbeuten sie Tiere, die im Schlick leben oder sich hier verbergen, vor allem Mückenlarven, Schnecken, Muscheln, Krebse, Kaulquappen, Fischchen und kleine Frösche. Eine größere Beute wird aus dem Wasser gehoben und mit einem Ruck in den Schlund befördert.

Brutkleid

Weißstorch *(Ciconia ciconia)*

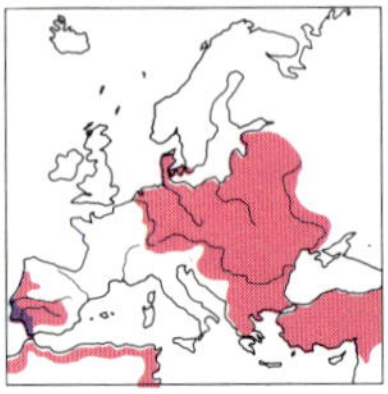

Merkmale: Durch Größe – Länge um 100 cm, Spannweite um 220 cm wie der Steinadler, Gewicht 3 bis 4 kg – und das schwarzweiße Gefieder unverwechselbar. Weibchen nur an der etwas geringeren Größe kenntlich. Die Federn am Vorderhals sind bei Altvögeln etwas verlängert, bei den Jungen nicht. Außerdem erkennt man Jungvögel am erst schwärzlichen und dann lange blaßroten Schnabel mit dunkler Spitze. Der Gang des Storches hat nicht das Schleichende der Reiher und nicht das Schwebende der Trappen, sondern wirkt würdevoll. Beim Verfolgen einer Beute kann der Storch auch rennen. In der Ruhe heißer Mittagsstunden und bei Nacht stehen Störche auf einem Bein, ziehen den Kopf zwischen die Schultern und legen den Schnabel zwischen die langen Federn des Halses, wo er auf Luftsäcken ruht, die sich hier unter der Haut befinden. Vor dem Auffliegen von ebenem Boden macht der Storch ein paar Luftsprünge; er startet immer gegen den Wind. Der Flug wirkt wuchtig und etwas mühsam, der Hals wird leicht nach unten gestreckt. Wo immer Aufwinde herrschen, nutzt der Storch sie zum Segeln und kann sich dann bis in die Wolken hochschrauben. Ein Großteil der Winterreise besteht aus solchen in Zugrichtung aneinandergesetzten Kreisen. Auch vor dem Niedergehen kreisen die Störche einige Male über dem Landepunkt. In seltenen Fällen schwimmen sie auch oder fliegen aus dem Wasser heraus auf. Altstörche sind praktisch stumm, dafür klappern sie um so eifriger mit dem Schnabel, und zwar je nach Stimmung sehr verschieden in Lautstärke und Tonlage. Die Jungen betteln mit jaulenden Tönen.

Lebensraum: Das Verbreitungsgebiet des Storches in Europa ist in zahlreiche Inseln aufgespalten, Ergebnis der Naturzerstörungen von heute und der Jagdsitten von gestern. In manchen Ländern Europas werden noch immer Störche abgeschossen. Ihr Verbreitungsgebiet reicht nicht weit nach Asien hinein. Nach einer längeren Pause gibt es wieder Störche in

China. Der Storch meidet den Hochwald, so daß er wohl erst zusammen mit den rodenden Menschen in Mitteleuropa heimisch wurde. Er braucht feuchte, wasserreiche Wiesengründe mit Baumgruppen und meidet das Schilf, wo es ihm die freie Rundsicht raubt. Mitte März erscheinen unsere Störche als Frühlingsboten am alten Nest, aber schon Ende Juli erwacht wieder ihre Wanderlust: Sie sammeln sich in Wiesengründen, kreisen höher und höher, kehren aber abends zunächst wieder zu ihren Schlafplätzen zurück. Ende August ziehen sie ab. Die Wanderscharen fliegen am Tage, hoch und ohne besondere Ordnung. Die westeuropäischen Störche ziehen über Spanien, die Meerenge von Gibraltar und dann über 2000 Kilometer wasserlose Wüste. Die deutschen Störche ziehen meist auf der Westroute, die östlich lebenden über den Bosporus bis nach Südafrika, insgesamt bis zu 13 000 km weit. Die meisten Jungstörche verbringen ihren zweiten Sommer noch im Süden.

Fortpflanzung: Störche sind horsttreu, aber nicht unbedingt gattentreu. Aus diesem Konflikt entwickeln sich oft Ehedramen. Manche enden blutig, einzelne tödlich. Viele Störche brüten im 5. Jahr zum ersten Mal, und einzelne haben mit 20 Jahren noch gebrütet. Die Nester liegen meist auf Türmen, Hausdächern und für sie aufgestellten Wagenrädern, meist einzeln, manchmal auch in kleinen Kolonien. Im Osten kennt man Baumhorste. Die Nester werden alljährlich aufgestockt, können 1,5 Meter hoch werden und brechen schließlich zusammen. Brutbeginn Ende April, Brutdauer 33 bis 34 Tage, Nestlingsdauer zwei Monate. Beide Eltern brüten, bewachen die kleinen Jungen und legen ihnen das Futter in die Nestmulde.

Nahrung: Vor allem Insekten, daneben Frösche, Mäuse, Reptilien, selten Fische und Jungvögel.

Schwarzstorch *(Ciconia nigra)*

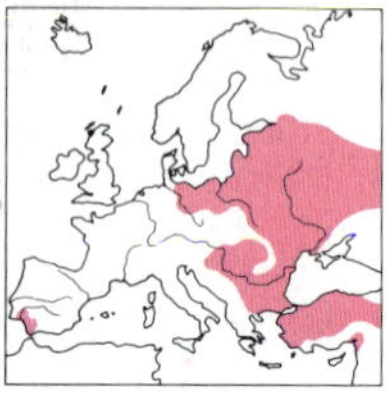

Merkmale: Bis auf die Unterseite schwarz, im Alterskleid mit goldgrünem, purpur und kupferrotem Metallglanz, das Weibchen ist etwas matter gefärbt und etwas kleiner. Jungvögel grauschwarz ohne Glanz. Schnabel und Beine sind im ersten Jahr grünlich, im zweiten graurot und ab dem dritten mit Eintritt der Geschlechtsreife in der Brutzeit leuchtendrot, sonst dunkel braunrot. Der Schwarzstorch ist etwas kleiner und schmalflügliger als der Weißstorch, Länge um 97 cm, Spannweite um 190 cm. Schwarzstörche stehen gern auf Leitungsmasten und auf hohen Bäumen. Sie fliegen nach einem kurzen Anlauf auf und kreisen besonders zu Beginn der Brutzeit oft über ihrem Horstgebiet. Meist scheu.

Lebensraum: Der Schwarzstorch besiedelt ab Mitteleuropa ein großes Brutgebiet bis in den fernen Osten, außerdem bewohnt er eine Verbreitungsinsel in Spanien, ein Rest seines einst weiter nach Westen ausgedehnten Brutgebietes, ferner brütet er an einigen Stellen in Zentral- und Südafrika, wo wohl einmal einige Wintergäste »hängengeblieben« sind. Er bevorzugt ausgedehnte, urtümliche Laub- und Mischwälder, zwischen denen er fischreiche Bäche, Flüsse und Teiche sowie frische bis sumpfige Wiesen findet. Im Süden seines Verbreitungsgebietes brütet er auch in felsigen, baumarmen Gegenden. Meist zieht er sich in die einsamsten Gebiete zurück, hat sich aber in Transkaukasien an den Menschen gewöhnt und fischt im Dorfteich oder Wiesenbach, während die Bauern in der Nähe auf den Feldern arbeiten. Er brütet dort auch am Rand oder sogar in der Mitte des Dorfes.

Schwarzstörche sind Zugvögel, die den Winter in den Tropen verbringen. Die »Weststörche« ziehen nach Afrika, die »Oststörche« nach Indien und die »Fernoststörche« nach China. Wo sie neben dem Weißstorch leben, kommen sie etwa 2 Wochen später zurück als jene. Meist im September ziehen sie wieder ab. Auf dem Zug überqueren einzelne das Mittelmeer und Tausende den Bosporus. Sie sind Tagzieher, die in kleinen Trupps wandern. Gern kreisen sie in Aufwinden bis in größte Höhen und rudern dann in Zugrichtung weiter. Sie schließen sich nicht den ziehenden Weißstörchen an, eher schon großen Greifvögeln, die auf den gleichen Zugstraßen wandern.

Fortpflanzung: Schwarzstörche sind Einzelbrüter, die ihren Horst hoch oder niedrig in alten Bäumen errichten, manchmal offen vor aller Augen in der Spitze eines wipfeldürren Baumes. Sie stocken auch ehemalige Greifvogelhorste auf. In ihrem Revier haben sie oft Wechselhorste, die Jahr für Jahr benutzt werden. Mit der Zeit wachsen die Horste zu eindrucksvollen Knüppelburgen heran. Im Süden kennt man auch Felsenhorste. Die Mulde ist manchmal mit Papierfetzen, manchmal mit Kartoffelkraut und oft mit Moos ausgelegt. Ein Partner bringt das Nistmaterial, der andere baut. Begattung auf dem Horst. Ist das erste Ei gelegt, bleibt stets ein Altvogel beim Nest. 2 bis 5 weißliche Eier von etwa 64 mm Länge, Brutdauer 30 Tage oder etwas darüber. Beide Eltern brüten, nachts aber stets allein das Weibchen.

Die Jungen sind grauweiß bedunt mit anfangs zitronengelbem, dann graugrünem Schnabel und bleigrauen Beinen. Die Jungen werden in den ersten 3 Wochen bewacht und alle 3 bis 5 Stunden gefüttert, indem die Eltern die Nahrung aus dem Kehlsack ins Nest schütten. Die Jungen werden mit etwa zwei Monaten flügge und sitzen in den umliegenden Bäumen. Sie bekommen aber noch zwei Wochen lang Futter in den Horst gebracht, den sie auch als Schlafplatz benutzen. Später fliegen sie mit den Eltern zu deren Jagdgründen. Sobald sie selbständig sind, ziehen sie davon.

Nahrung: Der Schwarzstorch ist mehr Fischfresser als der Weißstorch. Bei der Jagd watet er meist im Wasser, gerne in klaren Bächen, wo er praktisch keine Konkurrenten hat. Er erbeutet Fische bis 25 cm Länge, daneben viele Wasserinsekten sowie Frösche und Molche. In feuchten Wiesengründen fängt er überwiegend Heuschrecken, dazu aber auch Frösche, Mäuse und Jungvögel. Die Nahrung wird bis zu 10 km weit zum Horst gebracht.

Flamingo *(Phoenicopterus ruber)*

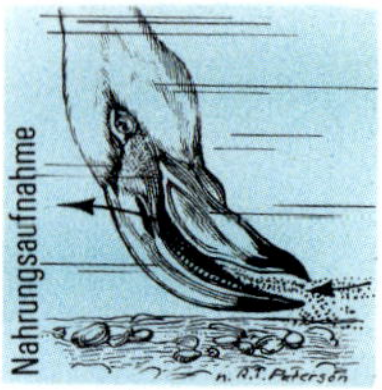

Merkmale: Die Gattung ist unverwechselbar. Zur Unterscheidung von den außereuropäischen Flamingoarten (Zooflüchtlinge) kann teils die Größe dienen, teils auch Ausdehnung und Begrenzung der Schwarzfärbung des vorderen Schnabeldrittels. Die Jungvögel sind im ersten Jahr an Kopf, Hals, Schultern und Schwingen graubraun, die Unterseite ist weiß. Der Rosahauch auf dem Gefieder der Altvögel wird erst im Laufe der Jahre kräftiger. Die Stimme ist ein gänseartiges, sonores Schnattern. Flamingos sind extrem gesellig, sie fliegen in lockeren und nicht ganz geordneten Schrägreihen und kommen erst nach einem kraftvollen Anlauf in die Luft.

Lebensraum: Flamingos sind Nahrungsspezialisten, die nur an ganz bestimmten Orten leben können. Sie benötigen flache, mehr oder weniger salzhaltige Gewässer, meist Lagunen, in denen eine beschränkte Artenzahl von Kleinorganismen zur Massenentfaltung kommt. Die bei uns bekannteste Kolonie liegt im Rhonedelta (Camargue), eine weitere in einer Lagune Andalusiens, weitere Kolonien im Schott El Djerid in Tunesien, an der marokkanischen und weiter südlich an der mauretanischen Atlantikküste. Viele Kolonien wurden von Menschen vernichtet, so auf Sizilien, im Wolga-Delta, im Nil-Delta, auf Sri Lanka. Der Weltbestand wird heute auf reichlich eine halbe Million Vögel geschätzt. Die meisten davon leben in den Lagunen südlich der Indus-Mündung.

Fortpflanzung: Flamingos brüten meist in den abgelegensten, unzugänglichsten Salzsümpfen, so daß ein Teil der heute bekannten Kolonien erst in den letzten Jahrzehnten entdeckt wurde. Die Vögel brüten nur in den Jahren, in denen der Salzgehalt für die nötige Massenentfaltung ihrer Futtertiere ausreichend ist. Die Brut ist ein Gemeinschaftsereignis, zu dem sich die Vögel gegenseitig stimulieren. Zur Balz gehört ein ruckartiges Öffnen und Schließen der Flügel, das von ferne wie Flaggenschwenken aussieht, weiter das gemeinsame Marschieren dicht gedrängter Gruppen. Bleiben die Umweltbedingungen günstig, so kommt es zur Paarbildung und Begattungen, wobei die Männchen mit ihren abenteuerlich langen Beinen auf dem Rükken der Weibchen balancieren, schließlich folgen Nestbau und Eiablage. Die Nester sind im Flachwasser oder am Schlickufer aufgeschichtete Schlammhügel und liegen stets in dichten Gruppen zusammen. Sie entstehen, indem der am Boden sitzende Partner mit seinem Schnabel den Schlamm von ringsum unter sich zusammenzieht. Die Schlammkegel trocknen im Laufe des Sommers aus und bleiben danach noch lange erhalten.

Die Camargue-Flamingos kehren im März aus ihren Winterquartieren rund um das Mittelmeer zurück und treffen im Brutgebiet auf eine Minderheit, die nicht fortgezogen war. Im April kommt dann in günstigen Jahren Brutstimmung auf. Das eine Ei wird etwa 30 Tage lang bebrütet. Dann schlüpft das Küken mit noch kurzen, sehr dicken Beinen und geradem Schnabel. Es wird anfangs mit einer Flüssigkeit aus dem Drüsenmagen und der Speiseröhre der Eltern gefüttert. Diese Nährbrühe ist rot gefärbt, enthält bis zu 1% Blut und hat etwa den Nährwert von Milch. Die Jungen bleiben nur wenige Tage im Nest.

Nahrung: Bei der Nahrungssuche senkt der Flamingo seinen Schnabel, den Rücken nach unten, in die obersten, noch ganz weichen Schlammschichten und schwenkt den Kopf mit pendelnden Bewegungen hin und her. Dabei öffnet und schließt er den Schnabel mit schnatternder Bewegung. Beim Öffnen dringt Schlamm mit allen darin enthaltenen Bestandteilen ein, beim Schließen werden die Feinteile abgepreßt und das gröbere Material bleibt zurück. So erbeutet der Flamingo Kleinkrebse, Larven von Salzfliegen und Zuckmücken, kleine Einsiedlerkrebse und ins Wasser gewehte Samen. Manchmal suchen Flamingos auch im Kopfstand wie gründelnde Enten in tieferem Wasser nach Nahrung. Die Tätigkeit des Schnabels hinterläßt im Schlick charakteristische Spuren.

Gänse- oder Entenvögel *(Anatidae)*

In der Familie der Gänsevögel werden Enten, Gänse und Schwäne zusammengefaßt. Ihnen allen gemeinsam sind kurze Beine und durch Schwimmhäute verbundene Vorderzehen, ein langer Hals und der typische platte Entenschnabel, wobei die kleine Gruppe der Säger allerdings eine Ausnahme macht. Die Flügel sind schmal und spitz und erlauben den meisten Gänsevögeln einen ausdauernden und auch schnellen Flug. Das Brutgeschäft obliegt meist dem Weibchen. Die Jungen schlüpfen als sehr selbständige Nestflüchter. Sie tragen gleich ein warmes Dunenkleid, können sofort laufen, schwimmen und tauchen und finden ohne Anleitung ihr Futter.

Alle Gänsevögel sind mehr oder weniger Wasservögel. Man unterscheidet Gänse, Schwäne und Enten. Den zahlreichen Entenarten widmen wir zwei weitere Einführungen, so können wir uns hier auf die Gänse und Schwäne beschränken. Beiden Gruppen ist gemeinsam, daß sie große bis sehr große Vögel enthalten, die in beiden Geschlechtern gleich gefärbt sind. Bei der Balz zeigen beide Partner auch ganz ähnliche Gesten und beteiligen sich an der Führung der Gössel. Daneben gibt es noch einige feinere gemeinsame Besonderheiten: Schwäne und Gänse mausern nur einmal im Jahr, Enten zweimal. Dabei fallen den Schwänen und Gänsen die Schwingen fortschreitend von außen nach innen aus, bei den Enten ist es umgekehrt. Weiter sind die Beine bei Schwänen und Gänsen dicht mit kleinen Hornschildern besetzt, bei den Enten tragen sie vorne große hornige Querspangen. Während die Enten mehr in den warmen und gemäßigten Zonen zu Hause sind, gehören die 15 Gänse- und die 8 Schwanenarten mehr den kalten Zonen der Erde an. In den Tropen gibt es keinen Schwan.

Die Unterschiede zwischen Schwänen und Gänsen sind mehr allgemeiner Natur: Alle Schwäne leben recht streng an das Wasser gebunden. Sie können sich nur dort begatten und normalerweise auch nur von dort aus nach einem langen Anlauf abfliegen. Die großen Schwäne gehören mit einem Höchstgewicht von 16 kg zu den schwersten flugfähigen Vögeln überhaupt. Als Vegetarier holen sie ihre Nahrung gründelnd vom Gewässergrund. Ihr Gefieder weist nur zwei Farben auf, weiß und schwarz, wobei die europäischen Arten einheitlich weiß sind. Schwäne tragen das federreichste Gefieder aller Vögel; es enthält bis zu 20 000 Federn. Die Schwäne des hohen Nordens benötigen ein großes Nahrungsrevier und brüten deshalb bevorzugt einzeln. Der schwarze Trauerschwan Australiens ist ein echter Koloniebrüter mit zum Teil riesigen Brutkolonien.

Die Gänse leben von allen Anatiden am wenigsten an das Wasser gebunden. Sie suchen ihre Nahrung überwiegend auf dem Lande, gehen auch weniger watschelnd als die Schwäne und rennen in der Not so schnell, daß ein Mensch sie in etwas unwegsamem Gelände nicht mehr einholt. Die Gänse, die man in Europa beobachten kann, lassen sich in zwei Untergruppen gliedern, Feldgänse (Gattung Anser) und Meergänse (Gattung Branta). Die Schnäbel der Feldgänse sind etwa kopflang und zumindest teilweise gelblich bis orange gefärbt, die Füße bei den Altvögeln immer gelb bis fleischfarben. Die Meergänse bleiben mit Ausnahme der Kanadagans etwas kleiner als die Feldgänse. Der kurze, schwache Schnabel und die Füße sind bei allen Meergänsen schwarz.

Zwischen den Gänsen und den Enten stehen – auch von der Größe her – die Halbgänse. Diese Gruppe ist in Europa nur mit zwei Arten vertreten: der Rostgans und der Brandgans.

Stockente

Löffelente

Schnatterente

Marmelente

Krickente

Pfeifente

Tafelente

Knäkente

Spießente

Kolbenente

Höckerschwan *(Cygnus olor)*

Merkmale: Einer der größten flugfähigen Vögel, Länge um 150 cm, Spannweite um 240 cm, Gewicht bis 13 kg. Von anderen Schwänen am schwarzen Höcker an der Schnabelwurzel zu unterscheiden, der beim Männchen stärker ausgebildet ist als beim Weibchen. Der eigentliche Schnabel ist orangerot mit schwarzem Nagel. Beim Fliegen erzeugen die Schwingen ein weithin hörbares Pfeifen.

Lebensraum: Der Höckerschwan muß im sumpf- und wasserreichen Mitteleuropa einst überall heimisch gewesen sein. Da er leicht durch Jagd und Eiersammeln auszurotten ist, dürfte er schon früh durch den Menschen zurückgedrängt worden sein und überlebte vermutlich nur in den unwegsamen Sümpfen Nordosteuropas. In den letzten Jahrhunderten wurden wieder Schwäne auf Parkweihern angesiedelt, verwilderten dort und bilden heute wieder eine Zierde unserer Weiher und Seen. Schwäne brüten an stehenden oder langsam fließenden Gewässern mit reichem Nahrungsangebot in Form von Wasserpflanzen oder Fütterung durch den Menschen. Von Natur aus Zugvögel, können sie im Winter Wanderungen von mehr als 1000 km zurücklegen, um in milden Lagen Europas zu überwintern. Parkschwäne bleiben oft auf eisfreien Wasserflächen der Großstädte, wo sich immer Menschen finden, die sie mit Nahrung versorgen.

Fortpflanzung: Schwäne leben in Einehe. Alljährlich in den Wintermonaten kommt das Schwanenpaar in Balzstimmung. Dann schwimmen beide Partner sehr nahe beieinander und zeigen im Gleichtakt anmutige Halsbewegungen wie Seitwärtsschwenken des Kopfes, Verbeugungen und Schnabeleintunken, nicht selten über den Hals des Partners hinweg. Als Begattungsaufforderung streckt das Weibchen den Hals flach über das Wasser, das Männchen steigt auf seinen Rücken, drückt es durch sein Gewicht unter Wasser und hält sich mit dem Schnabel am Hals der Partnerin fest. Während der Begattung läßt das Weibchen ein

lautes Schnarchen hören. Nachher richten sich beide aneinander auf und senken dekorativ die Schnäbel.

Das Schwanenpaar hält treu an seinem Brutgebiet fest. Der Schwan vertreibt etwa ab der Zeit der Schneeschmelze andere Schwäne aus seinem Revier. Die schwächste Form des Drohens geschieht durch Flügellüften, ein stärker drohender Schwan schwimmt mit weit zurückgelegtem Hals ruckartig und rauschend auf den Gegner zu; schließlich fassen sich die Rivalen an den Hälsen und versuchen sich flügelschlagend wegzuschieben oder unter Wasser zu drücken. Dabei fliegen viele Federn, es kann auch zu ernsten Verletzungen kommen.

Nur das Weibchen baut am Nest, indem es Pflanzenteile vor sich abreißt und hinter sich niederlegt. Durch vielfache Wiederholung dieser einfachen Bewegungen entsteht schließlich ein großer Haufen aus Pflanzenteilen. Wenn das Gelege etwa zur Hälfte vollzählig ist, beginnt das Weibchen mit dem Brüten. Eizahl meist 5 bis 7, Eilänge um 115 mm, Brutzeit Mai und Juni, Brutdauer um 35 Tage. Das Männchen wacht in der Nähe des Nestes.

Halbzahme Schwäne greifen am Nest auch den Menschen an, indem sie sich zu voller Größe aufrichten und furchterregend mit den Flügeln schlagen. Sobald sie merken, daß ihr Feind nicht flieht, geben sie auf und ziehen sich zurück. Beide Eltern führen die Jungen. Wildschwanküken sind grau bedunt, die Nachfahren von Zuchtrassen sind dagegen weiß oder teils weiß, teils grau. Auch im Jugendgefieder sind Wildschwäne grau. Sie werden erst im Verlauf der nächsten Mausern weiß und gleichzeitig geschlechtsreif.

Nahrung: Wasserpflanzen. Der Schwan rupft sie mit seinem langen Hals in Tiefen, wo ihm die Schwimmenten keine Konkurrenz mehr machen können, wohl aber die Bläßhühner.

♀

♀

Singschwan *(Cygnus cygnus)*

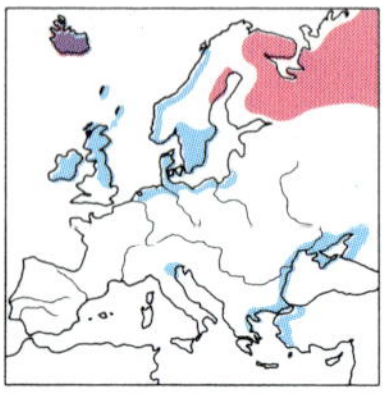

Merkmale: Etwas kleiner als der Hökkerschwan, Länge 140 bis 150 cm, Spannweite um 200 cm. Hält den Hals meist steil aufgerichtet. Schnabelseiten gelb, Spitze und Rücken des Schnabels schwarz. Der Singschwan lüftet beim Schwimmen nicht die Flügel, wie das für den Höckerschwan typisch ist. Gewicht bis etwa 12 kg. Vor allem im Flug sehr ruffreudig, Kontakthalteruf laut und aus der Ferne trompetenartig klangvoll »hüöö«. Der Flug ist ohne auffälliges Geräusch. Singschwäne können nur vom Wasser aus und nach geräuschvollem Anlauf starten, dann aber fliegen sie leicht und ausdauernd. Im Fluge ordnen sie sich zu schrägen Linien oder auch Keilformationen. Sie halten sich von Höckerschwänen fern, sind ihnen aber im Kampf überlegen, weil sie anders drohen: mit erhobenem Hals und ausgebreiteten Flügeln. Obwohl der Singschwan schwächer ist als der Höckerschwan, greift er zuerst an. Er erkennt und beachtet die Drohgesten des größeren Höckerschwans nicht.

Lebensraum: Das Brutgebiet des Singschwans schließt sich südlich an das des Zwergschwans an. Darüber hinaus brüten Singschwäne auf Island, aber nicht in Nordamerika, wo der sehr ähnliche Trompeterschwan den entsprechenden Lebensraum besetzt. Durch starke Bejagung, vor allem zur Mauserzeit, von Booten aus oder mit hetzenden Hunden, wurden die Singschwäne sehr scheu und blieben es bis heute, obwohl sie im Norden wohl genauso zum Vogel der Stadtweiher taugen würden wie der Höckerschwan in Mitteleuropa. Singschwäne sind Zugvögel, die aber meist nicht weit ziehen. Viele überwintern in der südlichen Ostsee, in Irland und Schottland. Die isländischen Singschwäne sind Jahresvögel. In harten Wintern ziehen große Scharen auch über die deutsche Nordseeküste bis nach Holland, und versprengte Gruppen folgen den Strömen bis weit ins Binnenland.

Fortpflanzung: Die Balz beginnt schon in der Winterherberge. Dabei sind laute Trompetentöne zu hören; die Vögel richten sich voreinander auf und breiten die Flügel aus; dazu kommen schlängelnde Halsbewegungen. Bei der Balz zeigen beide Partner ähnliche Ausdrucksbewegungen. Vor der Begattung, die wie bei den anderen Schwänen nur auf dem Wasser gelingt, tunken beide die Schnäbel über Kreuz ins Wasser. Zur Brutzeit beansprucht jedes Paar ein der kargen nordischen Natur entsprechend großes Brutrevier mit flachen, schlammigen Seen in sumpfiger, grüner Umgebung, manchmal auch in versumpften Flußniederungen und -mündungen. Das Weibchen baut aus allem Erreichbaren den großen Nesthaufen, gern auf kleinen Inseln oder auch direkt im Flachwasser oder Sumpf. Nur das Weibchen brütet und wird dabei vom Männchen bewacht. Gegen den Menschen sind die Schwäne auch am Nest sehr scheu und geben ihr Gelege leicht auf. Das Weibchen legt wie die anderen Schwäne an jedem zweiten Tag ein Ei. Es deckt sein Gelege zu, bis die Eier vollzählig sind. Brutbeginn in der zweiten Mai- oder ersten Junihälfte, Brutdauer 35 bis 38 Tage, Gelegegröße 5 bis 6 Eier von etwa 115 mm Länge. Die Schwanenküken werden überwiegend an Land geführt und gehudert; meist geht die Mutter voran, dann folgen die Gössel, zuletzt kommt der Vater. Die Gössel tragen erst ein graues Dunenkleid, später ein graues Jugendgefieder, in dem im ersten Winter einzelne weiße Federn sprießen. Im zweiten Winter fallen die letzten grauen Federn aus und damit wird auch nach außen sichtbar, daß der junge Schwan Geschlechtsreife erreicht hat.

Nahrung: Singschwäne sind Pflanzenfresser, die aber weniger als etwa der Höckerschwan oder die Gänse grasen, sondern mit dem Schnabel nach Wurzeln von Wasserpflanzen graben.

Nur der Singschwan kann Anlaß gegeben haben zur Legende des Schwanengesanges, daß der sterbende Schwan noch einmal aus voller Kraft und mit besonderer Schönheit singe. In der Tat haben die Töne aus der Ferne etwas Klagendes. Vom Eise eingeschlossene und dem Hungertod ausgelieferte Schwäne lassen ihre klaren Stimmen auch dann noch erklingen, wenn ihr Schicksal nicht mehr abzuwenden ist.

Zwergschwan *(Cygnus bewickii)*

Merkmale: Deutlich kleiner als Sing- und Höckerschwan, aber immer noch größer als eine Gans, Länge um 122 cm, Spannweite um 175 cm, Gewicht meist 5 bis 6 kg. Das gelbe Feld an der Schnabelwurzel ist kleiner als beim Singschwan und rund, während es beim Singschwan nach vorn spitz ausläuft. Zwergschwäne tragen den nicht besonders langen Hals meist senkrecht aufgerichtet. Sie sind ruflustig, aus der Luft und am Boden hört man ihren melodischen, trompetenden Ruf, der trotz ihrer geringeren Körpergröße tiefer als beim Singschwan klingt. Ihr Flug bringt keine pfeifenden Fluggeräusche hervor.

Lebensraum: Der Zwergschwan brütet nördlich der Waldgrenze rund um den Pol; in Skandinavien ist er aber auf den russischen Osten beschränkt und fehlt auch in Island und Grönland. Er bewohnt flache, nahrungsreiche Süßwasserseen, gelegentlich auch Lagunen und Mündungsgebiete von Flüssen. Die amerikanischen Zwergschwäne sind von den europäischen an der Schnabelfarbe zu unterscheiden. Darum werden sie von manchen Zoologen als eigene Art angesehen (Pfeifschwan, *Cygnus columbianus*). Im Oktober und November ziehen die meisten eurasischen Zwergschwäne auf einer schmalen Zugstraße über Südschweden in den westlichen Nordseeraum, also nach Irland, England und vor allem in das Gebiet um das Ijsselmeer in Holland. In harten Wintern weichen sie weiter in Richtung Südwesten bis in die Bretagne aus. Die Rückwanderung zieht sich über März und April hin. Kleinere Gruppen überwintern an der deutschen Nordseeküste und an küstennahen Flachwasserseen, einzelne Gruppen werden bisweilen weiter ins Binnenland versprengt. Sie ziehen in Keil- oder Kettenformation und können wie Enten ohne Anlauf von der Wasserfläche auffliegen. Der Winterbestand rund um die Nordsee liegt bei etwas unter 10 000 Tieren.

Fortpflanzung: Die Schwanenfamilie hält über Winter zusammen und löst sich erst auf dem Rückzug ins Brutgebiet allmählich auf. Die Balz findet dann in der hochnordischen Brutheimat statt. Zwergschwäne sind sehr ortstreu und kehren nicht selten zu ihrem vorjährigen Nest zurück Es besteht nach Schwanenart aus einem großen Haufen Pflanzenmaterial auf einer Erhebung nahe am Wasser, mit Vorliebe auch auf einer kleinen Insel. Das Gelege enthält durchschnittlich 3 bis 4 Eier, ist also kleiner als das der anderen Schwäne.
Eilänge um 102 mm, Brutbeginn Ende Mai und Juni, kurz nach der Schneeschmelze und dem Brechen des Eises, Brutdauer 29 bis 30 Tage. Nur das Weibchen brütet, während das Männchen in der Nähe wacht. Wenn das Weibchen zu seinen täglichen Freß-, Putz- und Badepausen von den Eiern steigt, setzt sich auch der Schwan auf das Gelege. Brüten kann er aber nicht, weil er keine Brutflecken hat. Man versteht darunter nackte, besonders warme Hautstellen auf dem Bauch, die der Brutvogel an die Eier drückt, um sie zu erwärmen. Die Dunenjungen sind wie bei anderen Schwänen hellgrau, werden von beiden Eltern geführt und wachsen schneller heran als die der anderen Schwäne. Im Alter von etwa 45 Tagen können sie bereits fliegen. Inzwischen ist es Mitte August geworden, und wenig später setzt in den arktischen Brutgebieten des Zwergschwans fast übergangslos der Winter ein; die Schwäne müssen nach Süden aufbrechen.

Nahrung: Die Zwergschwäne suchen ihre Nahrung hauptsächlich gründelnd im Wasser und fressen Sproße sowie Wurzeln von Wasserpflanzen. In ihrer kargen Heimat benötigen sie ein sehr großes Revier, in dem sie keine andere Schwanenfamilie dulden. Sie sind tag- und nachtaktiv. Auf dem Zug rasten sie gern auf überschwemmten Wiesen, wo sie Gras rupfen. Daneben können sie durch entenartiges Schnattern auf dem Wasser treibende Nahrung aufnehmen. Zwergschwäne treten auch oft im Schlick umher und setzen dabei Nahrungsbestandteile des Untergrundes frei. In tieferem Wasser gründeln sie im Kopfstand. Sie sind nicht so streng vegetarisch wie die anderen Schwäne, sondern können im Wattenmeer dünnschalige Muscheln und Schnecken in großer Zahl verzehren. Die Familien halten auch über Winter zusammen.

Graugans *(Anser anser)*

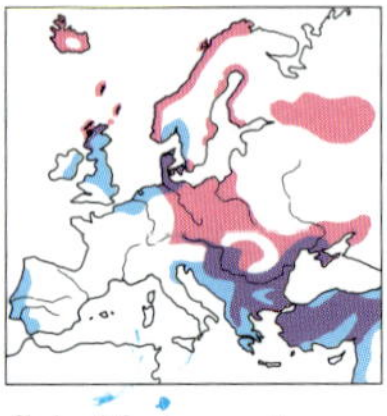

Merkmale: Eine große Gans – Länge um 80 cm, Spannweite um 170 cm – mit hellgrauem Gefieder fast ohne Brauneinmischung. Schnabel hell fleischfarben oder orangerot mit weißem Nagel, Füße je nach Herkunft fleischfarben bis rosa, bei Jungvögeln graubraun. Die Stimme ist nasal »ong . . . ong« oder volltönend und trompetend.

Lebensraum: Die Graugans ersetzt die Saatgans südlich von deren Brutgebiet und ist durch die Laubwald- und Steppenzone fast ganz Eurasiens verbreitet. Die Verbreitungslücken in Europa hat der Mensch verschuldet. Die Graugans ist auch heute noch jagdbares Wild und hat beispielsweise in der Bundesrepublik Schußzeit im November und Dezember. Wo sie aber geschützt wird, dehnt sie ihr Verbreitungsgebiet heute langsam wieder aus. Solcher Zuwachs geht zum einen von den Restpopulationen vor allem der nördlichen Gegenden aus, zum andern werden Graugänse von Jägern zur Wiedereinbürgerung ausgesetzt, einige mögen auch aus Tierparks entkommen sein. Daneben hat die Graugans die Fähigkeit, aus der Gefangenschaft zu verwildern – sie ist die Stammform unserer Hausgänse. Ihren natürlichen Lebensraum bilden schilfumstandene Seen. Der Bestand in Europa dürfte bei einigen 10 000 Paaren liegen, davon brüten nur einige hundert in der Bundesrepublik – mit steigender Tendenz.

Graugänse sind Zugvögel. Die mitteleuropäischen Gänse ziehen im September und Oktober über Frankreich hinweg nach Spanien, etwa in das Mündungsgebiet des Guadalquivir, während die nordischen Graugänse, vor allem die über 10 000 isländischen, auf den Britischen Inseln und rund um die Nordsee überwintern. Die mitteleuropäischen Brutplätze werden ab Anfang März besetzt.

Fortpflanzung: Graugänse pflegen Einehe auf Lebenszeit. Die jungen Paare finden sich in ihrem ersten Winter, leben dann aber noch einen oder zwei Sommer als Verlobte zusammen, ehe

sie zum ersten Mal brüten. Im Alter verwitwete Gänse finden oft keinen neuen Partner mehr. Die Partnersuche besteht in vorsichtiger, aber beharrlicher Annäherung und viel gemeinsamem Geschnatter. Die Ehe gilt als geschlossen, wenn beide Partner im Chor schreien. Auch später lassen sie selten eine Gelegenheit aus, um gemeinsam zu schreien. Ihr Duett wird als Triumphgeschrei bezeichnet. Man kann es auch von Hausgänsen hören. Daneben teilen die Gänse durch eine ganze Reihe von Kontaktrufen ihre Stimmung den Partnern mit.

Nur das Weibchen baut das Nest, und zwar mit Vorliebe auf eine Erhöhung in großen Schilffeldern. Es bricht dazu das Schilf der Umgebung nieder und errichtet einen Haufen von Halmen. Die Nester können einzeln, aber auch in lockeren Kolonien beisammen liegen. Während die Gans brütet, wacht der Ganter – in genügender Entfernung vom Nest, um es nicht zu verraten. Naht ein Feind, dem sich beide gewachsen fühlen, so verteidigen sie ihre Brut mit Zischen, Beißen und Flügelschlagen. Während der Brutzeit füllt sich das Nest mit Dunen, verläßt das Weibchen zu den Freß-, Putz- und Badepausen sein Nest, so deckt es die Eier damit zu.

Brutzeit meist von Ende März bis Mai, Brutbeginn nach Ablage des letzten Eies, Brutdauer 27 bis 28 Tage, Eizahl 5 bis 10, Eilänge um 85 mm. Beide Eltern führen die Gössel. Sie bleiben an ihrem ersten Tag noch im Nest und kommen in den nächsten Nächten allenfalls noch zum Schlafen zurück. Die Jungen lernen in den ersten 12 Stunden ihres Lebens das Bild ihrer Eltern kennen und folgen von da an nur ihnen. Dieses Lernen in einer kurzen »offenen« Zeit heißt Prägung.

Nahrung: Graugänse sind Vegetarier. Sie fressen Gras, Getreide, Kartoffeln, Beeren und Kräuter.

Saatgans *(Anser fabalis)*

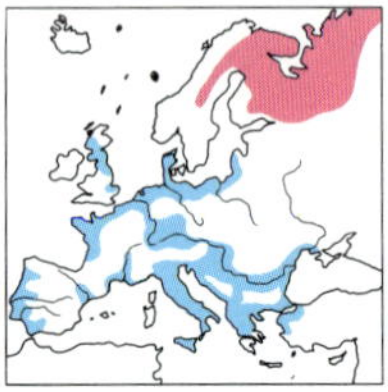

Merkmale: Sehr ähnlich der Graugans, auch in der Größe: Länge um 80 cm, Spannweite um 165 cm, Gewicht um 3,5 kg. Das Gefieder ist insgesamt und besonders am Vorderkörper deutlich dunkler und bräunlicher. Die in Mitteleuropa überwinternden Saatgänse können aus verschiedenen Teilen Nordeurasiens stammen und daher verschiedenen Rassen angehören. Aus der Tundra kommen Gänse mit kurzen, hohen, aus der Waldzone solche mit langen, flacheren Schnäbeln. Auch deren Farben sind sehr veränderlich; an der Spitze meist gelb bis orange, an der Basis schwärzlich. Füße orangefarben.

Lebensraum: Die Saatgans brütet in der Tundra und der nördlichen Nadelwaldzone Eurasiens. Im September sammeln sich die Gänse in Buchten der europäischen Nordküsten und ziehen im August und September in südwestlicher Richtung bis in die Überwinterungsgebiete der Norddeutschen Tiefebene und bis nach Holland. In strengen Wintern weichen sie der Kälte aus, ziehen an der Atlantikküste weiter und können sogar Marokko erreichen. Ein Teil der sibirischen Saatgänse zieht auch über die Donauniederungen bis in den nördlichen Mittelmeerraum und die Tiefländer westlich des Schwarzen Meeres.

Die Saatgänse entwickeln Zugtraditionen und kehren dann alljährlich an den ihnen bekannten Rastplätzen ein. Im März ziehen sie wieder nordwärts. Zur Brutzeit leben sie paarweise im lockeren Nadelwald oder in der Strauchtundra in Wassernähe. Auf dem Zug und im Winterquartier rasten sie in weiten, ruhigen Ebenen und übernachten schwimmend auf dem Wasser stiller Seen. Bei Frost schlafen sie auf dem Eis. Insgesamt überwintern in ganz Europa etwa 10 000 Saatgänse – die Bestandsgrößen schwanken von Jahr zu Jahr. Saatgänse sind in der Bundesrepublik jagdbares Wild mit Schußzeit im November und Dezember.

Fortpflanzung: Die Saatgänse führen Ehen auf Lebenszeit. Im Winter scheinen sich die Partner in den Wanderscharen aus den Augen zu verlieren, aber zur Brutzeit sondern sie sich wieder paarweise ab. Im Brutgebiet kommt es zur Begattung nach einem wenig auffälligen Vorspiel in Form von Halseintunken. Die Begattung gelingt nur im Wasser. Der Ganter besteigt die Gans, so daß sie versinkt. Nachher recken sich beide in die Höhe und schlagen mit den Flügeln. Die Gans wählt den Platz für die Nestmulde, meist unter Zweigen oder zwischen den Wurzeln eines Baumes. Dann legt sie die Mulde mit Halmen aus und mit dem Fortschreiten der Brut auch mit reichlich Dunen.

Die Brutzeit beginnt am Südrand des Brutgebietes Mitte Mai und nach Norden zu immer später bis in die Junimitte. Nur die Gans brütet, während der Ganter in der Nähe wacht. Brutdauer 27 bis 29 Tage, Brutbeginn nach Ablage des letzten Eies. So wird erreicht, daß alle Gössel etwa gleichzeitig schlüpfen. Sie tragen anfangs ein olivbräunliches Dunenkleid mit schwarzen Kopfstreifen. Beide Eltern führen die Gössel zum Wasser, wo sie die frischen Sumpfpflanzen abweiden. Im Alter von zwei Monaten beginnen sie zu fliegen und ziehen mit ihren Eltern zunächst zum Meer. Die einzelnen Familien halten noch über den Winter zusammen, so daß auch der Zug in die Winterquartiere von Alt- und Jungvögeln gemeinsam bewältigt wird.

Nahrung: Alle Gänse sind Vegetarier. Ihre Schnäbel tragen gezähnte Seitenkanten, mit denen sie das Gras abrupfen. Sie besitzen sehr große Blinddärme, in denen Mikroorganismen die Zellulose in verdauliche Kohlenhydrate spalten – eine Symbiose, die bei den meisten grasfressenden Tieren vorkommt. Im Brutgebiet fressen die Gänse alles frische Grün, daneben auch Beeren und Flechten. In den Überwinterungsgebieten bilden Gras und Wintersaat die Hauptnahrung. Die Gänse fliegen schon vor Sonnenaufgang von ihren Schlafplätzen zu den Weidegründen, wo sie mit Ruhe- und Putzpausen bis nach Sonnenuntergang fressen. Dann fliegen sie zu ihren Schlafplätzen zurück. Die Gänse entwickeln auch beim Fressen Traditionen: An manchen Orten mögen sie am liebsten Getreidesaat und stellen die Bauern vor große Probleme.

Kurzschnabelgans *(Anser brachyrhynchus)*

Merkmale: Eine verkleinerte Ausgabe der Saatgans, mit dunklem Kopf und Hals und teils schwarzem, teils fleischfarbenem Schnabel. Füße im Gegensatz zur Saatgans fleischfarben. Länge um 68 cm, Spannweite um 150 cm. Nach neuerer Auffassung ist die Kurzschnabelgans nur eine Inselrasse der Saatgans und müßte dann Anser fabalis brachyrhynchus heißen. Da sie aber auf dem Feld von der Saatgans zu unterscheiden ist, behandeln wir sie als eigene, vielleicht eben werdende Art, die sich infolge langer geographischer Isolation von den Saatgänsen des Festlands abgespalten hat.

Lebensraum: Die zierliche Gans brütet in Quellmooren des Binnenlands von Island, Spitzbergen und Ostgrönland. Die Brutgebiete liegen als grüne »Oasen« zwischen vegetationsarmen Geröllfluren. Die Gänse von Spitzbergen, etwa 10 000, ziehen im Oktober über Skandinavien zu ihren Überwinterungsgebieten in Ostholland, die grönländischen und isländischen Tiere, zusammen einige 10 000, ziehen im Oktober nach Schottland und England und überwintern hier in ruhigen Meeresbuchten. Aus diesen Zugtraditionen kann man schließen, daß die Besiedlung Grönlands durch Kurzschnabelgänse von Island aus und vor nicht sehr langer Zeit erfolgte.

Die Mehrheit der Gänse bricht im März zu den Brutplätzen auf. Mitte April treffen sie im Norden ein und bleiben dort bis Ende August. Sie ziehen über das offene Meer. Während der Überwinterung verbringen sie ihre Tage grasend auf nassen Wiesen, abgeernteten Feldern oder auf Äckern mit Wintersaat und fliegen zum Übernachten oft viele Kilometer weit zu Sandbänken oder Flachwasserzonen in Meeresbuchten. Auf Streckenflug ordnen sie sich zu schrägen Linien oder Keilformationen.

Fortpflanzung: Die Kurzschnabelgans brütet in lockeren Kolonien. Die jungen Paare schließen sich auf ihrer ersten Winterreise zusammen und bleiben sich dann lebenslang treu. Die Gans baut das Nest, indem sie auf einer

Anhöhe eine Mulde sucht und sie mit Pflanzenteilen und Dunen auslegt. An günstigen Neststandorten, die seit vielen Jahren besetzt sind, entsteht durch die regelmäßige Düngung ein Ring aus frischem Grün. Der Ganter steht während der Brutzeit in Nestnähe auf Wache.

Die Brutzeit setzt in Island im zweiten Maidrittel, auf dem nördlicher gelegenen Spitzbergen in der ersten Junihälfte ein. Nach Ablage des letzten Eies wird mit dem Brüten begonnen. Brutdauer 28 Tage, Gelegegröße meist 4 Eier, Eilänge um 80 mm. Die Gössel werden von beiden Eltern geführt und fangen im Alter von zwei Monaten an zu fliegen. Wochen, manchmal nur Tage später kann in der Tundra der Winter hereinbrechen. Auch die Jungvögel müssen dann reisefähig sein. Etwa zwei Wochen nach dem Schlüpfen der Gössel beginnt bei den Eltern die Mauser der Schwingen. Sie fallen wie bei allen Entenvögeln etwa gleichzeitig aus. Schon wenige Tage vorher können die Vögel nicht mehr fliegen und bleiben für etwa 30 Tage flugunfähig. Die Zeit, in der die Gänse ihre Jungen führen und in den Einöden des hohen Nordens leben, ist für die gefährliche Zeit der Schwingenmauser am günstigsten. Früher trieben die Bewohner Islands die flugunfähigen Gänse in abgezäunten Flächen zusammen, um sie zu fangen und zu töten.

Nahrung: Kurzschnabelgänse sind wie die anderen Gänsearten Vegetarier. In ihrer Brutheimat bilden Beeren einen Großteil ihrer Nahrung, aber kurz nach der Schneeschmelze, wenn sich noch kein frisches Hälmchen zeigt, müssen sie sich mit Moosen und Flechten begnügen. Im Winterquartier fliegen die Gänse im ersten Morgengrauen von ihren Schlafplätzen zu den Weidegründen und landen erst, nachdem sie die Umgebung mehrfach überflogen haben. Wenn sie nicht gestört werden, so kehren sie erst nach Sonnenuntergang zurück.

Bläßgans *(Anser albifrons)*

Merkmale: Altvögel mit groben und unregelmäßigen Querstreifen auf der Brust, so daß jeder Vogel anders gemustert ist. Schnabel je nach Rassenzugehörigkeit fleischfarben oder gelblich. Weißer Ring um den Schnabel, der den Jungvögeln bis in die Wintermitte fehlt. Jungvögel ferner mit einfarbig graubrauner Unterseite sowie schwärzlichem Schnabel und Schnabelgrund. Bläßgänse sind sehr ruflustig und gesellig. In den Scharen hört man von früh bis spät ihre zweisilbigen Rufe, die man mit »kju-koz« und mit »ki-lik« wiedergeben kann.

Lebensraum: Die Bläßgans, häufigste Gans Eurasiens, brütet nördlich der Waldgrenze in der Tundra bis zur Eismeerküste. Im Norden überlappt sich ihr Brutgebiet mit dem der Ringelgans, im Süden schließt sich das Gebiet der Graugans an. Bläßgänse sind Zugvögel, die weit südlich ihres Brutgebietes überwintern, so am Kaspischen Meer, am Schwarzen Meer und in der Donauniederung, vor allem aber an der Nordsee. Sie erscheinen hier im Dezember und bleiben bis März. Im holländischen Friesland überwintern bis zu 45 000 Tiere. Viele schlafen auf Sandbänken im Ijsselmeer. In sehr strengen Wintern wandern die Vögel bis nach Westfrankreich weiter.

Fortpflanzung: Die Paare verbinden sich meist in ihrem zweiten Sommer, leben dann aber noch 1 oder 2 Jahre als Verlobte zusammen, ehe sie zum ersten Mal brüten. Das Nest liegt in sumpfiger, von Gewässern durchsetzter Tundra an erhöhten, trockeneren Stellen. Die Gans legt meist nur eine schon vorhandene Mulde mit Dunen aus. Brutzeit zweite Junihälfte und Juli, Brutdauer 28 Tage. Während die Gans brütet, wacht der Ganter. Beide Eltern führen gemeinsam die Jungen, die Ende August flügge werden. Die Eltern leben in Dauerehe.

Nahrung: Wie bei den anderen Gänsen.

Zwerggans *(Anser erythropus)*

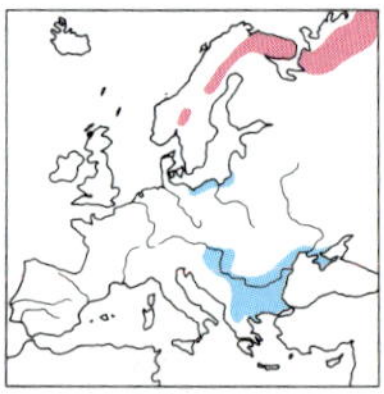

Merkmale: Eine verkleinerte Ausgabe der Bläßgans. Da die größten Zwerggänse die Größe einer kleinen Bläßgans erreichen, ist das kein sicherer Bestimmungshinweis. Kennzeichnend ist der kurze und hohe Kopf mit kurzem, rötlichem Schnabel. Die Augen umgibt schon bei den Jungvögeln ein gelber Ring; die Stirnblässe der Altvögel reicht vom Schnabel bis über die Augen.

Lebensraum: Die Zwerggans brütet nahe der nördlichen Waldgrenze, also etwas südlicher als die Bläßgans, beide Brutgebiete überlappen sich. Wo beide Arten vorkommen, brütet die Bläßgans in den Niederungen, die Zwerggans im Bergland in der Nähe der letzten Schneefelder, zwischen Polarweidengebüsch und Zwergbirken. In Skandinavien ist sie ein Brutvogel der Fjälls. Obwohl die Zwerggans in Nordeuropa zu Zehntausenden brütet, wird sie an der Nordsee nur selten gesehen, denn sie zieht südostwärts und überwintert am Schwarzen und am Kaspischen Meer. Ihr Zugweg führt über Polen nach Ungarn.

Fortpflanzung: Die mit Moos, später auch mit Dunen ausgelegten Nester liegen meist in der Nähe von Bergseen. Nur die Gans brütet, während der Ganter in der Nähe wacht. Brutzeit Mai und Juni, Brutdauer 25 bis 28 Tage, 4 bis 8 Eier von im Durchschnitt 75 mm Länge. Die Gössel laufen gleich sehr behende und fliehen, wenn sie sich bedroht fühlen, auf das Wasser. An Land rennen sie erstaunlich schnell bergauf und verstecken sich in Felsspalten oder im Gebüsch. Wenn sie mit etwa 25 Tagen zu fliegen beginnen, scharen sich die Familien zu Gruppen zusammen.

Allgemeines: Auf dem Zug ordnen sich Zwerggänse zu welligen Linien oder V-Formationen. Vor dem Landen aus großer Höhe lassen sie sich in atemberaubenden Sturzflügen herabfallen. Der Kontakthalteruf in den Wanderscharen klingt wie »hag«.

Nonnengans, Weißwangengans *(Branta leucopsis)*

Merkmale: Eine mittelgroße Gans – Länge um 63 cm, Spannweite um 140 cm –, die von Ferne oberseits schwarz und unterseits weiß wirkt. Bei den Jungvögeln sind in ihrem ersten Winter die weißen Kopfteile von einzelnen schwarzen und braunen Federchen durchsetzt. Obwohl gesellig, mischen sich Nonnengänse nicht unter andere Wildgänse. Ihre Stimmlaute klingen von fern wie Hundegebell.

Lebensraum: Brütet nur auf Inseln, wo feuchte Senken mit frischem Grün oder begrünte Flußauen zwischen steilen Geröllhalden liegen. Außerhalb der Brutzeit ausschließlich an Küsten. Sie überwintert vor allem in Meeresbuchten von Irland und Schottland, auch an der mitteleuropäischen Nordseeküste und im holländischen Friesland. Die Nonnengänse halten sich im Watt auf.

Fortpflanzung: Nonnengänse brüten möglichst im Fels oder Geröll. Im Laufe der Brutzeit wächst ein Kotwall rund um das Nest, an dem man es von anderen Gänsenestern leicht unterscheiden kann. Meist wird der Brutplatz alljährlich wieder benutzt, dann sprießt dank der Düngung rundum ein grüner Pflanzenring. Im übrigen liegen die Nester offen; deckt die Gans ihre Eier mit Dunen zu, so erscheint das Nest von fern als graue Halbkugel. Brutzeit Ende Juni und Juli, 3 bis 6 etwa 70 mm lange Eier, Brutdauer 24 bis 25 Tage. Die meisten Jungen wagen den Sprung in die Tiefe, einzelne werden von den Eltern im Schnabel oder auf dem Rücken getragen.

Ringelgans *(Branta bernicla)*

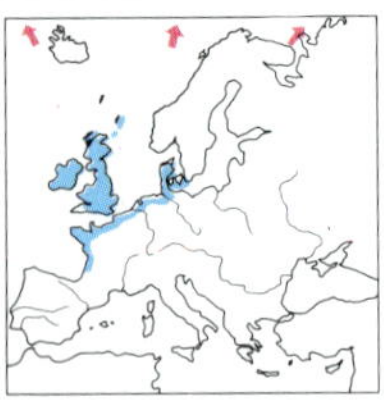

Merkmale: Etwas kleiner als die Zwerggans, Länge knapp 60 cm. Vom Schnabel bis zur Brust mattschwarz mit weißem Halsring, der den Jungvögeln fehlt. Nordeurasische Rasse mit dunkler Bauchseite, die Vögel von Spitzbergen und Grönland sind unterseits fast weiß. Läuft und schwimmt gut, taucht aber nicht. Der Flug wirkt entenartig mit raschen Flügelschlägen. Die Stimme klingt sonor »honk«.

Lebensraum: Die nördlichste aller Gänse, Brutvogel der Tundra am Nordrand Eurasiens und auf den vorgelagerten Inseln, zwischen Schnee- und Eisresten. Die westsibirischen Gänse ziehen auf einer schmalen Zugstraße über die Ostsee bis in die Nordsee, wo sie im Wattenmeer überwintern. Bis zur Jahrhundertwende kamen Hunderttausende. Ihre Stimmen übertönten die Brandung, im Flug sahen sie von fern aus wie ziehender Rauch, und ihre Wolken verfinsterten den Himmel. Heute überwintern in der Nordsee noch etwa 20 000 Ringelgänse; ihr Bestand brach zusammen, als ihre Hauptfutterpflanze, eine Seegrasart, in den frühen dreißiger Jahren durch einen Pilz weitgehend vernichtet wurde.

Fortpflanzung: Die Gänse haben im Polarsommer nur rund 110 Tage Zeit zum Brüten. 10 Tage nach der Ankunft ist das Gelege fertig; die Gans brütet 24 bis 26 Tage auf den 3–6, um 70 mm langen Eiern. Ende Juli schlüpfen die ersten Jungen, die Eltern führen sie gleich zum Wasser. Oft vereinigen sich mehrere Familien zu größeren Gemeinschaften. Gegen Ende der Brutzeit mausern die Altvögel und sind dann für einige Zeit flugunfähig.

Nahrung: Im Sommer Moos und Gräser, im Winter hauptsächlich Seegras und dessen Wurzeln mit den daran hängenden Tieren, ferner Tange und salzliebende Pflanzen der Verlandungszonen. Ringelgänse gründeln auch nach Entenart im Kopfstand.

Kanadagans *(Branta canadensis)*

Merkmale: In Nordamerika bildete die Kanadagans viele Rassen aus, die sich vor allem in der Größe voneinander unterscheiden. Die größte Rasse lebt am Südrand ihres Brutareals und wird so groß wie ein Singschwan. Die nördlichste Rasse wird nur wenig größer als eine Stockente. Die in Europa eingebürgerten Tiere gehören zu den größten, sie übertreffen mit einer Länge von 90 bis 100 cm jede andere europäische Wildgans. Kanadagänse sind durch den schwarzen Kopf mit weißem Kinnfleck hinreichend gekennzeichnet. Die Jungvögel des ersten Herbstes erkennt man an den ungestreiften Flanken. In ihrem zweiten Sommer sind Brust und Flanken verwaschen quergestreift. Die Stimme ist laut und trompetend »ahonk . . . ahonk«. Man hört sie besonders während der Paarungszeit und im Fluge.

Lebensraum: Die Urheimat der Kanadagans ist Nordamerika. Dort kommt sie von Alaska bis in die Höhe der Großen Seen als die bei weitem häufigste Gans vor. Sie überwintert im südlichen Nordamerika. Auf ihren Zugwegen und in den Winterquartieren spielen sich alljährlich fast industriell aufgezogene Jagdspektakel ab.

Die Geschichte der europäischen Kanadagänse begann im Jahre 1678, als die ersten dieser großen Vögel in einem englischen Park ausgesetzt wurden. Seither breiten sie sich weiter aus. Die englische Population ist inzwischen einige tausend stark, wurde aber bei weitem von den schwedischen Kanadagänsen überholt, die weit über 10 000 Tiere umfassen. Weitere kleine Verbreitungsinseln haben sich um europäische Großstädte gebildet, etwa um Hamburg und München, ausgehend von nach und nach verwildernden Zoo- und Parkvögeln.

Im Jahre 1905 wurden auch in Neuseeland einige Kanadagänse ausgesetzt. Sie blieben dort 25 Jahre lang unauffällig. Dann kam es, offenbar nach vollzogener Anpassung an den neuen Lebensraum, zu einer lawinenartigen Vermehrung, bis die Farmer angesichts kahlgefressener Felder zur Waffe griffen. Die englischen Kanadagänse sind Stand- und Strichvögel, die schwedischen beginnen, eine eigene Zugtradition zu entwickeln; sie überwintern in steigender Zahl in Ostfriesland und in Holland. Die deutschen Jäger, froh über die Bereicherung ihrer Jagdstrecke, erklärten die Kanadagans zum jagdbaren Wild und räumten sich für November und Dezember eine Schußzeit ein. Wo die Kanadagans als freifliegender Parkvogel gehalten wird, hat sie oft unter den Schwänen zu leiden, die den Parkweiher für sich allein beanspruchen und die schwächeren, weniger angriffslustigen Kanadagänse in die abgelegensten Winkel abdrängen. Die ersten Versuche zum Brüten in der freien Natur scheitern meist an der Zutraulichkeit der Vögel. An den stadtnahen Parkweihern konnten die Kanadagänse ihre Jungen unter den wachsamen Augen eines nicht abreißenden Stromes von Spaziergängern unbehelligt von Störenfrieden aufziehen. Wo sie aber draußen unbeschützt brüten, müssen sie ihre Arglosigkeit oft mit dem Verlust ihrer Eier oder gar ihres Lebens büßen.

Fortpflanzung: Kanadagänse finden den Ehepartner fürs Leben meist in ihrem zweiten Sommer. Nach einem Verlobungsjahr brüten die Junggänse zum ersten Mal in ihrem dritten Sommer.

Kommt einer der Partner zu Tode, so wird der übriggebliebene früher oder später einen neuen Partner finden. Eine Gänseehe kann so lang dauern wie eine Menschenehe, nämlich über 40 Jahre. Im Schrothagel der amerikanischen Jäger liegt die Lebenserwartung einer Kanadagans allerdings nur bei 1,4 Jahren.

Das Nest wird meist auf einer Insel im Sumpf oder unter einem Busch errichtet. Die Gans baut, indem sie mit dem Rücken zum Nistplatz steht, Halm für Halm vor sich ergreift und über die Schulter nach hinten legt. Durch tausendfache Wiederholung dieser einfachen Bewegung entsteht schließlich ein beachtlicher Nesthaufen.

Nahrung: Kanadagänse rupfen ihre pflanzliche Nahrung am Ufer oder im Wasser mit eingetauchtem Hals, manchmal im Kopfstand wie eine Ente. Sie verschmähen auch tierische Beikost nicht.

Rothalsgans *(Branta ruficollis)*

Merkmale: In ihrer Buntheit mit keiner anderen Gans zu verwechseln. Nur wenig größer als eine Stockente, Länge knapp 55 cm, aber ihrem Verhalten nach zweifellos eine Gans und keine Ente. Sehr gesellig. Die Vögel fliegen in dichten Schwärmen und führen alle Schwenkungen gleichzeitig aus. Daran sind sie schon aus großer Entfernung zu erkennen. Sehr rufaktiv mit hellen Stimmen wie »kik-kuik«.

Lebensraum: Rothalsgänse brüten nur in einem kleinen Bezirk in der Tundra und Waldtundra Ostsibiriens. Fast der ganze Weltbestand überwintert in einer Reihe von Buchten am südlichen Kaspischen Meer, kleinere Gruppen auch im Iran und in den Euphratsümpfen. Sie müssen früher auch in großer Zahl in Ägypten überwintert haben, denn aus der Zeit der Pharaonen sind uns zahlreiche unverkennbare Bilder von Rothalsgänsen überliefert. Rothalsgänse, die den Anschluß an ihre Artgenossen verloren haben, schließen sich auch westwärts ziehenden Gänsetrupps an und können so bis nach Mitteleuropa gelangen. Rothalsgänse ziehen schon im Februar aus ihren Überwinterungsgebieten ab, kommen aber erst im Juni in ihren Brutgebieten in der Tundra an. Den Gänsen bleiben dann etwa 3 Monate, um die Jungen aufzuziehen und zu mausern. Ende August brechen sie auf, und im November erscheinen die Gänsetrupps wieder in den Überwinterungsgebieten.

Fortpflanzung: Die Nester liegen an trockenen Plätzen in der Nähe von Gewässern, in der Tundra und Waldtundra, manchmal ganz ungeschützt. Häufig sind sie nahe dem Horst eines Wanderfalken oder Rauhfußbussards gebaut, die beide in der Lage sind, den Eisfuchs zu vertreiben, den ärgsten natürlichen Feind der Rothalsgänse. Das Nest ist mit Gras und Dunen ausgelegt.

Nahrung: Wie bei den anderen Gänsen.

Rostgans *(Tadorna ferruginea)*

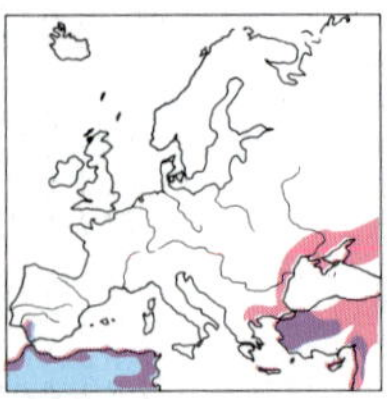

Merkmale: Größer als eine Stockente, Länge um 63 cm. Im Flug wirken die Flügel kontrastreich schwarz-weiß. Das Männchen ist an seinem schwarzen Halsring erkennbar. Im Sommer paarweise, im Winter in Trupps. Wo sie nicht verfolgt wird, ist die Rostgans sehr zutraulich. Ruft häufig und laut »ang«.

Lebensraum: In den Steppenzonen der Alten Welt von Marokko bis zum Amur; im Westen selten geworden, weil immer mehr Steppen unter den Pflug kommen. Im Osten stellenweise häufig. Dort leben sie im Hügel- und Bergland, in der Nähe von Flüssen, von Süß-, Salz- und Bitterseen mit zumindest teilweise vegetationslosen Ufern. Die marokkanischen Rostgänse sind Standvögel, die asiatischen verbringen den Winter im südlichen Mittelmeerraum, in Südarabien, im Iran und in Nordindien.

Fortpflanzung: Der Ganter beherrscht einen für Entenvögel ungewöhnlichen Balzflug: Er stürzt aus großer Höhe mit angelegten Flügeln und laut schreiend in die Tiefe. Er duldet keine Rivalen in der Nähe seiner Partnerin. Umgekehrt vertreibt auch diese zur Balzzeit alle anderen Wasservögel aus der Nähe des Ganters. Rostgänse sind findige Höhlenbrüter: Sie brüten in den verlassenen Bauten von Fuchs, Dachs und Steppenmurmeltier, sie sollen den Fuchs sogar als Nachbarn akzeptieren. Hohle Bäume, Schuppen, Ruinen, selbstgegrabene, bis 4 Meter tiefe Löcher werden benutzt, auch in Felsnischen hoch in Steilwänden wird gebrütet, dort auch in Gesellschaft von Geiern und Dohlen. Brutzeit April bis Juni, 8–12 Eier, Brutdauer 27–29 Tage.

Nahrung: Teils tierisch, teils pflanzlich: Heuschrecken, Kleinkrebse, Sprosse, Getreide.

♂ ♀

Brandgans, Brandente *(Tadorna tadorna)*

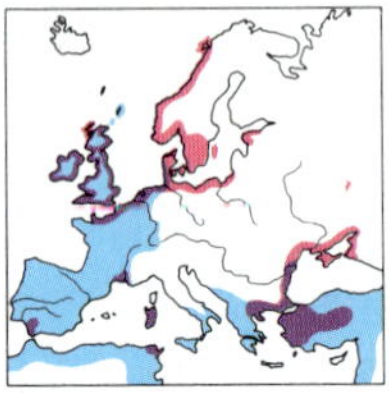

Merkmale: In der Gestalt mehr Ente als Gans; beide Geschlechter sind gleich gefärbt. Das Männchen trägt im Sommer einen roten Hökker an der Schnabelwurzel. Länge um 60 cm, Spannweite um 110 cm. Stimme des Männchens pfeifend, die des Weibchens quakend.
Lebensraum: An Brackwasserseen und Meeresküsten, wo sich entweder Sanddünen oder natürliche Höhlen zur Anlage des Nestes finden. Außerhalb der Brutzeit in großen Scharen in überfluteten Salzsümpfen und flachen Meeresteilen. Im Nordseeraum brüten etwa 50 000 Paare, davon rund die Hälfte auf den Britischen Inseln, einzelne auch im küstennahen Binnenland. Sie sind Strich- oder Zugvögel, die im Wattenmeer der Nordsee und an der Atlantikküste bis in den Mittelmeerraum hinein überwintern; einzelne Durchzügler überfliegen auch Mitteleuropa. Im August und September versammeln sich die meisten Altvögel der Nordseepopulation auf dem Großen Knechtsand, einem Sandbankgebiet zwischen Elbe- und Wesermündung. Hier verlieren die Vögel bei der Mauser alle Schwungfedern und sind dann für etwa 25 Tage flugunfähig.
Fortpflanzung: Die Paare einer Gegend balzen gemeinschaftlich an einem erhöhten Ort mit viel Umherlaufen, beidbeinigen Sprüngen, allerlei Halsbiegen und Schnabelwinken. Die jungen Paare finden sich in ihrem ersten März und bleiben dann noch ein Jahr als Verlobte zusammen, ehe sie zum ersten Mal brüten. Die Ehe wird auf Lebenszeit geschlossen. Die Paarung gelingt nur auf dem Wasser, wobei sich das Männchen, wenn es auf den Rücken des Weibchens steigt, an dessen Halsfedern mit dem Schnabel festhält.
Brandgänse sind Höhlenbrüter mit Vorliebe für Kaninchenbauten, die sie nicht selten mit den Kaninchen bewohnen. Auch von Bruten in bewohnten Fuchsbauten wird berichtet. Daneben kommt es zu Bruten in Scheunen, unter Brettern, zur Not auch unter dichtem Gebüsch. Männchen und Weibchen suchen sich alljährlich auf langen Fußmärschen neue Brutplätze.
Nur das Weibchen brütet und macht dabei etwa alle drei Stunden eine Pause, die um so kürzer ausfällt, je weiter die Brut fortschreitet. Der Ganter bringt das Weibchen nach der Brutpause zum Nest und entfernt sich anschließend, vielleicht ein Ablenkungsmanöver für potentielle Nestplünderer. Täglich wird ein Ei gelegt, bis das Gelege mit 8 bis 13 Eiern vollzählig ist. Brutbeginn nach Ablage des letzten Eies, meist Mitte bis Ende Mai, Brutdauer um 30 Tage. Die Gössel sind schon Stunden nach dem Schlüpfen überaus beweglich, können springen und klettern. Sie bleiben in der Höhle, bis alle Geschwister trocken sind. Meist frühmorgens verlassen sie dann für immer die Bruthöhle und werden von beiden Eltern aufs Wasser geführt. Sie sind gleich sehr selbständig und können zur Not schon im Alter von einer Woche ohne elterlichen Beistand überleben und heranwachsen.
Anfangs führt das Elternpaar die Jungen; sind sie etwa zwei Wochen alt, so schließen sich die Jungen benachbarter Paare zu »Kindergärten« zusammen, die oft von solchen Paaren betreut werden, die ihre eigenen Kinder verloren haben. Wenig später verlassen die Eltern die nun schon selbständigen Kinder und ziehen zu ihren überkommenen Mauserplätzen. Die Jungen dagegen bleiben bis in den Herbst in der Nähe ihres Geburtsortes und ziehen von dort unmittelbar in die Überwinterungsgebiete. Im ersten Jahr tragen sie ein unscheinbares Jugendkleid mit bräunlichgrauer Oberseite und weißer Unterseite. Zur Mauserzeit wirken sie gescheckt.
Nahrung: Überwiegend tierische Kost, vor allem kleine Schnecken, Muscheln und Würmer aus dem Flachwasser, wie sie im Wattenmeer in großer Menge zur Verfügung stehen. Die Jungen fangen auch Heuschrecken. Als Zukost werden Algen und die Pflanzensprosse der Salzsümpfe verzehrt. Die Brandgans ist in Deutschland jagdbares Wild, aber sie ist ganzjährig von der Jagd zu verschonen, zumal ihr Fleisch stark tranig schmeckt.

♂ ♀

Schwimmenten *(Unterfamilie Anatinae)*

Unter Schwimmenten versteht man eine sehr artenreiche Gruppe von Enten, die heute in drei Gattungen aufgeteilt wird, von denen aber nur eine (Anas) in Europa vertreten ist. Die Schwimmenten stellen eine recht junge und erfolgreiche Unterfamilie dar, in der die Artbildung offenbar noch in vollem Gange ist. Sowohl in der Natur wie auch gehäuft in Gefangenschaft kommen Mischehen zwischen verschiedenen Schwimmenten vor, aus denen lebensfähige Bastarde hervorgehen. Die Schwimmenten nutzen für ihre Nahrungssuche alle jene genießbaren Dinge, die aus der Luft ins Wasser fallen und vom Grund zur Wasseroberfläche aufsteigen. Dazu bedarf es des spezialisierten Schwimmentenschnabels. Seine oben und unten mit Hornkämmen besetzten Ränder greifen ineinander und wirken als Sieb. Die dicke und fleischige Zunge arbeitet als Kolben, der das aufgenommene, nahrungshaltige Wasser durch die Kämme abpreßt. Die entsprechende Schnabelbewegung nennt man Schnattern. Der Schnabelinnenraum ist reich an Tastsinnesorganen. Mit ihrem Schnatterschnabel kann die Ente in rascher Folge Wasser mit allem schwimmenden Inhalt aufnehmen, durchsieben und so ihre Nahrung gewinnen. In gleicher Weise durchschnattert sie die schlammige Oberfläche des Gewässergrundes, um alle jene Nahrungsbestandteile aufzunehmen, die auf den Grund sinken und sich dort anreichern, dazu die im Schlamm lebenden Kleintiere. Im Flachwasser tunkt die Schwimmente ihren Kopf ins Wasser; wo es tiefer wird, stellt sie sich auf den Kopf und hält mit den Füßen Gleichgewicht. Dieses Gründeln ist typisch für Schwimmenten. Sie können übrigens auch tauchen, tun es aber gewöhnlich nur auf der Flucht, im Streit mit Artgenossen oder beim Baden. Nach dem Tauchen schütteln sie mit Flügelschlagen das Wasser aus ihrem Gefieder. Schwimmenten halten ihren Schwanz waagerecht oder leicht aufgerichtet, er berührt beim Schwimmen nicht die Wasserfläche. Alle Arten der Gattung Anas, auf die wir uns hier beschränken, weisen in beiden Geschlechtern ein auffällig buntes, meist metallisch glänzendes Flügelfeld auf, den sogenannten Spiegel. Er hilft beim Bestimmen der Artzugehörigkeit. Ein weiteres Gattungsmerkmal ist die Hinterzehe. Sie trägt im Gegensatz zu den anderen Entenarten keinen Schwimmlappen. Alle Schwimmenten können ohne Anlauf aus dem Wasser auffliegen, während die anderen Arten einen kurzen, kräftigen Anlauf benötigen. Bei den europäischen Anas-Arten sind Männchen und Weibchen während der meisten Zeit des Jahres auffällig verschieden gefärbt: Das Männchen schmückt ein oft sehr buntes Prachtkleid, während die Weibchen das ganze Jahr hindurch ein unscheinbar erdfarbenes Schlichtkleid tragen. Im Juli vermausern auch die Erpel in ein Schlichtkleid, in dem sie den Weibchen sehr ähnlich sehen; ihre Schnabelfärbung bleibt dann oft das auffälligste Geschlechtsmerkmal. Aber schon im September mausern die Erpel erneut und legen wieder das Prachtkleid an. Auch die Weibchen mausern zweimal, beginnen aber die Sommermauser erst, wenn sie ihre Jungen aufgezogen haben.

Ihre Herbstmauser geht dann ohne scharfe Grenze in die Frühjahrsmauser über.

Die Anas-Arten der Tropen, die teils sehr nahe mit bestimmten Arten der gemäßigten Zonen verwandt oder gar nur Rassen davon sind, tragen merkwürdigerweise meist in beiden Geschlechtern das ganze Jahr hindurch ein Schlichtkleid. Anas-Arten zeigen auffallende Balzspiele, die wir bei der Stockente genauer beschreiben.

Moorente
Mandarinente
Scheckente
Reiherente
Kragenente
Bergente
Trauerente
Prachteiderente
Eiderente

Stockente *(Anas platyrhynchos)*

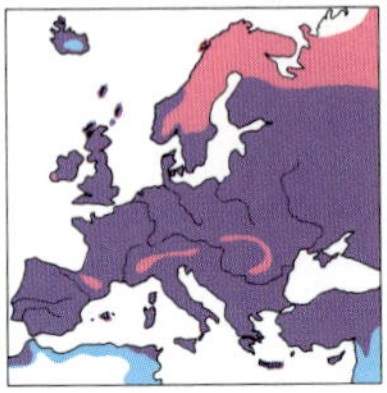

Merkmale: Länge um 58 cm. Die bei weitem häufigste Wildente. Erpel mit grünschillerndem Kopf, weißem Kragen und zwei Paar Federlocken auf dem Schwanz; Schnabel gelblich; im Schlichtkleid weibchenfarben, aber am gelben Schnabel auch dann als Erpel zu erkennen. Weibchen unscheinbar braun mit braunem Schnabel. Metallisch blauer, weiß eingefaßter Spiegel bei beiden Geschlechtern. Stimme »räb räb räb«.

Lebensraum: Verbreitet durch ganz Eurasien etwa bis zur Baumgrenze im Norden und bis in die Steppenzone im Süden, auch auf Island, Grönland und in fast ganz Nordamerika. In Mitteleuropa ist die Stockente die bei weitem »erfolgreichste« Ente, obwohl sie in den Winterquartieren Südeuropas unter fast kriegsmäßigen Bedingungen bejagt wird. Der Bestand in Europa wird auf etwa 2 Millionen geschätzt. Die mitteleuropäischen Stockenten sind meist Strichvögel, die noch beim Einsetzen strengen Frostes zur Winterflucht nach Südwesten fähig sind.

Fortpflanzung: Alle Enten führen eine Saisonehe, die alljährlich unter auffälligen Balzvorführungen neu und mit einem neuen Partner geschlossen wird. Die Balz der Stockerpel ist auf allen Parkgewässern leicht zu beobachten, aber die Fülle der teils sehr raschen Bewegungen nicht leicht zu deuten. Daher seien sie hier stellvertretend für alle übrigen Enten, bei denen viele der Balzgesten in abgewandelter Form vorkommen, etwas ausführlicher beschrieben. Die Balz beginnt zaghaft nach der Herbstmauser im September, erreicht im Oktober einen kurzen Höhepunkt und klingt dann langsam ab, bis sie im Vorfrühling mit voller Intensität losbricht und dann wieder bis Mai verebbt. Zur Zeit der Hochbalz kommt unter den auf einem Gewässer umherschwimmenden Erpeln etwa alle halbe Stunde Balzstimmung auf. Dann sammeln sich die Erpel an einer Stelle und fahren sich mit dem Schnabel hastig unter einen gelüfteten Flügel. Diese Geste heißt Scheinputzen. Danach stoßen die Erpel mehrmals und mit steigender Heftigkeit den Kopf schüttelnd in die Höhe. Daran kann sich eine von drei verschiedenen Balzgesten anschließen, z. B. das »Kurzhochwerden«. Dazu reißt der Erpel schnell Kopf, Flügel und Schwanz in die Höhe, wird also wirklich kurz und hoch, und stößt dabei einen Pfiff aus. Beim Kurzhochwerden weist er mit dem Schnabel auf eine der anwesenden weiblichen Enten. Manchmal schwimmt er anschließend flach ausgestreckt einen Halbbogen um »seine« Ente. Statt des Kurzhochwerdens kann auch der »Grunzpfiff« folgen. Dabei spritzt der Erpel mit dem Schnabel einen Wasserstrahl gegen die Ente, pfeift dazu und zieht anschließend den Schnabel an der Brust entlang in die Höhe. Bei der dritten Geste kippt der Erpel nach vorn und reißt dann den Kopf hoch. Dazu sagt er leise »räbräb«. Damit ist die Balzvorführung beendet und beginnt vielleicht eine halbe Stunde später erneut mit Scheinputzen und Kopfschütteln.

Die Ente trifft ihre Wahl unter den Erpeln. Sie schwimmt neben den Erwählten und stößt mehrmals mit dem Kopf über die Schulter nach hinten. Diese Bewegung wird als symbolische Drohgeste gegen einen noch unverpaarten Rivalen gedeutet. Auch die Begattung vollzieht sich gestenreich: Das Paar sondert sich vom Entenschwarm ab und beginnt mit minutenlangen beiderseitigen Verbeugungen. Dann legt sich die Ente quer vor den Erpel; er besteigt sie von der Seite und hält sich mit dem Schnabel an ihrem Halsgefieder fest. Nach der Begattung richtet sich das Männchen auf und schwimmt anschließend eine Ehrenrunde um seine Frau. Abschließend baden beide ausgiebig und schütteln sich das Wasser aus dem Gefieder.

Das Nest liegt meist sehr gut versteckt und manchmal weit vom Wasser entfernt. Die Ente polstert es mit Halmen und Dunen aus. Brutbeginn Mitte April bis Mitte Mai, täglich wird ein Ei gelegt und vom letzten an wird gebrütet. Brutdauer 28 Tage.

Nahrung: Enten sind Allesfresser. Sie verzehren Wasser- und Uferpflanzen, Wurzeln, Samen, Schnecken, Würmer, Kaulquappen, mitunter Frösche.

♂ ♀

Schnatterente *(Anas strepera)*

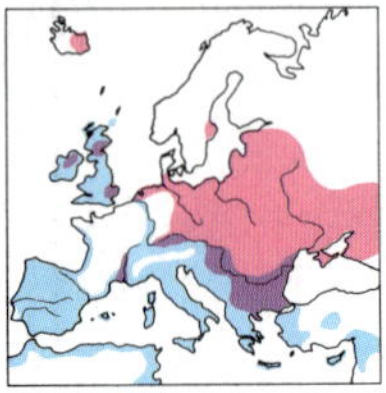

Merkmale: Etwas kleiner als die Stockente, Länge um 51 cm. Das Männchen erkennt man am samtschwarzen Hinterteil, beide Geschlechter an dem auffallenden schwarz-weißen Spiegel, der im Fluge und beim Schwimmen zu sehen ist. Die Enten treten in der Regel nicht in großen Scharen auf, sie schwimmen mit zurückgelegtem Kopf und tief im Wasser liegender Brust. Sie sind sehr ruflustig, wobei die Stimme der Erpel an das Quorren von Krähen erinnert, die Weibchen schnattern sanft »räg . . . räg . . .«.

Lebensraum: Die Schnatterente ist eine mehr osteuropäische Art. Im mittleren und westlichen Europa wird der Bestand auf einige 10000 Paare geschätzt. Sie liebt größere Seen mit flachen, an Wasserpflanzen reichen Buchten und Schilfgürteln. In den letzten hundert Jahren hat sie ihr Brutgebiet nach Norden ausgedehnt und England und Island besiedelt. Sie ist Zugvogel, der teils in Westeuropa, vor allem aber im Mittelmeerraum überwintert. Große Scharen rasten im Nil-Delta, wo sie in den überfluteten Reisfeldern nach Nahrung suchen. Die Wanderscharen ziehen meistens nachts und ordnen sich zu langen hoch fliegenden Ketten.

Fortpflanzung: Die Männchen balzen schon im Oktober mit Vorzeigen des schwarzen Hinterteils und mit einem Balzflug, bei dem sie nur schubweise mit den Flügeln schlagen. Schon im Herbst bilden sich die ersten Paare und halten dann bis zur Brutzeit zusammen. Die Ente wählt den Nistplatz. Sie baut nach Entenart ein unordentliches, aber reich mit Dunen ausgelegtes Nest auf festem Boden und meist gut versteckt. Brutzeit Mai und Juni, 8 bis 10 Eier.

Nahrung: Die Schnatterente ist überwiegend Vegetarier. Sie weidet im Kopfstand Wasserpflanzen bis zu einer Tiefe von 30 cm. Sie hält auch Nachlese auf Getreidefeldern und geht zum Heuschreckenfang in die Wiesen.

Pfeifente *(Anas penelope)*

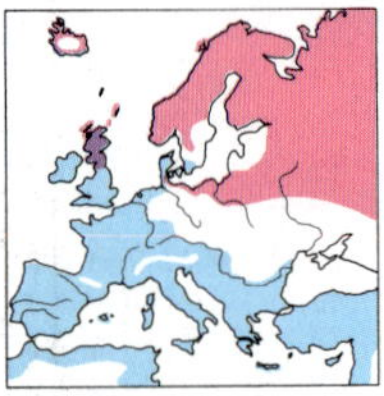

Merkmale: Länge 46 cm. Flug in sehr dichten Schwärmen und ohne besonderes Fluggeräusch. Läuft rasch und gewandt ohne jegliches Watscheln. Pfeifenten fliegen vom Wasser fast senkrecht auf, sie landen dicht beisammen und fast gleichzeitig. Der Ruf der Männchen ist sehr oft zu hören und ein unverwechselbarer melodiöser Pfiff, etwa wie »wiwü« oder »huihu«. Die Weibchen schnarren »rerrr«.

Lebensraum: Durch ganz Eurasien von der Strauchtundra im Norden bis in die Mischwaldzone im Süden verbreitet. Der Gesamtbestand wird auf über 1 Million geschätzt. Die Pfeifente brütet an flachen Süßwasserseen mit reichem Pflanzenwuchs, sie meidet Waldseen und das Gebirge. Auf dem Zug, vor allem im März und im Oktober, rasten große Scharen an den Küsten der Nord- und Ostsee, wo auch ein geringer Teil überwintert. Die Hauptmasse zieht weiter bis an die westeuropäischen Küsten und in den Mittelmeerraum, einzelne bis ins tropische Afrika. Die britischen Pfeifenten sind Stand- und Strichvögel.

Fortpflanzung: Die Erpel balzen mit Vorzeigen der goldgelben Stirnfedern und der verlängerten Federn auf dem Rücken. Die Paare finden sich im Winterquartier oder auf dem Zug und halten bis in die Brutzeit zusammen. Manche Erpel sollen bei ihrem Weibchen ausharren, bis die Jungen schlüpfen und sich sogar an deren Verteidigung beteiligen. Im Juli vermausern sie in ein weibchenfarbiges Schlichtkleid und legen nur drei Wochen später in einer zweiten Mauser wieder das Prachtkleid an. Das Nest ist reichlich mit Dunen ausgelegt, mit denen die Ente bei Brutpausen die Eier zudeckt. Vom Nest gescheucht, fliegt sie mit einem knarrenden Quaken auf. 6 bis 10 Eier von durchschnittlich 54 mm Länge, Brutzeit Mai und Juni, Brutdauer 22 bis 23 Tage.

Nahrung: Hauptsächlich vegetarisch.

♂

♂

♂

♀

Krickente *(Anas crecca)*

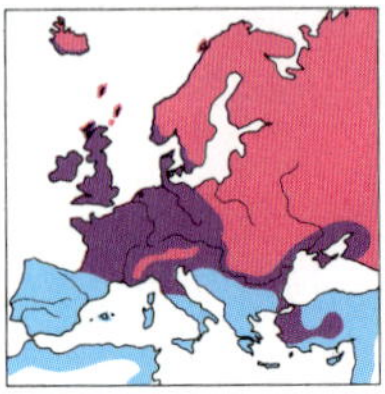

Merkmale: Die kleinste Schwimmente Europas mit etwa 37 cm Länge und einer Spannweite um 60 cm. Gewicht etwa 300 Gramm. Die Erpel tragen von Oktober bis Juni ein Prachtkleid, das aus der Ferne unauffällig, aus der Nähe aber bunt aussieht: Die Unterschwanzfedern sind gelb, die Kopfseiten schmückt je ein dunkelgrünes, hellgerandetes Längsoval. Im Ruhe- und im Weibchenkleid sind die Krickenten nicht leicht von der etwas größeren Knäkente zu unterscheiden, zumal beide Geschlechter beider Arten grüne Flügelspiegel tragen. Die Knäkente weist einen eher geraden Schnabelfirst auf, die Krickente dagegen eine ganz leichte »Stubsnase«. Die laute Stimme, die ihr den Namen gab, ist ebenfalls charakteristisch: »Kri krük«. Das Weibchen quakt »gägägä«. Krickenten sind wohl die geschicktesten Flieger unter den heimischen Enten. Sie fliegen fast senkrecht vom Wasser auf und zeigen in dicht gedrängten Trupps die rasantesten Schwenkungen. Sie sind sehr gesellig, vermischen sich aber nur ungern mit anderen Entenarten. Besonders regsam in der Dämmerung und während heller Mondnächte. Dafür verschlafen sie meist die Mittagsstunden.

Lebensraum: Das Verbreitungsgebiet bildet einen mehrere tausend Kilometer breiten Gürtel quer durch ganz Eurasien und Nordamerika von der Tundra im Norden bis in die Subtropen im Süden, wo es sich in isolierte Brutinseln auflöst. Die amerikanische Rasse wird von den Amerikanern als eine eigene Art angesehen. Den Bestand in Westdeutschland schätzt man auf einige hundert Paare, die unter starkem Jagddruck stehen; Bestandzahl wahrscheinlich rückläufig.

Krickenten brüten an kleineren oder größeren Süßwasserteichen mit üppiger Ufervegetation und dichter Unterwasserflora, im Norden aber auch an nahrungsarmen Hochmoorseen, wenn sie nur von einem Schilfgürtel umgeben sind. Im Winter schätzen sie Seen und Lagunen mit vegetationslosen Kies- und Sandinseln als sichere Ruheplätze. Krickenten sind Zugvögel, die vor allem im Mittelmeerraum überwintern und sich schon auf dem Zug zu großen Gesellschaften zusammenschließen.

Fortpflanzung: Die Balz beginnt schon im Spätherbst, wird aber erst im Vorfrühling feurig. Dann finden sich die Paare, die knapp ein halbes Jahr zusammenhalten. Die Erpel balzen mit ähnlichen Gesten wie die Stockerpel. Alle Bewegungen werden aber so schnell ausgeführt, daß man ihnen kaum mit dem Auge folgen kann. Die Ente wählt den Brutplatz. Er liegt stets gut versteckt unter dichter Vegetation und manchmal weit vom Wasser entfernt. Das Nest ist eine mehr oder weniger üppig mit Halmen ausgelegte Mulde, die im Verlauf der Brutzeit mit Dunen gefüllt wird. Brutzeit Mitte Mai bis Ende Juni, Brutdauer 21 bis 23 Tage, 8 bis 10 Eier von etwa 45 mm Länge. Während die Ente brütet, wartet der Erpel in der Nähe. Manche harren aus, bis die Jungen geschlüpft sind und beteiligen sich dann am Führen der Jungen. Sie wiegen nach dem Schlüpfen etwa 20 Gramm – nicht mehr als ein Standardbrief. Anfangs hält sich die Familie tagsüber im Uferbewuchs verborgen und zeigt sich nur bei Nacht auf der Wasserfläche. Im Alter von gut drei Wochen sind die Jungen selbständig, und die Familie löst sich auf. Gleichzeitig verlassen die Enten das Brutgewässer. In der nun folgenden Zeit der Schwingenmauser leben sie verborgen im Altschilf.

Nahrung: Krickenten sind Allesfresser, die sich je nach Angebot mehr tierisch oder überwiegend von Pflanzenkost ernähren. Im Frühjahr machen Mückenlarven, Köcherfliegenlarven, Flohkrebse und Würmer einen Großteil der Nahrung aus, im Herbst überwiegen Grassamen und Sproße von Sumpf- und Wasserpflanzen. Bei der Überwinterung in Lagunen können kleine Muscheln zur Hauptnahrung werden. Nach Möglichkeit suchen die Enten ihre Nahrung im flachsten Wasser oder in oberflächennahen Wasserpflanzenfluren, indem sie schwimmend ihren Kopf ins Wasser tauchen. Sie laufen aber auch schnatternd im Schlick nahe der Wasserlinie umher oder gründeln im Kopfstand, wobei sie wegen ihrer geringen Größe nur handspannentief reichen.

♀ ♂

Knäkente *(Anas querquedula)*

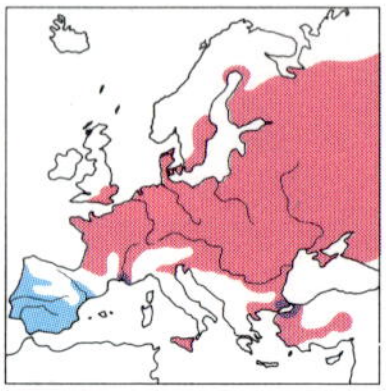

Merkmale: Mit 38 cm Länge nur wenig größer als die Krickente, Spannweite um 65 cm. Erpel im Brutkleid mit weißem Bogenstrich vom Auge bis zum Nacken. Weibchen und Erpel im Schlichtkleid sehr ähnlich der Krickente, aber etwas kontrastreicher gezeichnet und mit grauem Flügelbug, der besonders im Fluge auffällt. Balzruf der Erpel knarrend »kerr . . . krererr«.

Lebensraum: Verbreitet in der Laub- und Mischwaldzone Eurasiens, im Süden bis in die Steppenzone. Die Knäkente hat in diesem Jahrhundert ihr Brutgebiet nach Norden erweitert. In Amerika tritt die Blauflügelente als Zwillingsart an ihre Stelle, beide dürften sich von einer gemeinsamen Stammform herleiten.
Die Knäkente bevorzugt als einzige Entenart im Bruchwald versteckte Kleingewässer und den Schilfsaum flacher Seen. Dort teilt sie die Lebensweise der Rallen: Sie läuft, watet, schwimmt und kriecht sehr geschickt durch das fast undurchdringliche Pflanzengewirr der Verlandungszone. Da das Eis ihren Lebensraum für Enten unbewohnbar macht, ist sie ein strenger Zugvogel. Sie zieht nachts und überwintert weiter südlich als alle anderen europäischen Entenarten.

Fortpflanzung: Die Erpel balzen während des Frühjahrszuges mit allerlei Gesten wie Präsentieren des Spiegels. Sie pfeifen mit weit in den Nacken geworfenem Kopf und zeigen sogar einen Balzflug mit ungewöhnlichen Flügelschlägen und Körperhaltungen. Die Ente brütet auf einem trockenen Flecken in meist sumpfiger Umgebung, wo sie mit Schnabel und Brust eine Nestmulde in den Boden drückt. Brutzeit Mai und Juni, Brutdauer 21 bis 23 Tage, 8 bis 11 Eier von etwa 45 mm Länge.

Nahrung: Mehr schnatternd und weniger gründelnd erworbene Wasserinsekten, Würmer, Sproße und Wurzeln von Wasserpflanzen, Sämereien.

Spießente *(Anas acuta)*

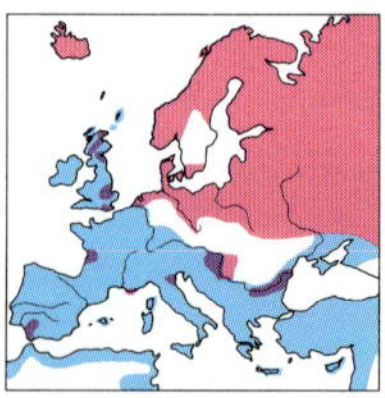

Merkmale: Eine schlanke, 56 cm lange Ente mit langem Hals, der oft nach Schwanenart hoch getragen wird. Schwanz beim Weibchen spitzig, beim Männchen in einen 6 bis 10 cm langen Spieß auslaufend, der auf dem Wasser wie im Fluge zu sehen ist. Der Flug ist schnell mit raschen, pfeifenden Flügelschlägen. Vor dem Landen drehen und wenden die Enten den langen Hals hin und her.

Lebensraum: Die Spießente ist ein Vogel des nordischen Nadelwaldgürtels. Am Südrand ihres Brutgebietes schwankt der Bestand von Jahr zu Jahr stark. Sie brütet an flachen, schlammigen, schilfumgürteten Teichen und ausgedehnten Mooren mit größeren offenen Wasserflächen, sie meidet waldumstandene Gewässer. Ein Teil der Enten überwintert in Mittel- und Westeuropa sowie rund um das Mittelmeer, einzelne fliegen aber weiter bis ins tropische Afrika. Auf dem Zug hält sich die Spießente auch in Meeresbuchten und in brakkigen Flußmündungen auf. Im März/April und wieder im Oktober/November rasten Spießenten in großer Zahl an den deutschen Meeresküsten.

Fortpflanzung: Die Erpel balzen während der Zeit des Frühjahrszuges mit Gesten, ungewöhnlichen Flügelstellungen und einem melodiösen Pfiff. Im Brutgebiet kommen sie verpaart an. Die Erpel halten ihrer Ente etwa bis zur Mitte der Brutzeit die Treue. Das Nest liegt teils versteckt, oft aber auch ganz offen an einer trokkenen Stelle, bis zu 100 Meter vom Wasser entfernt. 7 bis 10 Eier von etwa 55 mm Länge, Brutzeit April und Mai, Brutdauer um 23 Tage. Die Ente sitzt vor allem gegen Ende der Brutzeit sehr fest auf den Eiern und spritzt, aufgescheucht, einen Kotstrahl über das Nest.

Nahrung: Tierisch und pflanzlich, meist durch Gründeln in einer Wassertiefe erworben, die den anderen Schwimmenten zu groß ist.

♂

♂ ♀

♂

♀

Löffelente *(Anas clypeata)*

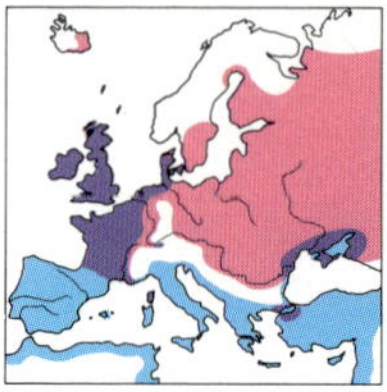

Merkmale: Kennzeichnende, löffelartige Schnabelform, besonders am Flugbild auffallend. Erpel und Ente mit hellen, blaugrauen Flügeldecken und dunkleren, spiegelartigen Armschwingen. Erpel im Brutkleid mit dunkelgrünem Kopf und weißer Brust, Flanken leuchtend rostrot. Löffelenten liegen recht tief im Wasser und schwimmen mit weit zurückgelegtem Kopf. Sie sind weniger scheu als die meisten anderen Enten. Der Flug ist langsam, und das Geräusch der Schwingen pfeifend. Etwas kleiner als die Stockente, Länge 51 gegen 58 cm. Die entenartig quakende Stimme klingt beim Weibchen leiser und heller. Vielfach nachtaktiv. Versprengte Löffelenten mischen sich gelegentlich unter halbzahme Parkenten und sind dann so wenig scheu wie jene.

Lebensraum: Das Brutgebiet der Löffelenten zieht sich quer durch Eurasien und Nordamerika und löst sich an seinem Südrand in zahlreiche Verbreitungsinseln auf. Nach Norden hat sich in diesem Jahrhundert ihr Verbreitungsgebiet erweitert. Als Vogel der Niederungen lebt sie an flachen Süß- und Salzwasserseen mit schlammigem Grund und ebensolchen Ufern. Löffelenten brauchen eine dichte Ufervegetation als Rückzugsraum in der Mauserzeit, wenn sie zeitweise nicht fliegen können. Sie brüten auch an trüb und träge fließenden Flüssen des Tieflandes, wo versumpfte Altwässer mit eingeschobenen Schilfinseln von Wiesen und Büschen begleitet werden. Sie meidet nur von Wald umstandene Wasserflächen sowie gefällereiche Fließgewässer.

Fortpflanzung: Bei der Balz, die vielfach schon auf dem Frühjahrszug stattfindet, fallen besonders Kreisschwimmen und Kopfsenken auf. Meist treffen die Enten bereits verpaart im Brutgebiet ein. Während der Brutzeit verlassen die Erpel ihre Ente und mausern im Juli in das Schlichtkleid, das sie schon ab August wieder mit dem Prachtkleid vertauschen. Brutzeit ab Mitte Mai und im Juni, 7 bis 11 Eier von 52 mm Länge. Brutdauer 22 bis 23 Tage.

Nahrung: Die Löffelente durchschnattert mit ihrem 7 cm langen Schnabel die obersten Wasserschichten oder den dünnflüssigen Schlick und erbeutet dabei Wasserflöhe, Hüpferlinge, Mücken- und Köcherfliegenlarven und ähnliche Kleintiere. Auf dem Herbstzug sucht sie ihre Nahrung oft zusammen mit Watvögeln in den feuchten Schlicklachen, die bei Ebbe im Watt stehenbleiben. Der Schnabel der Löffelente ist unter allen Entenschnäbeln der vollkommenste Seihapparat: Ober- und Unterschnabel sind mit einem Kamm aus Hornzähnen besetzt, die ineinandergreifen, wenn die Ente den Schnabel schließt. Dann stößt die Zunge vor und preßt das Wasser ab.

Marmelente *(Marmaronetta angustirostris)*

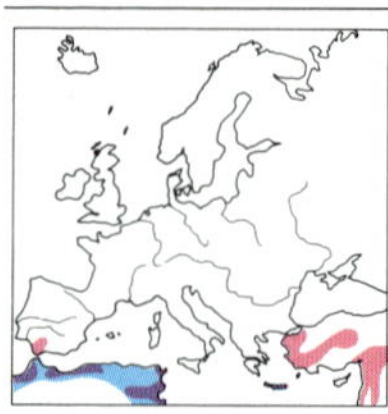

Merkmale: Klein, Länge um 41 cm, ohne auffälligen Flügelspiegel. Beide Geschlechter sehen sich ähnlich, Erpel am etwas längeren Schopf und an geringen Zeichnungsunterschieden erkennbar. Beim Schwimmen trägt die Marmelente den Schwanz recht hoch und liegt mit der Brust tief im Wasser. Zutraulich, schneller Flug.

Lebensraum: Steppenseen in Mittelasien, dort sehr häufig. In Europa selten und wenig erforscht; häufig nur im Mündungsgebiet des Guadalquivir in Andalusien. Sie liebt stehende oder träge fließende Süß- und Salzgewässer mit schlammigem Grund und üppiger Ufervegetation. Zugvogel, der in den Tiefländern Indiens, den Euphratsümpfen und teils auch im südlichen Mittelmeerraum überwintert.

Fortpflanzung: Das Nest findet sich stets gut versteckt in der Ufervegetation; selten werden auch Krähennester benutzt.

Brutzeit Juni und Juli, Brutdauer 25 bis 27 Tage, 7 bis 12 Eier von etwa 46 mm Länge.

Nahrung: Insekten, Schnecken, Sproße, Blätter und Samen.

♂ darunter ♀

Sonstige Enten

Im folgenden werden die noch verbliebenen Gruppen der großen Familie Entenvögel vorgestellt: die Tauchenten, Eiderenten, Meeronten, Ruderenten und Säger.
Die Gruppe der Tauchenten umfaßt Arten, die sich weitgehend dem Leben auf dem Wasser anpaßten und nur noch selten an Land kommen. Ihr Körper ist gedrungen, abgeflacht und etwa tropfenförmig. Von den Schwimmenten unterscheiden sie sich schon von weitem durch die andere Haltung des Schwanzes: Er liegt beim Schwimmen flach im Wasser, auch bedingt durch die tiefere Schwimmlage dieser Enten, eine Voraussetzung für gute Tauchleistungen. Tauchenten können nur nach einem Anlauf vom Wasser auffliegen. Einmal in der Luft, sind sie schnelle und ausdauernde Flieger, die auf dem Zug große Strecken zurücklegen. Sie tauchen mühelos und häufig und erwerben einen Großteil ihrer Nahrung am Gewässergrund, wo sie ihre Beute auch gleich verschlucken. Weit weniger als etwa die Schwimmenten leben sie von Pflanzen; sie ernähren sich je nach Art und Angebot mehr oder weniger von tierischer Kost. Das Gefieder zeigt Unterschiede zwischen den Geschlechtern. Die Weibchen sind jedoch nicht überwiegend erdfarben gemustert wie bei den Schwimmenten, sondern eher einfarbig düster. Auch fehlt den Tauchenten der metallisch glänzende Spiegel im Flügel. Ihre Hinterzehe trägt einen Schwimmlappen. In der Balz und der Brutfürsorge fallen die Unterschiede zu den Schwimmenten geringer aus. Die jungen Entchen schlüpfen in einem düster einfarbigen Dunenkleid. Sie schwimmen in den ersten Lebenstagen und fliehen schon durch geschicktes Tauchen. Zu den Tauchenten gehören Tafelente, Moorente, Reiherente, Bergente, Kolbenente und Mandarinente. Diese im fernen Osten beheimatete Art hat sich als farbenprächtiger Ziervogel der Parkweiher vielerorts in Europa eingebürgert – vertraut wie ein Haustier, halbzahm oder sich den heimischen Wildenten anschließend.
Die Meerenten sind hervorragende Schwimmer, die sich auch im Wellengang der Hochsee sicher bewegen. Sie tauchen lang und tief, weil sie ihre Nahrung zum großen Teil am Meeresgrund finden.
Hierher gehören die Schell- und Spatelente, die Scheck- und die Eiderente sowie die Prachteiderente, die Trauer- und Samtente, die Eis- und die Kragenente. Sie alle bewohnen die kalten Meere des Nordens, suchen aber zum Brüten Süßgewässer auf. Das Gefieder der Männchen ist vorwiegend dunkel bis schwarz, das der Weibchen braun. Bei den zwei Arten der Eiderenten, der ihnen nahestehenden Scheckente und der Eisente, fallen die Männchen durch ein gegensatzreiches Schwarzweiß-Kleid auf, bei den übrigen Arten durch farbige Abzeichen an Kopf oder Schnabel. Meerenten haben, wie andere Enten auch, nach Geschlechtern verschiedene Stimmen: Die Männchen pfeifen, die Weibchen knarren.
Einer weiteren Gruppierung (Unterfamilie Steifschwanzenten) gehören die Ruderenten an. Sie zählen zu den seltensten Wasservögeln Europas. Zu der südeuropäischen Weißkopfruderente gesellt sich neuerdings die Schwarzkopfruderente aus Nordamerika, die seit einigen Jahren erfolgreich in England brütet. Die kleinen, aber großköpfigen Ruderenten mit steil aufrichtbarem, langem Schwanz fallen durch die im Brutkleid leuchtendblauen, an der Wurzel aufgetriebenen Schnäbel auf, ein unverwechselbares Kennzeichen.
Die Säger schließlich sind nahe mit den Meerenten verwandt, obwohl sie ganz anders aussehen.

Schellente

Zwergsäger

Ruderente

Spatelente

Mittelsäger

Eisente

Gänsesäger

Samtente

Tafelente *(Aythya ferina)*

Merkmale: Länge 46 cm. Männchen im Prachtkleid unverwechselbar mit rostrotem Kopf und Hals, grauem Rücken, schwarzer Brust und weißen Flanken. Im Ruhekleid sind das leuchtendrote Auge und der schwarze, von einem blaugrauen Querband überzogene Schnabel sichere Merkmale. Das unscheinbar bräunliche Weibchen trägt gleichfalls, aber undeutlicher, eine Schnabelbinde. Das Auge ist braun, in der Brutzeit von stärkerer Farbe. Aus der Nähe zeigt das Rückengefieder feine Querwellen. Tafelenten sind wenig fluglustig. Zum Auffliegen nehmen sie einen kurzen, kräftigen Anlauf auf der Wasserfläche. Sie kommen nur selten an Land.

Lebensraum: Die Tafelente war ursprünglich auf den osteuropäischen Steppenseen zu Hause. In den letzten hundert Jahren dehnte sie ihr Brutgebiet langsam nach Mittel- und Westeuropa, aber auch in nördlicher Richtung aus und zählt heute an manchen Stellen Mitteleuropas zu den am häufigsten vorkommenden Enten. Im Osten brütet sie an Salz- und Bitterseen sowie an flachen, pflanzenreichen Weihern mit gut entwickeltem Schilfsaum. Im Westen fand sie an manchen künstlichen Gewässern ihr entsprechende Brutmöglichkeiten.

Tafelenten sind Zugvögel. Die östlichen Populationen überwintern im Kaspischen Meer, auf den Steppenseen der Türkei, in Afghanistan, in Nordindien, im Nildelta und nilaufwärts bis in den Sudan. Die mitteleuropäischen Tafelenten überwintern großenteils in West- und Südeuropa, ein Teil nördlich der Alpen auf den großen Voralpenseen. Sogar auf unseren städtischen Gewässern findet man winters Tafelenten, die sich dort füttern lassen.

Fortpflanzung: Hauptbalzzeit der Tafelenten ist der März, wenn die Erpelgruppen, noch auf dem Zug in die Brutgewässer, sich den Enten zur Schau stellen, etwa mit »Kopf-in-den-Nakken-Werfen« oder »Flach-auf-das-Wasser-Legen«. Die Balzstimmung erreicht in den Abendstunden ihren Höhepunkt und klingt in mondhellen Nächten nur langsam ab. Zur Paarbildung kommt es meist erst im April und Mai im Brutgewässer. In den ersten Bruttagen wartet der Erpel draußen vor dem Schilf auf sein Weibchen und begleitet es bei der Nahrungssuche. Mit dem Fortschreiten der Brut lockert sich die Paarbindung, und ehe die Jungen schlüpfen, haben sich die meisten dieser »Saisonehen« aufgelöst. Das Weibchen baut sein Nest teils nach Art von Bläßhühnern als Schwimmnest im Schilfsaum oder in der dichten Ufervegetation, möglichst so nahe am Wasser, daß es bei einer Störung rasch davonschwimmen oder wegtauchen kann. Es vermag das Schwimmnest bei steigendem Wasser aufzustocken, auch wenn schon das volle Gelege mit 6 bis 10 Eiern im Nest liegt. Die Brutzeit beginnt nach der Ablage des letzten Eies, so daß alle Jungen etwa gleichzeitig schlüpfen. Brutbeginn im Mai und in der ersten Junihälfte, Brutdauer 24 bis 26 Tage. Das Weibchen deckt das Gelege vor dem Verlassen des Nestes mit Nistmaterial zu. Im Verlauf der Brutzeit füllt sich die Nestmulde mit Dunen, welche die Ente dann auch zum Zudecken verwendet.

Die Jungen beginnen schon am ersten Tag zu tauchen. Am zweiten können sie bereits ihre Nahrung am Gewässergrund suchen. Sie bevorzugen tierische, eiweißreiche Kost, wie die Larven von Mücken und Köcherfliegen. Die Jungen beginnen nach frühestens zwei Monaten zu fliegen, die Familie zerstreut sich.

Nahrung: Tafelenten sind je nach Angebot mehr Fleisch- oder mehr Pflanzenfresser. Ein geringer Teil der Nahrung, etwa Wasserlinsen, wird von der Wasserfläche abgeseiht, ein weiterer geringer Teil durch Gründeln erworben, der Hauptteil durch Tauchen. Dabei benützt die Ente ausschließlich die im Grätschschlag bewegten Beine; nur auf der Flucht nimmt sie auch ihre Flügel zu Hilfe. Gewöhnlich tauchen Tafelenten nur im flacheren Wasser, manchmal aber auch über vier Meter tief. Sie rupfen am Gewässergrund Pflanzen ab, vor allem Armleuchteralgen, Tausendblatt, Hornkraut und Laichkräuter, die sie gleich unter Wasser verzehren. Besonders eifrig sind Tafelenten von der Abenddämmerung bis nach Mitternacht auf Nahrungssuche.

♀

♂

Moorente *(Aythya nycora)*

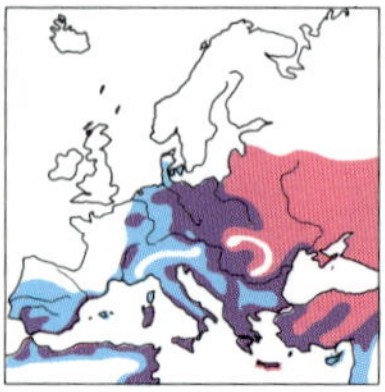

Merkmale: Viel kleiner als eine Stockente, Länge um 41 cm. Die Geschlechter ähnlich gefärbt. Der Erpel im Brutkleid mit leuchtendkastanienbraunem Gefieder an Kopf, Hals, Brust und Flanken, Ente blasser. Das Winterkleid der Männchen ist düsterbraun, aber das Auge wie im Brutkleid weißgerandet, der Schnabel mit dunkelgrauer Basis und hell schiefergrauer Spitze. Wichtigstes Kennzeichen der Art ist ein weißer Gefiederfleck unter dem Schwanz, der sich vorn gegen das dunkle Bauchgefieder geradlinig abgrenzt. Im Flug wird eine breite weiße Binde über die Flügelbreite hin sichtbar. Sehr schweigsam. Die Weibchen schnarren beim Auffliegen »grrr«, auch die älteren Jungen schnarren. Die Männchen geben fast nur bei der Balz leise Pfiffe von sich.

Lebensraum: Die Moorente ist vor allem auf Seen und Teichen der Steppen- und Halbwüstenzone Asiens heimisch und dort stellenweise eine der häufigsten Entenarten. In Mitteleuropa brütet sie nur an wenigen Orten regelmäßig, am sichersten noch am Neusiedler See. Der Bestand in Mitteleuropa stagniert und war lange Zeit rückläufig. Häufiger ist die kleine Tauchente dagegen in Südspanien und Nordafrika. Sie siedelt an flachen Teichen und Seen der Tiefebenen mit breitem Schilfgürtel, teils auch an sehr kleinen Gewässern. Am liebsten hält sie sich in der Übergangszone zwischen Schilfwald und Schwimmblattflur über etwas tieferem Wasser auf. Im Osten brütet sie oft auch an Salz- und Bitterseen. Sie zieht bei Nacht und überwintert teils im Mittelmeerraum, teils in Mittelasien, am Kaspischen Meer und in Nordindien. Man findet sie im Winter zahlreich auf den Lagunen des Nildeltas. Einzelne Moorenten überwintern auch in West- und Mitteleuropa.

Fortpflanzung: Die Erpel balzen vom Vorfrühling bis in den Mai mit ausdrucksvollen Bewegungen, wie Nickschwimmen, Kopfzurückwerfen, Vorzeigen der weißen Gefiederpartien und Kopfschütteln. Der Balzruf ist ein leises »wiuuu«. Das Weibchen baut sein Nest meist im dichtesten Schilf. Nicht selten führt ein von der Ente ausgetretener schmaler Pfad zum Neststandort, tunnelartig in dichtestem Gestrüpp. Meist ist das Nest allseitig von Wasser umgeben. Brutbeginn Mitte Mai bis Mitte Juni, Brutdauer 24 bis 25 Tage. Meist 7 bis 11 Eier von etwa 52 mm Länge. Manchmal legen zwei Weibchen ihre Eier in ein Nest, doch schlüpft dann gewöhnlich nur ein Teil der Küken. Der Erpel wartet zu Beginn der Brutzeit auf dem Wasser und begleitet seine Ente in den Brutpausen bei der Nahrungssuche. Wenn Mitte Juni die ersten Jungen schlüpfen, geht er seiner Wege.

Die Jungenten jagen anfangs auf dem Wasser nach Insekten und versuchen auch, vorbeifliegende Libellen aus der Luft zu schnappen. Im Alter von 2 Monaten können sie fliegen. Die Mauser der Erpel zieht sich bis in den Oktober hin, aber schon ab September beginnt eine zweite Mauser, die dem Erpel bis November sein Prachtkleid zurückgibt.

Nahrung: Die Moorente taucht eifrig und geschickt, meist aber nur für wenige Sekunden und kaum metertief. Am Gewässergrund reißt sie Wasserpflanzen aus und bringt sie, oft samt Wurzeln, an die Oberfläche, wo sie die Nahrung dann mundgerecht zusammendrückt und verschluckt. Daneben kann sie gründeln, mit untergetauchtem Kopf umherschwimmen, aber auch die Wasseroberfläche durchschnattern. So erbeutet sie Armleuchteralgen, Tausendblatt und Wasserlinsen, um nur ein paar der Hauptnahrungspflanzen zu nennen. Im Herbst und vor allem im Winter machen auf dem Wasser treibende Pflanzensamen einen Teil ihrer Kost aus. Daneben erbeutet sie auch Mücken- und Köcherfliegenlarven, Schnecken, Kaulquappen und Fröschchen.

In der Bundesrepublik gehört die Moorente zwar zu den jagdbaren, aber ganzjährig geschützten Arten. In Osteuropa und mehr noch in ihren Winterquartieren wird die Moorente intensiv bejagt und als Wildbret ihres wohlschmeckenden Fleisches wegen sehr geschätzt. Das untere Bild zeigt die gelegentlich als Zooflüchtling bei uns auftauchende Australische Moorente.

♂

Reiherente *(Aythya fuligula)*

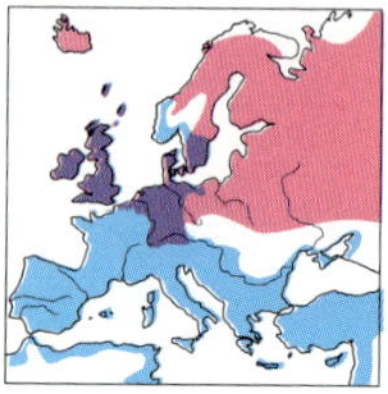

Merkmale: Eine häufig tauchende Ente mittlerer Größe – Länge 43 cm –, mit unverwechselbarem Erpelprachtkleid und unscheinbarem Weibchen. Der Federschopf des Erpels ist im Schlichtkleid nur kurz und fällt wenig auf. Die Weibchen können variieren: Flanken und Unterschwanzdecken können mehr oder weniger aufgehellt erscheinen, die Schnabelwurzel ist oft weißlich gerandet oder trägt einen weißlichen Fleck. Wegen solcher Ähnlichkeiten kann man die Weibchen der Reiherente nicht leicht von denen der Bergente unterscheiden; aber nur die Reiherente trägt stets einen – wenn auch unauffälligen – Nackenschopf, was der Art ihren Namen verlieh. Die Stimme der Weibchen ist knarrend, die der Männchen pfeifend.

Lebensraum: Die Reiherente konnte ihren Lebensraum in den letzten 150 Jahren weit nach Süden und Westen ausdehnen. In Mitteleuropa sind ihre Brutplätze aber recht verstreut. Sie häufen sich nur in der Nähe der Nord- und Ostsee und auf den Seen im Alpenraum. In der Wahl ihres Brutplatzes ist die Reiherente anpassungsfähig. Ideal sind mäßig tiefe, schilfumstandene Seen mit reicher untergetauchter Wasserpflanzenflur und offenen Wasserflächen. Örtlich besiedeln Reiherenten auch aufgestaute Flußabschnitte und kleinere Weiher. Mancherorts wurden sie auf städtischen Gewässern heimisch. Dort balgen sie sich – halbzahm – mit Stockenten und Lachmöwen um zugeworfene Futterbrocken, die sie als beste Taucher der Wettbewerber auch in Sicherheit zu bringen wissen.

Reiherenten sind Zugvögel, die vorwiegend nachts meist niedrig, in dichten Scharen und mit sausendem Fluggeräusch ziehen. In der östlichen Ostsee verweilen große Scharen, bis scharfer Frost sie weitertreibt. Die Hauptüberwinterungsplätze liegen um die Britischen Inseln, in der westlichen Ostsee und auf küstennahen Seen. Ein Teil der Enten dringt bis in den Mittelmeerraum vor, einzelne überwintern sogar südlich der Sahara in der Sahelzone.

Fortpflanzung: Die Männchen balzen in den Frühjahrsmonaten gestenreich auf dem Wasser und gehen eine Saisonehe ein. Der Paarungsruf des Erpels ist ein kurzes, gedämpftes Pfeifen. Das Weibchen wählt den Nestplatz am liebsten auf einem Inselchen und dicht am Wasser, wenn möglich in der Nähe einer Möwen- oder Seeschwalbenkolonie. Im Sumpf trägt die Ente einen Haufen aus Wasserpflanzen zusammen, sonst genügt ihr eine gut unter Büschen versteckte Mulde. Die Reiherente kann bei langsam steigendem Wasser das Nest in die Höhe bauen. Es enthält meist nur wenige Dunen. Im Mittel 7 bis 10 Eier von etwa 58 mm Länge. Brutbeginn Mitte Mai bis Mitte Juni, Brutdauer 23 bis 25 Tage. Es kommt häufig vor, daß Reiherenten ihre Eier in fremde Nester legen, offenbar reizt sie der Anblick eines Entengeleges zur Ablage eigener Eier. Man beobachtete schon, wie zwei Weibchen gemeinsam auf einem Nest brüteten. Nach dem Schlüpfen frißt das Weibchen meist die Eierschalen auf.

Die Jungen können schon am ersten Tag tauchen, aber in der ersten Woche suchen sie ihre Nahrung fast nur auf der Wasseroberfläche und fressen vor allem die Larven von Mücken und Köcherfliegen. Sie sind gleich sehr selbständig, und schon im Alter von einer Woche brauchen sie ihre Mutter nicht mehr. Das Weibchen verläßt die Jungen in der Regel zwei Monate nach dem Schlüpfen. Sie können dann noch nicht richtig fliegen.

Nahrung: Die Nahrung wird fast ausschließlich unter Wasser erworben. Die Enten tauchen dazu Tag und Nacht, meist bis in 7, manchmal bis in 14 Meter Tiefe. Sie können leicht bis 30 Sekunden unter Wasser bleiben. Hauptnahrung sind Muscheln und Schnecken, im Meer vor allem Miesmuscheln und Herzmuscheln, im Süßwasser Wandermuscheln. Darum sammeln sich die Enten gern dort, wo es gerade viele Wandermuscheln gibt. Reiherenten können auch kleine Fische fangen und unter Wasser verzehren. Daneben fressen sie vor allem im Winter auf dem Wasser treibende Pflanzensamen. Ihr Fleisch erhält durch die tierische Kost einen stark tranigen Geschmack. Dennoch werden sie bejagt.

♀

♂

Bergente *(Aythya marila)*

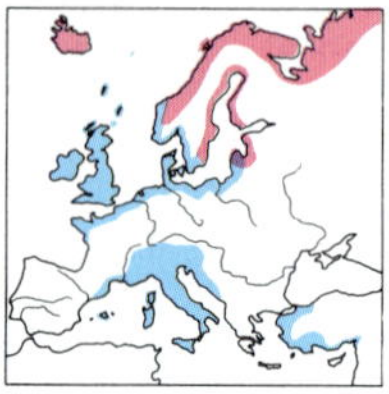

Merkmale: Länge 48 cm. Der Erpel im Prachtkleid ist am schwarzen Kopf mit Grünschiller, am hellgrauen, fein quergewellten Rücken und am Weiß der Flanken zu erkennen. Im Schlichtkleid und von weitem kann man beide Geschlechter sowie die Jungvögel nicht leicht von den entsprechenden Reiherenten unterscheiden. Aus der Nähe stellt der zumindest angedeutete Nackenschopf der Reiherenten aller Alterskleider eine zuverlässige Bestimmungshilfe dar. Der helle Ohrfleck der Weibchen ist im Winter undeutlich oder verwaschen. Auch der weiße Ring um den Schnabel darf nicht als sicheres Kennzeichen gelten, da er schwach entwickelt sein kann, ähnlich wie bei manchen Reiherenten. Zuverlässig, aber nur aus der Nähe möglich, gelingt die Bestimmung über die Schnabelform: Der Schnabel der Bergente ist an seiner breitesten Stelle mindestens 40% breiter als an der schmalsten vor der Wurzel, bei der Reiherente ist er dagegen höchstens 20% breiter.

Im Flug ordnen sich die Bergenten nicht selten zu langen, aber lockeren Ketten. Der Flug ist rauschend, und die in der Luft sehr ruflustigen Vögel lassen oft ein »Karr, karr« hören. Der Balzruf der Erpel klingt pfeifend und gurrend. Im Verhalten ähnelt die Bergente sehr der Reiherente; beide Arten bilden oft gemischte Trupps.

Lebensraum: Die Bergente ist ein nordischer Vogel. Sie brütet auf größeren Moor- und Tundraseen, mit Vorliebe in der Nähe von Möwen- oder Seeschwalbenkolonien. Im Norden geht sie bis an die Grenze der Strauchtundra und ist in Island eine der am häufigsten vorkommenden Enten. Der Bestand in Finnland wird auf 1000 Brutpaare geschätzt, sehr viel mehr brüten in Nordrußland.

Als Zugvögel erscheinen sie in Scharen Ende Oktober und Anfang November an den mitteleuropäischen Küsten der Nord- und Ostsee; sie bleiben dort bis in den März hinein. Die größten Gesellschaften halten sich in geschützten Buchten, im Wattenmeer und in Flußmündungen auf, stets aber in Küstennähe. Häufig überwintern Bergenten auf den norddeutschen Seen und einige folgen den Flußläufen bis zu den tieferen Seen des Alpenraumes und sogar bis ins Mittelmeer. Die sibirischen Populationen wandern vor allem ans Schwarze und ans Kaspische Meer, teils auch ans Mittelmeer. Am liebsten halten sich die Bergenten in 3 bis 4 Meter tiefem Wasser mit muschelbewachsenem Grund auf.

Fortpflanzung: Wenig von der Reiherente verschieden. Die Brutvögel treffen Mitte April bis Mitte Mai am Brutplatz ein und sind dann in der Regel schon verpaart. Sie legen ihr Nest mit Vorliebe auf Inselchen und fast immer dicht am Wasser an, so daß sie heranschwimmen und, wo es die Wassertiefe zuläßt, auf dem Weg zum Nest auch herantauchen können. Oft liegen mehrere Nester nahe beieinander, manchmal in kleinen Kolonien. Die Nester werden teils gut versteckt, teils aber auch sehr offen angelegt. An nassen Stellen bestehen sie aus einem Haufen von Pflanzenteilen, an trokkenen nur aus einer Mulde, die stets üppig mit Dunen ausgepolstert wird. Oft legen Berg- und Reiherenten sich gegenseitig ihre Eier in die Nester.

Brutbeginn Ende Mai oder Anfang Juni, Brutdauer 24 bis 26 Tage. Da die Ente erst gegen Ende der Legeperiode zu brüten beginnt, schlüpfen alle Küken im Verlauf von etwa 24 Stunden, meist Ende Juni oder Anfang Juli. Die Jungen brauchen, wie andere Vögel auch, am ersten Tag nichts zu fressen, da sie noch von den Resten des Eidotters zehren. Erwacht ihr Hunger, so fangen sie vor allem Insekten und deren Larven an der Wasseroberfläche.

Nahrung: Die Nahrung wird überwiegend tauchend gesucht, selten tiefer als etwa 4 Meter. Sie besteht vor allem aus Muscheln und Meeresschnecken. Daneben werden Krebse, Wasserinsekten und pflanzliche Nahrung genommen. In den russischen Teilen der Ostsee werden Bergenten seit alters her für den Verzehr gefangen. Dazu spannt man große Netze waagerecht dicht unter dem Wasserspiegel. Die nach dem Tauchen zur Wasseroberfläche hochschießenden Enten verfangen sich in den Netzen und ersticken.

♂

♀

Kolbenente *(Netta rufina)*

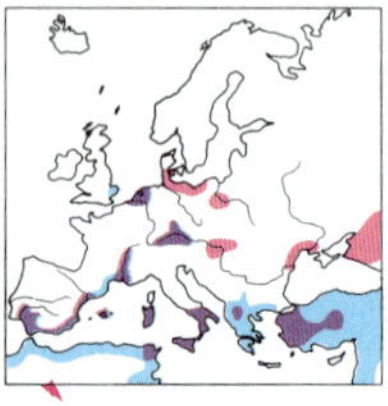

Merkmale: Eine große, 56 cm lange und massige Ente (Gewicht bis 1 kg), die äußerlich eine Mischform von Gründelente und Tauchente darstellt. Erpel im Prachtkleid mit fuchsrotem Kopf und Hals, Schnabel, Füße und Augen siegellackrot, Schnabel grau mit rötlicher Spitze. Kopffedern besonders beim Erpel buschig verlängert; er sieht daher dickköpfig aus. Im Schlichtkleid ist der Kopf des Erpels aschgrau, sonst ähnelt er dem des Weibchens: bräunlichgrau mit hellen Wangen. Kolbenenten tauchen oft und bleiben in tiefem Wasser bis über eine halbe Minute untergetaucht. Vom Wasser können sie nur nach einem kurzen Anlauf auffliegen. Sie gehen oft und gern an Land, um sich zu putzen und um zu ruhen. Schweigsam, Stimme knarrend.

Lebensraum: Verschilfte Seen mit freier Wasserfläche und reicher Unterwasserflora, im Winter auch auf Lagunen.

Die Erpel verlassen im Juni ihre Weibchen und fliegen teilweise über viele hundert Kilometer zu traditionellen Mauserplätzen, wo sie in das Schlichtkleid wechseln und dabei für ein paar Wochen flugunfähig werden. Bald nach dieser Mauser beginnt eine Teilmauser, die Anfang November wieder zum Prachtkleid führt. Ein bekannter Mauserplatz ist der Bodensee.

Fortpflanzung: Vom Herbst bis in den Frühling balzen die Erpel in einer nach strengen Regeln ablaufenden Gemeinschaftsbalz. Auf dem Frühjahrszug sind die Enten schon verpaart. Die Ente wählte den Nestplatz und baut das Nest. Auffällig oft legen mehrere Kolbenenten ihre Eier in ein Nest, manchmal so viele, daß sie nicht mehr zu bebrüten sind. Brutdauer 28 Tage, Hauptbrutzeit Mai und Juni, meist 7 bis 10 Eier.

Nahrung: Überwiegend pflanzlich. Kolbenenten gründeln im Flachwasser und tauchen in tieferem Wasser bis zu vier Meter.

Mandarinente *(Aix galericulata)*

Merkmale: Das Männchen im Prachtkleid ist äußerst bunt und unverwechselbar, das Weibchen unauffällig, aber mit weißem Augenring. Das Schlichtkleid der Erpel ist weibchenfarben, doch zeigen Schnabel und Füße, wenn auch verblaßt, die Farben des Prachtkleides. Mandarinenten sitzen gern auf Ästen über dem Wasser oder auf Steinen, die aus dem Wasser ragen. Sie fliegen schnell und wendig und sind recht schweigsam.

Lebensraum: Die Mandarinente besiedelt in Fernost ein Brutgebiet von etwa 1000 Kilometern Durchmesser auf dem Festland und den japanischen Inseln. In Japan lebt sie teils wild, teils zahm als Ziervogel. Wegen ihres bizarren Prachtkleides wurde sie in Europa ein beliebter Parkvogel, der sich auch unter die halbzahmen Wildenten mischt und lokal zu verwildern beginnt. In England gehört die Mandarinente heute mancherorts zur Vogelfauna. Als Waldente bewohnt sie gern Flüsse mit bewaldeten Inseln, Waldseen und Auwälder.

Fortpflanzung: Die Erpel balzen im Frühjahr und stellen dann ihre Gefiederpracht mit »geschwollener« Brust und aufgestellter Haube zur Schau, dazu pfeifen sie weich und melodiös. Einmal verpaart, folgt das Männchen schweigsam seiner unablässig rufenden Partnerin. Sie nisten sowohl in ausgefaulten Baumstubben als auch in hochgelegenen Baumhöhlen, aus denen die Jungen später in die Tiefe springen. Notfalls nimmt das Paar auch mit dunklen Winkeln in dicht mit Kletterpflanzen überwachsenen Uferbäumen vorlieb. 9 bis 12 Eier, Brutzeit Juni und Juli, Brutdauer 28 bis 30 Tage. Die Ente brütet sehr intensiv; sie blieb schon auf den Eiern, als ihr Brutbaum gefällt wurde. Die Jungen sind gleich sehr rege. Bei Gefahr tauchen sie und verbergen sich in den Uferpflanzen. Gegen Ende der Brutzeit mausern die Erpel und tragen dann einige Wochen das Schlichtkleid. **Nahrung:** Tierisch und pflanzlich.

♀ ♂

♂ ♀

Schellente *(Bucephala clangula)*

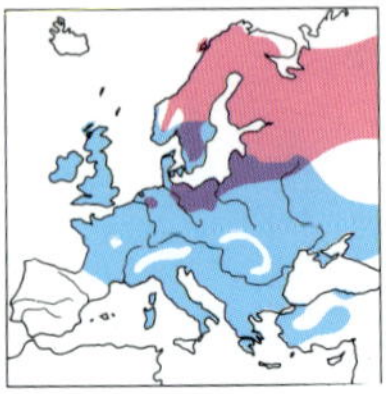

Merkmale: Erpel im Prachtkleid nur schwarzweiß, am Kopf mit Grün- oder Violettschimmer. Scheitelfedern hollenartig verlängert, dadurch wirkt der Kopf besonders groß. Weißer, ovaler Wangenfleck, goldgelbe Iris, schwarzer Schnabel. Die einjährigen Männchen erkennt man am matt schwarzbraunen Kopf. Verwechslungsmöglichkeit mit der auf Island heimischen Spatelente (siehe dort). Weibchen und Männchen im Schlichtkleid zeigen braune Köpfe und graue Rücken. Die Flügel sind in allen Kleidern dunkel mit weißen Armschwingen. Körperlänge um 46 cm. Die ziemlich schweigsamen Vögel erkennt man an einem weithin hörbaren Fluggeräusch. Es wird von den besonders schmalen fünf vorderen Handschwingen erzeugt und soll dem Zusammenhalt in der Gruppe bei nächtlichen Wanderflügen dienen. Die heiser klingenden quarrenden Rufe erinnern an die der Saatkrähe. Schellenten kommen praktisch nie an Land, sitzen aber zur Brutzeit häufig auf Ästen bis in die Wipfelregion der Bäume.

Lebensraum: Die Schellente ist ein häufiger Brutvogel der nordischen Nadelwaldzone. Die Nordgrenze des Brutgebietes fällt etwa mit der Waldgrenze zusammen, im Süden stößt sie stellenweise weit in die Mischwälder vor – vereinzelt bis in die CSSR und nach Bayern. Zur Brutzeit hält sich die Schellente mit Vorliebe an Seen und langsamen Fließgewässern mit bewaldeten Ufern auf. Sie ist Zugvogel und verbringt den Winter teils auf dem Meer in geschützten Buchten und auf Lagunen, teils auch auf klaren und tiefen Süßwasserseen. Große Scharen überwintern in der westlichen Ostsee, viele auch bei den Britischen Inseln und an der Westküste Europas. Die östlichen Populationen ziehen teils direkt südlich bis ins Kaspische Meer, teils auch ins Schwarze Meer und ins östliche Mittelmeer. Einige tausend überwintern auf den Seen im Alpenraum. Um die Wintermitte wechseln viele Schellenten von der Nord- und Ostsee zu den küstennahen Binnengewässern.

Fortpflanzung: Bei der Balz von Februar bis April umschwimmen die Erpel ihre Weibchen mit lang ausgestrecktem Hals und werfen häufig den Hals kurz in den Rücken, so daß der Schnabel senkrecht in die Höhe weist. Dabei lassen sie einen schrillen und hohen Ton hören, den man mit »knirr« bezeichnen kann. Häufig Gemeinschaftsbalz. Schellenten sind Höhlenbrüter. Sie bevorzugen hohle Bäume möglichst nahe am Wasser, aber auch bis 1,5 km vom Ufer entfernt. Die Schellente zwängt sich noch in eine Schwarzspechthöhle mit einem Eingang von 9 cm Durchmesser, verweigert aber Höhlen mit einer Öffnung von mehr als 25 cm Durchmesser. Manchmal brütet sie tief am Grunde ausgefaulter Bäume, so daß man sich fragt, wie die Küken später dort herausklettern können. Sie schlüpfen nach sehr langer Brutzeit – um 30 Tage –, aber weit entwickelt. Die Mutter verläßt sie gewöhnlich schon mit zwei oder drei Wochen. Fliegen können sie jedoch erst mit 2 Monaten. Im Brutgebiet der Schellente kann man Nistkästen aufhängen, die selbst in unmittelbarer Nähe menschlicher Siedlungen gern bezogen werden. Ursprünglich wurden die Kästen aufgehängt, um auf bequeme Art die schmackhaften Enteneier ausnehmen zu können. Wo aber die Bevölkerung im Wohlstand lebt, erfreut man sich an den Enten im Nistkasten, wie man bei uns den Star im Starenkasten mit Wohlwollen betrachtet, und sieht in den Schellenten willkommene Frühlingsboten. Die Küken springen aus jeder Höhe zu Boden, wenn die Mutter draußen lockt. Sie sind oberseits olivbraun, unterseits gelbbraun mit schwärzlichem Längsstrich durch das Auge.

Nahrung: Die Schellente taucht bei der Nahrungssuche fast senkrecht ab und dreht am Grunde Steine um. Sie taucht bis in 8 Meter Tiefe und bleibt meist etwa 30 Sekunden unten. Hauptnahrung im Meer sind je nach Angebot Krebse, Schnecken und Muscheln, im Süßwasser Köcherfliegenlarven und andere Wasserinsekten, dazu Fröschchen, kleine Fische und Pflanzenteile als Beikost.

♂

♀

Spatelente *(Bucephala islandica)*

Merkmale: Erpel im Prachtkleid mit halbmondförmigem weißem Wangenfleck, der bis vor das Auge reicht. Schwarze Gefiederteile mit Purpurschimmer. Auf den Schultern eine Längsreihe weißer Flecken. Weibchen, Jungvögel und Männchen im Schlichtkleid kann man auf dem Wasser kaum von den entsprechenden Formen der Schellente unterscheiden, sie sind aber mit etwa 53 cm Länge deutlich größer. Die Stimme ist ein schnarrendes Gackern. Schnabelfleck und Schultergefieder der Erpel können während der Mauser und bei Jungenten recht verschieden aussehen und dann die Unterscheidung von Spatel- und Schellente äußerst schwierig machen.

Lebensraum: Die Spatelente stammt aus Nordamerika, aber eine isolierte Population auf Island ist stellenweise, vor allem in der Umgebung des Myvatn-Sees, recht häufig. Die Enten brüten dort in den Höhlen und Spalten des jungen Lavagesteins, während die nordamerikanischen Spatelenten durchweg in hohlen Bäumen brüten. Weitere Unterschiede: Die amerikanischen Enten sind Zugvögel und überwintern meist auf dem Meer, die isländischen dagegen sind Stand- und Strichvögel, die den Winter überwiegend auf Binnengewässern verbringen.

Fortpflanzung: Die isländischen Spatelenten brüten außer in Felshöhlen auch in Ruinen und Schafställen, manchmal unter dichtem Gebüsch oder überhängenden Steinen. Im Brutverhalten ähneln sie sehr der Schellente, nur sind die Balzgesten merklich anders, so daß es in der Natur nicht zu Mischehen kommt. Brutzeit Mai und Juni, Brutdauer um 30 Tage. Die 10 bis 14 blaugrünen Eier werden auf den nackten Boden gelegt. Die Jungen werden schon im Alter von einer Woche selbständig.

Nahrung: Wie bei der Schellente.

Scheckente *(Polysticta stelleri)*

Merkmale: Kopf, Brust und Flanken der Männchen sind im Prachtkleid weiß, Kehle, Hals und Rükken schwarz, die Bauchmitte ist kastanienbraun. Beide Geschlechter tragen eine kleine Federlocke am Hinterkopf. Weibchen und Männchen im Schlichtkleid wirken schwarzbraun mit doppelter weißer Flügelbinde, die einen purpurglänzenden Spiegel einfaßt. Das Verhalten ist unverwechselbar: Scheckenten schwimmen in dicht gedrängten Scharen, die in Alaska viele 10 000 Tiere enthalten können. Auch größere Gruppen zeigen ein an Exerzieren erinnerndes Gemeinschaftstauchen: Eine nach der anderen taucht in rascher Folge unter, bis alle verschwunden sind. Dann tauchen alle in der gleichen Reihenfolge wieder auf; nach einer kurzen Atempause wiederholt sich dieser Vorgang.

Lebensraum: Eine hochnordische und rund um den Pol verbreitete Ente, deren Südgrenze heute noch nördlich des Nordkaps verläuft. Man kann aber in jedem Sommer Trupps von nichtbrütenden Scheckenten, teils im Übergangskleid, manchmal auch im Prachtkleid, im Varanger-Fjord beobachten. Sie tauchen dort in ruhigen Buchten über wenige Meter tiefem Wasser und sind von der Küstenstraße aus zu sehen, vor allem bei Vatsö.

Fortpflanzung: Aus dem Varanger-Fjord liegen über 50 Jahre alte Brutnachweise vor, aber seither hat sich das Nordmeer merklich erwärmt, und daran könnte es liegen, daß dieses Brutvorkommen heute als erloschen gilt. Scheckenten brüten landeinwärts in der von Seen und Sümpfen durchsetzten Tundra, von wo sie zur Nahrungssuche aufs Meer fliegen.

Nahrung: Tauchend, selten auch im Flachwasser gründelnd gesuchte tierische Kost, vor allem kleine Schnecken, Krebschen, Würmer, Seeigel. Die Nahrung wird auch aus dem Wasser gegriffen.

♂ darunter ♀

♀

Eiderente *(Somateria mollissima)*

Merkmale: Eine große, eher plump wirkende Tauchente mit kurzem Hals. Länge um 58 cm, Gewicht um 2,5 kg. Die Erpel sind im Prachtkleid – bis Juli – kaum zu verwechseln, die Enten dunkelbraun mit dichter schwarzer Querstreifung. Sie sehen aus der Ferne schwärzlich aus. Neben den Alterskleidern kommen verschieden gefärbte und meist gescheckte Jugend- und Übergangskleider vor. Kennzeichnend sind der keilförmige Schnabel mit seitlich hereinlaufender Wangenbefiederung und die flache Stirn. An der Schnabelwurzel liegt eine Salzdrüse, die das zusammen mit der Nahrung aufgenommene überschüssige Salz ausscheidet. Wenn sich die Enten längere Zeit, etwa ein Jahr, im Süßwasser aufhalten, so verkümmert die Salzdrüse, und die Schnabelwurzel sinkt ein. Eiderenten fliegen mit gleichmäßigem Flügelschlag und mit etwa 55 km/Stunde dicht über dem Wasserspiegel. Die Erpel im Prachtkleid wirken im Flug schwarzweiß mit schwarzer Kopfplatte. Das Dunenkleid der Küken ist unscheinbar braungrau. Der Erpel trägt seinen Balzruf, ein leises »Aguuu«, mit einer charakteristischen Kopfbewegung vor. Die Weibchen rufen dumpf »korr«.

Lebensraum: Die Eiderente ist eine Meerente, die sich am liebsten zwischen vorgelagerten Inseln und in der Nähe geschützter Meeresbuchten aufhält, in die sie sich bei stürmischer See zurückzieht. Seit rund 100 Jahren beobachtet man, daß die Vögel ihr Brutgebiet nach Süden ausdehnen. Heute sind sie in England, auf den westfriesischen und nordfriesischen Inseln zahlreich vertretene Brutvögel, die sich besonders vermehrt haben, seitdem das Sammeln von Eiern und Dunen verboten ist. Die nördlichen Populationen sind Zugvögel. Sie gelangen im Winter bis an die Küsten der Nord- und Ostsee, die Brutvögel der Nordseeinseln überwintern im Wattenmeer.

Im hohen Norden ist die Eiderente ein sehr häufiger Vogel. Der Bestand auf Island wird auf 500 000 Paare geschätzt. Hier finden sich die Vögel während der Brutzeit an und auf küstennahen Süßwasserseen ein. Mit der Zunahme der Bestände in der Nordsee mehren sich auch Winterfunde auf den Voralpenseen, wo sich eine Überwinterungstradition herauszubilden scheint, gefördert durch die Zunahme der Wandermuschel, die von den Eiderenten gern als Nahrung genommen wird.

Fortpflanzung: Eiderenten sind Koloniebrüter. Stellenweise werden die Nester dicht an dicht gebaut, so daß man nicht den Fuß zwischen sie setzen kann. An anderen Orten findet man sie zerstreut bis hin zu isolierten Neststandorten. Eine der größten Kolonien mit etwa 10 000 Nestern liegt bei Thule auf Grönland.

Wo die Vögel nicht verfolgt werden, steht der Erpel während der 26- bis 28tägigen Brutzeit neben der tarnfarbigen Ente, die den Menschen vor allem gegen Ende der Brutzeit nahe heranläßt und manchmal sogar eine Berührung duldet, ohne das Brüten zu unterbrechen. Grob aufgeschreckt fliegt sie aber plötzlich ab und verspritzt einen Kotstrahl. Ein die Ente hetzender Falke läßt sich so möglicherweise abschütteln.

Werden dabei die Eier verschmutzt, verläßt die Ente ihr Gelege meist. Das Nest ist dick mit Eierdunen ausgelegt. Wo die Enten in großen Kolonien brüten, werden die Dunen seit Menschengedenken während oder zu Ende der Brutzeit abgesammelt. Ein Nest liefert 17 bis 18 Gramm hochwertige Dunen. Auf Island privilegieren alte Rechte bestimmte »Besitzer« zum Absammeln der kostbaren Dunen.

Die Jungen schlüpfen etwa gleichzeitig und werden von der Ente nach Stunden, bei schlechtem Wetter auch nach Tagen zum Wasser geführt, meist auf einen Süßwassersee oder an eine Flußmündung. Während der Brutzeit fasten Ente und Erpel. Die Ente verliert um 1 kg, der Erpel nur 300 Gramm, da er die Ente bald verläßt und aufs Meer zieht, wo dann die Mauser beginnt.

Nahrung: Eiderenten tauchen bis 25 Meter tief und bis 3 Minuten lang. Unter Wasser rudern sie mit Beinen und Flügeln. Sie fressen Muscheln, Schnecken, Krebse, Seesterne, Seeigel, Seegurken, Tintenfische und kleine Fische.

♂

♀

Prachteiderente *(Somateria spectabilis)*

Merkmale: Die Männchen sind im Prachtkleid – von Januar bis August – unverwechselbar. Aus der Ferne erscheinen sie vorne weiß und hinten schwarz. Aus der Nähe erkennt man den großen orangeroten, seitlich zusammengedrückten Stirnhöcker. Die Weibchen sind nicht leicht von weiblichen Eiderenten zu unterscheiden. Ihr Schnabel ist von der Seite gesehen etwas höher, ihr Gefieder auf Brust und Rücken nicht deutlich quergestreift, sondern vorderseits mehr getropft und auf dem Rücken mehr aus hellen V-Zeichen auf dunkelbraunem Grund zusammengesetzt. Im Schlichtkleid unterscheiden sich die Prachteidererpel von den Eidererpeln durch die etwas geringere Größe – Länge 56 bis 58 cm – und an der rotbraunen Schnabelfärbung, die beim Eidererpel größtenteils bläulichgrau ist. Die Jungvögel legen im dritten Jahr ihr Alterskleid an und sind dann geschlechtsreif. Bis dahin tragen sie in der meisten Zeit des Jahres ein Übergangskleid, in dem sie mehr oder weniger gescheckt aussehen.

Der Balzruf der Erpel wird dreimal wiederholt und erinnert an das Gurren eines Taubers. Die Weibchen gackern ähnlich wie die Eiderweibchen.

Lebensraum: Die Prachteiderente ist eine hochnordische, rund um den Pol verbreitete Ente, die nur im Einflußbereich des Golfstroms, also im Nordatlantik, als Brutvogel fehlt. Manche Vögel übersommern auf Island, Spitzbergen und an der Nordküste Skandinaviens. Die Übersommerer auf Island halten sich teilweise in den Brutkolonien der Eiderenten auf und werden »Eiderkönig« genannt. Manche verpaaren sich mit Eiderenten, obwohl diese in dicht gedrängten Kolonien brüten, während die Prachteiderenten Einzelbrüter sind. Obwohl Zugvogel, verlassen sie auch im Winter die hochnordischen Gewässer kaum und bleiben in der Regel vor der nach Süden vordringenden Treibeisgrenze. Einzelne Prachteiderenten kommen bis an die Britischen Inseln und in die nördliche Ostsee, seltene Irrgäste auch bis in die Nordsee und an die Küsten Mitteleuropas. Zahlreicher beobachtet man Überwinterer vor der Nordküste Norwegens und bei Island.

Die Prachteiderente ist ein reiner Meeresvogel, der nur zum Brüten an küstennahe Seen, Tümpel und Flüsse kommt. Weibchen und Junge verbringen die Wochen bis zum Flüggewerden am und auf dem Süßwasser. Auf dem Meer halten sich die Vögel meist im Schutz vorgelagerter Inseln und über Flachwasser auf, wo sie bis zum Grunde tauchen können. Auf dem Zug streichen sie über das offene Meer oder folgen dem Verlauf der Küsten, nie überqueren sie Festland.

Fortpflanzung: Im Frühjahr balzen die Erpel vor den Weibchen mit auffälligen Kopf- und Körperbewegungen und gurrenden Tönen. Die Balz findet auf dem Meer statt, wo die Entenscharen warten, bis die Tundra schneefrei geworden ist. Dann ziehen die Paare an Land und wählen sich ein einsames Brutrevier. Nur wo etwa eine Insel Schutz vor Eisfüchsen bietet, brüten oft mehrere Paare in enger Nachbarschaft, oft zusammen mit Wildgänsen und nordischen Möwen. Das Weibchen wählt eine Nestmulde und polstert sie dick mit Dunen aus, dann beginnt es zu legen. Wenn das Gelege mit meist 4 bis 7 Eiern vollzählig ist und die Brutzeit beginnt, wird es vom Männchen verlassen. Die Männchen nehmen während ihrer Landzeit keine Nahrung zu sich. Im Juli und August sammeln sie sich von weither auf bestimmten Meeresteilen und mausern dort in das Schlicht- oder Winterkleid. Dabei werden sie vorübergehend flugunfähig. In Rußland bejagt man die mausernden Männchen. Jährlich über 10 000 Tiere werden als Wildbret in den Handel gebracht.

Die Ente bleibt mit den Küken zunächst auf dem Süßwasser. In dieser Zeit ernährt sich die Familie von Mücken- und Köcherfliegenlarven. Oft werden Großfamilien mit bis zu 20 Küken und mehreren Müttern gebildet. Wenn die Jungen zu fliegen beginnen, ziehen sie auf das rauhe Meer und bilden große Scharen, in denen sich die Familienmitglieder verlieren.

Nahrung: Tauchend erworbene Muscheln, Schnecken, Krebse, Seeigel und Seesterne.

♀

♂

Trauerente *(Melanitta nigra)*

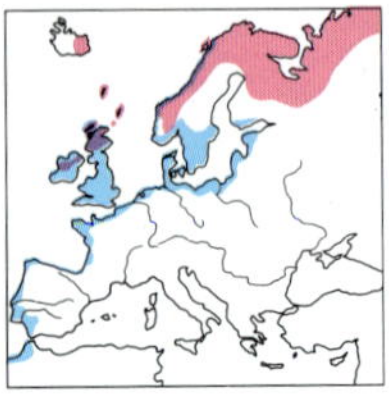

Merkmale: Körperlänge 48 cm. Erpel im Prachtkleid einfarbig schwarz, mit markantem Schnabelfleck und Schnabelhöcker. Das Schlichtkleid des Erpels und das Weibchenkleid sind dunkelbraun mit hellen Kopf- und Halsseiten. Sie ähneln damit etwas dem Weibchenkleid der Kolbenente, sind aber viel dunkler. Die Flügel sind stets einfarbig dunkel. Die Trauerente hält beim Schwimmen oft den Schnabel leicht aufwärts gerichtet und stellt gelegentlich den Schwanz steil auf. Ihr Flug ist stark rauschend. Die Vögel ziehen meist in langen schrägen Reihen 2 bis 10 Meter über dem Wasser. Dabei fliegt die ganze Reihe in flachen Bogen auf- und abwärts wie über unsichtbare Hindernisse. Sehr gesellig, aber nur gegenüber Artgenossen. Die Vögel einer Gruppe tauchen zusammen unter und auch zusammen wieder auf. Der Balzruf ist ab September zu hören und klingt flötend »düit«.

Lebensraum: Trauerenten halten sich stets weit draußen vor der Brandungszone auf dem Meer auf, meist in 1 bis 6 km Abstand von der Küste, so daß man die Vogelscharen vom Land aus nur mit einem Glas und wegen der Erdkrümmung nur von einem erhöhten Punkt aus erkennt. Sie betreten außerhalb der Brutzeit nie das Land. Trauerenten geraten häufig in treibende Ölfelder. Später werden ihre verölten Kadaver an die Strände gespült.

Trauerenten sind Brutvögel des Nordens, die in diesem Jahrhundert weite Teile Finnlands geräumt haben. Sie brüten aber noch stellenweise auf den Britischen Inseln und häufig auf Island um den Myvatn-See. Die Vogelheere überwintern auf der westlichen Ostsee, der Nordsee und an den Westküsten Europas.

Fortpflanzung: Nester ab Anfang Juni unter dichtem Gebüsch an Seen und trägen Flüssen.

Nahrung: Hauptsächlich Muscheln und Schnecken.

Samtente *(Melanitta fusca)*

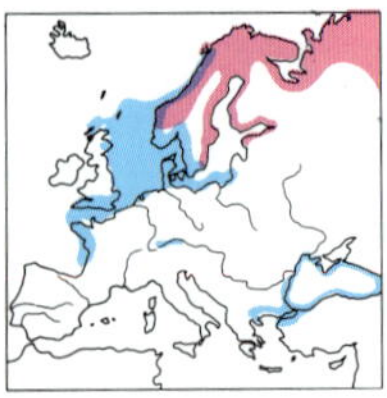

Merkmale: Länge um 56 cm, etwa so groß wie die Eiderente, Gewicht bis über 2 kg. In der Erscheinung der Trauerente ähnlich, aber der Erpel trägt einen weißen, nach unten und hinten ausgezogenen Augenring und ein weißes Feld im Flügel, das aber je nach Körperstellung von dunklen Federn verdeckt sein kann. Im Schlichtkleid dunkelbraun mit einem hellen Wangen- und einem hellen Ohrfleck. Dazu mit weißem Flügelspiegel wie im Prachtkleid, der im Flug sehr auffällt. Bei alten Weibchen treten die hellen Kopfseitenflecken manchmal wenig hervor. Sehr schweigsam.

Lebensraum: Nicht so weit im Norden wie die Trauerente. Das Brutgebiet deckt sich etwa mit dem nordischen Nadelwaldgürtel, wobei die Ente aber in weiten Gebieten fehlt. In Finnland brütet sie verstreut an einigen Binnenseen und in den Schären der Ostseeküste. Viele Samtenten überwintern an der Nord- und Ostsee. Sie halten sich dort oft außer Sichtweite vor der Küste auf, kommen aber auch, wo draußen das Wasser für sie zu tief ist, um bis auf den Grund zu tauchen, zur Nahrungssuche näher an die Küste heran.

Fortpflanzung: Im Frühjahr duldet das Männchen keine Annäherung anderer Erpel an sein Weibchen. Die Balzzeit beginnt im Spätherbst und dauert bis zum Beginn der Brutzeit im Mai. Das Nest liegt oft einige Meter vom Wasser entfernt unter dichtester Vegetation. Vor Sonnenaufgang macht das Paar Rundflüge über dem weiteren Brutgebiet. Eizahl 6 bis 10, Brutdauer 26 bis 28 Tage. Die Weibchen verlassen ihre Jungen, wenn sie mit 4 bis 5 Wochen selbständig geworden sind.

Nahrung: Samtenten tauchen mit halbgeöffneten Flügeln bis 14 Meter tief. Sie können länger als eine Minute unter Wasser bleiben. Sie fressen Muscheln, Schnecken, Krebse, Stachelhäuter, kleine Fische.

♂

♂

Eisente *(Clangula hyemalis)*

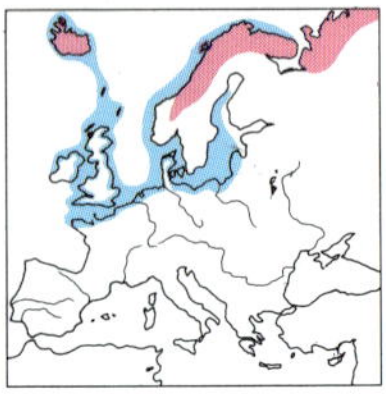

Merkmale: Eine kleine Meerente, die fast wie eine Seeschwalbe mit tief im Wasser liegendem Vorderkörper und in der Erregung hochgehobenen Schwanzspießen schwimmt. Dieser nur dem Erpel eigene Schmuck verlängerter mittlerer Schwanzfedern, die allerdings auch oft im Wasser liegen, vergrößern die Körperlänge auf 53 cm (Weibchen um 41 cm). Der Erpel trägt die Schwanzspieße auch im Schlichtkleid des Spätsommers. Es fällt mit schwarzem Kopf und Hals, mit weißen Wangen und Flanken ähnlich auf wie das schwarzweiße Prachtkleid. Die unscheinbare Ente wird durch einen verwaschenen dunklen Wangenfleck auf hellerem Grund gekennzeichnet. Daneben kommen recht verschieden gezeichnete Übergangs- und Jugendkleider vor. Die Flügel aller Kleider sind einfarbig dunkel.

Eisenten können ohne Anlauf vom Wasser abheben. Sie fliegen meist niedrig und mit sehr schnellem Flügelschlag bei einer Geschwindigkeit um 100 km/h; im Flug recht ruflustig. Sie setzen mit der Brust und zurückgestreckten Beinen auf dem Wasser auf wie die Seetaucher. Der Balzruf der Erpel ist ein wohlklingender, weittragender Drei- oder Vierklang.

Lebensraum: Hoher Norden von der Grenze der Waldtundra bis zum Packeisgürtel. Je weiter südlich die Brutplätze gewählt werden, desto mehr liegen sie im Gebirge und stets über der Waldgrenze. Am häufigsten vorkommende Ente der hohen Arktis; zur Brutzeit schallen von überall aus der Tundra ihre gesangsartigen Balzrufe. Mit Ende der Brutzeit ziehen die Eisenten zurück aufs Meer. Sie besuchen außerhalb der Brutzeit fast niemals das Land und ziehen sich zum Ruhen und Schlafen weit aufs Meer zurück, während sie zur Nahrungssuche mehr in Küstennähe kommen, wo sie bis auf den Grund tauchen. Sie bevorzugen geschützte Buchten und Stillwasserzonen zwischen Inseln und flüchten vor Stürmen in großer Zahl in die Flußmündungen. Wichtige Überwinterungsgebiete liegen in der westlichen Ostsee um Öland, aber auch an den Südküsten der Ostsee. Weitere Scharen überwintern vor der norwegischen Küste etwa in Höhe der Färöer-Inseln und kommen nur in sehr strengen Wintern in größerer Zahl bis in die Deutsche Bucht.

Fortpflanzung: Die Eisenten brüten an kleinen und flachen Weihern in der Tundra, mit Vorliebe auf kleinen Inseln. Brutbeginn Ende Mai und Anfang Juni, 5 bis 10 Eier, Brutdauer 23 bis 24 Tage. Während der ersten Hälfte der Brutdauer wartet der Erpel auf dem Wasser auf seine Ente. Wenn sie nachts zum Fressen von den Eiern schleicht, gesellt er sich zu ihr. Nach dem Schlüpfen der Küken hat die Mutter manchmal schwere Kämpfe mit Raub- und Großmöwen um ihre Kinder auszufechten. Greifen die Räuber zu zweit an, dann gewinnen sie den Kampf.

In den ersten Tagen nach dem Schlüpfen bleiben die Jungen auf den Tundraweihern. Wenn sie zu fliegen beginnen, führt sie die Mutter fluß- oder bachabwärts zum Meer.

Nahrung: Die Eisente ist zwar die kleinste, aber auch die leistungsfähigste Tauchente. Im Meer taucht sie auf der Nahrungssuche zum Grund bis in 30 Meter Tiefe. Im Süßwasser, das weniger Auftrieb gibt, wurden Eisenten schon in Fischernetzen gefunden, die in 55 Meter Tiefe lagen. Die Eisente »fliegt« unter Wasser wie die Alken mit halb geöffneten Flügeln. Sie kann beim Auftauchen gleich in die Luft starten und sich umgekehrt aus der Luft unmittelbar in die Tiefe stürzen. Sie taucht leicht zwei Minuten und verzehrt ihre Nahrung unter Wasser, vor allem Muscheln, aber auch Krebse und andere Meerestiere einschließlich kleiner Fische. Die Jungen auf den Süßwasserseen fressen vor allem Kleinkrebse und Mükkenlarven. Solche Nahrung gibt dem Fleisch einen tranig-ranzigen Geschmack. Dennoch werden Eisenten im Osten zu Zehntausenden mit Netzen gefangen und auf den Markt gebracht.

Allgemeines: Die zutraulichen und geselligen Eisenten werden von Entenjägern angelockt, indem diese am Strand ein weißes Tuch an einer Stange im Wind flattern lassen und sich niederkauern. In der Bundesrepublik gilt allerdings ganzjährige Schonzeit.

♂

♀

Kragenente *(Histrionicus histrionicus)*

Merkmale: Eine kleine, hoch auf dem Wasser liegende, häufig tauchende Ente. Länge 43 cm. Das Männchen im Prachtkleid kann durch die weißen Hals- und Bruststreifen und die rotbraunen Flanken kaum mit anderen Enten verwechselt werden. Die Weibchen und Jungen sind düsterbraun gefärbt mit drei hellen Flecken auf jeder Kopfseite. Sehr kurzer und schmaler Schnabel. Bewegt sich im Winter meist in kleinen Trupps, im Sommer in der Regel paarweise. Schwimmt mit auffälligem Kopfnicken und schlägt gelegentlich mit dem aufrecht getragenen Schwanz.

Lebensraum: Heimisch in Ostsibirien, Alaska, Südgrönland und Island. Die isländischen Vögel verbringen den Winter an der Meeresküste und tauchen noch dort, wo Brandung gegen die Felsen donnert und wo sich sonst kein Schwimmvogel halten kann. Allerdings verunglücken dort auch manche Kragenenten, wenn sie von einer Woge gegen die Felsen geschleudert werden. Im Frühjahr kommen sie in die Fjorde und Buchten und steigen dann flußaufwärts ins Landesinnere. Kragenenten brüten in einem für Enten sehr ungewöhnlichen Lebensraum: Im Oberlauf der Flüsse zwischen Stromschnellen, Sturzwasser und Wasserfällen, wo man allenfalls Wasseramseln vermuten würde.

Fortpflanzung: Wie bei Enten üblich, balzen die Erpel mit Rufen und Ausdrucksbewegungen. Die Paarbindung erfolgt meist schon auf dem Meer und endet im Juni, wenn die Ente brütet. Das Nest liegt gewöhnlich gut versteckt im dichtesten Ufergebüsch, sogar unter Wasserfällen und in Felsspalten. Brutzeit Mai und Juni, die Brutdauer wird mit 29 bis 33 Tagen angegeben, die Eizahl meist mit 6 bis 8.

Nahrung: Im Süßwasser vor allem Köcherfliegen und Mückenlarven, im Meer hauptsächlich Krebse.

Weißkopf-Ruderente *(Oxyura leucocephala)*

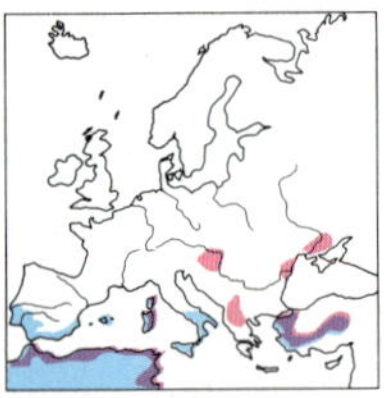

Merkmale: Länge 46 cm. Männchen im Prachtkleid mit himmelblauem Schnabel und gelben Augen. Kopfseiten in weiten Teilen weiß. Seiten, Nacken und Halsband, Schwanz, Rücken auf rostrotem Grunde fein schwarzbraun gewellt. Der Schnabel des Weibchens ist schwarzblau, der Oberkopf schwarzbraun mit weißem Strich unter dem Auge. Kinn und Kehle sind weiß. Die Rückenzeichnung ist trüber und verwaschener als beim Erpel. Beim Schwimmen liegt der Vorderkörper der Ruderente am tiefsten im Wasser, während der Schwanz fast senkrecht in die Höhe steht. Die Vögel machen sich bei Bedrohung schwer und versinken dann bis zum Hals im Wasser.

Lebensraum: Die Ruderente ist an den salzhaltigen Bitterseen der Trockensteppen- und Halbwüstenzone Asiens zu Hause. Häufig ist sie nur in einem Gebiet über 1000 km östlich des Kaspischen Meeres. Von da wird sie nach Westen rasch seltener. Man nimmt an, daß sie auch in den Balkanländern sowie in kleinen Populationen in Südspanien und in den Atlasländern vertreten ist.

Fortpflanzung: Ruderenten brüten an Steppenseen mit meist salzhaltigem Wasser, aber noch mit Schilfgürtel und Unterwasserflora. Das Schwimmnest liegt in dichtester Ufervegetation und immer so nahe am Wasser, daß die Ente vom Nest wegtauchen kann, was sie bei der geringsten Störung tut. Die Eier sind viel grobschaliger als andere Enteneier. Schon die Küken tragen den Schwanz steil. Sie verbergen sich im Schilf.

Nahrung: Überwiegend vegetarisch, Sproße und Samen von Wasserpflanzen. Unser Bild zeigt die in Europa stellenweise eingebürgerte *Amerikanische Schwarzkopf-Ruderente.*

♀ ♂

♂

Gänsesäger *(Mergus merganser)*

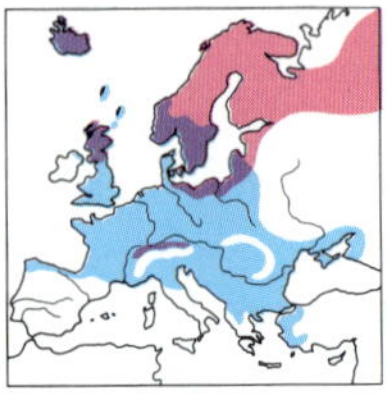

Merkmale: Der größte Säger, Länge bis 70 cm, Spannweite über 1 Meter. Bei beiden Geschlechtern roter Pinzettenschnabel mit kräftigem Haken an der Spitze. Kopf des Erpels im Prachtkleid schwarz mit starkem Grünschiller. Nackenschopf beim Männchen im Prachtkleid wie »gekämmt«, bei Weibchen und Erpel im Schlichtkleid struppig. Im Flug wirkt der Erpel überwiegend weiß, seine Gestalt sehr gestreckt. Im Schlicht- und Weibchenkleid ist der rotbraune Kopf scharf vom grauweißen Körpergefieder abgesetzt. Die Vögel rasten gerne auf dem Ufer und sitzen zur Brutzeit oft auf Bäumen. Sie liegen beim Schwimmen tief im Wasser und halten oft durch Kopfeintunken nach Beute Ausschau.

Lebensraum: Zur Brutzeit auf klaren, fischreichen Flüssen und Seen mit baumbestandenem Ufer. Im Winter auf Staustufen, Seen und teilweise auch in Meeresbuchten. In Mitteleuropa ein geringer Brutbestand im Alpenraum und ein etwas stärkerer Bestand an der Ostseeküste und den küstennahen Seen. Auf der Masurischen Seenplatte sehr häufig.

Fortpflanzung: Ab Februar balzen die Erpel intensiv und nach Entenart mit Ausdrucksbewegungen, etwa Schnabelhochrecken und wildem Zickzackschwimmen. Schon im März sieht man die Weibchen bei der Nistplatzsuche. Sie sind Höhlenbrüter, untersuchen Höhlen aller Art und fliegen dabei recht geschickt durch das Zweigwerk der Gehölze. Sie brüten mit Vorliebe in hohlen Bäumen, und zwar möglichst hoch, daneben in Felshöhlen, Ruinen, Scheunen, auf Speichern, möglichst nahe am Wasser, manchmal auch in der Nähe menschlicher Siedlungen. Da Mangel an geeigneten Höhlen besteht, weichen manche Weibchen auf Höhlen aus, die über 1 km vom Wasser entfernt liegen, auf Fuchsbaue, auf dunkle Winkel unter Baumwurzeln oder unter dichtestem Gebüsch. Die Eizahl ist mit 9 im Mittel recht hoch. Ein Weibchen kann bis zu 16 Eier ausbrüten und erzielt damit den Rekord unter den Entenvögeln. Solche Riesengelege entstehen, wenn zwei Weibchen in ein Nest legen. Es soll auch schon vorgekommen sein, daß ein Sägerweibchen, das seine Brut verloren hatte, eine Ente vom Gelege trieb und die »gestohlenen« Eier ausbrütete. Legebeginn zur Zeit der Schneeschmelze; täglich wird ein Ei dazugelegt. Brutbeginn kurz vor Ablage des letzten Eies, Brutdauer mit etwa 32 Tagen sehr lang. Schon gleich nach dem Schlüpfen können die Jungen mit Schnabel, Krallen und Flügeln gut klettern und mehrere Meter hoch in hohlen Bäumen aufsteigen. Von oben wagen und überstehen sie den Sprung auch aus größerer Höhe, selbst aus senkrechten Felswänden. Man weiß allerdings auch, daß manche Sägermütter ihre Jungen auf dem Rücken durch die Luft tragen. Einmal auf dem Wasser angekommen, schwimmt die Familie bald flußabwärts. Dabei legen die Jungen einen Teil der Reise auf dem Rücken der Mutter zurück. Sie schlafen in den ersten zwei Wochen am Ufer unter dem Gefieder der Mutter und suchen anfangs schwimmend, bald aber auch tauchend ihre Nahrung, die zunächst fast nur aus Wasserinsekten besteht.

Manche Familien gelangen, flußabwärts schwimmend, auf einen See; herrscht dort Badebetrieb, so können sich die sonst so scheuen Vögel daran gewöhnen, und bald läßt sich die Kinderschar der Säger von den Badegästen Brot zuwerfen. (Im Winter mischen sich auf einzelnen Seen bisweilen Säger unter die am Ufer bettelnde Entenschar.) Die Erpel trennen sich noch während der Brutzeit, manchmal schon im April, von ihren Weibchen und mausern im Juni zum Schlichtkleid. Dabei werden sie vorübergehend flugunfähig. Die Weibchen mausern im August, nachdem die Jungen selbständig geworden sind. Im August beginnt auch schon die zweite Mauser, bei der nur das Kleingefieder gewechselt wird.

Nahrung: Hauptsächlich fingerlange Fischchen, selten größere bis hin zu Halbpfündern, im Frühjahr auch Frösche. Im Flachwasser treiben die Säger den Fisch auf der Wasseroberfläche schwimmend und flügelschlagend in eine kleine Bucht, tauchen dann und holen ihn mit ihrem Pinzettenschnabel heraus.

♂

♀

Mittelsäger *(Mergus serrator)*

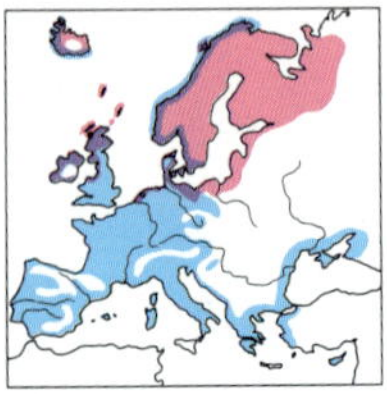

Merkmale: Mit etwa 58 cm Länge etwas kleiner als eine Stockente. Bei beiden Geschlechtern zweizipfelige Federhaube, Männchen im Prachtkleid durch rotbraunes Brustband von den anderen Sängern zu unterscheiden. Flanken grau. Schlichtkleid und Weibchenkleid sehen den entsprechenden Kleidern des Gänsesägers recht ähnlich. Da auch der Größenunterschied nicht markant ist, gilt als Hauptmerkmal der allmähliche Übergang des rostfarbenen Kopfgefieders zum bräunlichgrauen Körpergefieder.

Die Säger liegen tiefer im Wasser als die Enten. Sie sind recht gut zu Fuß und ruhen gern am Ufer, ein paar Schritte vom Wasser entfernt. Sie können sowohl vom Land als auch vom Wasser nach kurzem Anlauf auffliegen. Das sausende Fluggeräusch ist für den Kenner ein Bestimmungsmerkmal, auch in der Nacht. Im Flug ordnen sich meist mehrere Säger zu schrägen Linien. Sie können aus dem Gleitflug heraus unmittelbar ins Wasser tauchen. Fluggeschwindigkeit bis über 100 km/h.

Lebensraum: Brutvogel am Meer in ruhigen Buchten und von kleinen Inseln durchbrochenen Stillwasserzonen, daneben auch an Seen und Flüssen in der nordischen Nadelwaldzone. Die Südgrenze des Brutgebietes liegt in den Masurischen Seen und an der Ostseeküste. Im Winter zahlreich an der Ostseeküste, vor Norwegen und um die Britischen Inseln.

Fortpflanzung: Freibrüter unter dichtester Bodenvegetation. Das Nest wird nicht, wie bei den Höhlenbrütern, mit auffälligen weißen Dunen, sondern mit dunkelbraunen Dunen ausgelegt. Brutbeginn Mai oder Juni, Brutdauer 29 bis 35 Tage, 5 bis 12 Eier. Die Jungen können auf der Flucht über das Wasser laufen.

Nahrung: Fische, meist in Gemeinschaftsjagd erbeutet. Der Mittelsäger taucht selten länger als 20 Sekunden, beim Fluchttauchen aber bis 2 Minuten.

Zwergsäger *(Mergus albellus)*

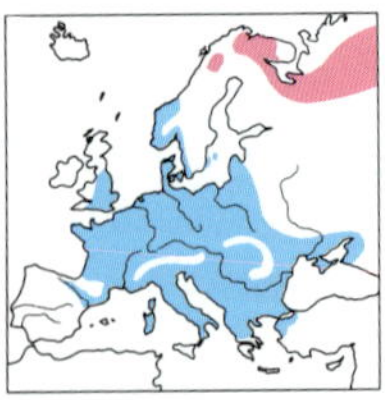

Merkmale: Größe wie eine Reiherente, Länge um 42 cm. Das Männchen wirkt im Prachtkleid weiß mit feinen schwarzen Strichen, es hat einen schwarzen Gesichtsfleck und eine aufrichtbare Federholle. Das Weibchen erinnert entfernt an ein Schellentenweibchen. In der Tat sind beide Arten so nahe miteinander verwandt, daß sie im Freiland schon Mischehen bildeten, aus denen dann unfruchtbare Bastarde hervorgingen. Außerdem könnte man das Weibchen durch seine weißen Wangen mit Ohren- und Schwarzhalstauchern im Winterkleid verwechseln. Der Schnabel ist wie bei den anderen Sägern schmal und gezähnt. Die Vögel liegen tief im Wasser, der Schwanz bleibt unsichtbar. Zwergsäger tauchen selten länger als 15 bis höchstens 30 Sekunden und gewinnen in dieser Zeit bis zu 30 Meter. Sie können ohne Anlauf vom Wasser auffliegen, der Flug ist reißend mit sehr schnellen Flügelschlägen. Gern wassern sie nach einem Sturzflug und bremsen erst dicht über dem Wasserspiegel. Gesellig, überwiegend in kleinen Gruppen oder mit Schellenten vergesellschaftet. Meist stumm.

Lebensraum: Das Brutgebiet deckt sich in etwa mit dem nordischen Nadelwaldgürtel. In Finnland hat die Art in diesem Jahrhundert weite Areale aufgegeben und sich nur im hohen Norden gehalten. Da andere nordische Vögel Ähnliches zeigen, wird diese Verschiebung mit der Erwärmung des Atlantik erklärt. Zwergsäger sind Zugvögel, die bei Nacht ziehen.

Fortpflanzung: Höhlenbrüter in Bäumen, daher an Wald gebunden, meist an fischreichen Seen und trägen Flüssen. Brutbeginn Ende Mai und Juni, Brutdauer 30 Tage, Schlupf im ersten Julidrittel.

Nahrung: Im Sommer überwiegend Wasserinsekten, im Winter mehr Fische, bis 6 cm Länge. Als Beikost Krebse, Würmer, Frösche, auch Pflanzenteile.

♂ ♀

♂

Fischadler *(Pandion haliaetus)*

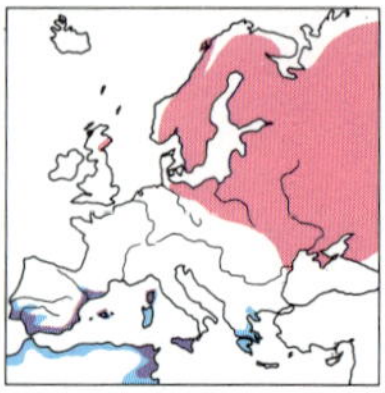

Merkmale: Größer als ein Bussard, Länge um 55 cm, Spannweite bis 165 cm. Unterseite weiß, Oberkopf hell, schwarzer Augenstreif. Die langen und schmalen Flügel werden im Fluge deutlich abgewinkelt. Das Weibchen ist neben dem Männchen an der stärker gefleckten Brust und am größeren Körper erkennbar. Die Zehen des Fischadlers tragen unterseits Stacheln, die Krallen sind besonders lang, krumm und spitz, eine Anpassung an den Fang schlüpfriger Beute. Der eher langsame Flug ist rudernd und segelnd. Der Jagdflug über dem Wasser wird häufig durch Rütteln unterbrochen, bei dem die Vögel die Beine nach unten strecken. Stimmlaute: helle Pfiffe.

Lebensraum: Fischadler sind durch fast ganz Nordamerika, durch Eurasien, Ozeanien und Australien verbreitet. Die Verbreitungslücke in Europa ist auf die Bejagung durch den Menschen zurückzuführen. Der Bestand in Nordeuropa wird auf rund 2000 Brutpaare geschätzt, ist aber rückläufig, weil durch Umweltverschmutzung viele Seen in Schweden für Fische unbewohnbar geworden sind. In Mitteleuropa war der Fischadler einst häufig; bis zu Beginn unseres Jahrhunderts wurde er weitgehend ausgerottet. In England konnte er in den letzten Jahren wieder Fuß fassen. Die ersten Brutversuche wurden durch Eiersammler vereitelt, aber als man die Horste bewachte, kam der Erfolg. Heute dürften in England wieder rund 20 Paare brüten. Auch für die Bundesrepublik ist mit Brutversuchen zu rechnen und damit, daß sie von den Fischereiberechtigten vereitelt werden.

Fischadler stellen an ihren Lebensraum nur zwei Bedingungen: Klares, fischreiches Wasser und Verzicht auf jede Verfolgung. Sie jagen an Flüssen, Seen und Meeresküsten. Als Zugvögel überwintern sie in den Tropen. Die europäischen Fischadler ziehen vor allem nach Westafrika. Ein Großteil von ihnen wird auf dem Zug von Jägern in Südeuropa getötet.

Fortpflanzung: Zur Balzzeit zeigen die Adler über dem Horstgebiet Sturzflüge und Luftjagden. Der Horst wird nicht selten von anderen Greifvögeln übernommen und aufgestockt und dann alljährlich ausgebaut. Er liegt meist auf den höchsten Bäumen und immer mit freiem Blick auf die Fischgründe. In den Tropen brüten die Fischadler auch auf Felsklippen oder einfach am Boden und nicht selten in lockeren Kolonien. Solange sich die Adler im Brutgebiet aufhalten, rasten sie auf ihrer markanten Knüppelburg. Beide Eltern brüten, vor allem aber das Weibchen, das auch vom Männchen auf dem Horst gefüttert wird. Die Futterübergabe findet nicht selten im Fluge statt und wirkt dann wie ein wilder Luftkampf. 2 bis 3, selten 4 Eier von 62 mm Länge, Brutdauer 35 bis 38 Tage. In den ersten 6 Wochen werden die Jungen gefüttert, indem die Mutter ihnen mundgerechte Brocken vor den Schnabel hält. Später legen die Eltern die Fische einfach am Horstrand ab. Die Jungen fliegen im Alter von 50 bis 60 Tagen aus, aber es dauert noch lange, bis sie die Fertigkeit zum Stoßtauchen beherrschen und sich selbst ernähren können. Bis dahin werden sie von den Eltern weiter mit Fischen versorgt.

Nahrung: Fischadler sind hoch spezialisierte Fischfänger. Trotzdem hat man auf ihrer Beuteliste auch schon Kleinsäuger, Schildkröten, Enten, Seeschlangen, Frösche, Krebse und Wasserschnecken vermerkt. Die Adler zertrümmern Schneckenhäuser auf einem Felsen. Bei der Jagd fliegt der Adler in etwa 50 Meter Höhe über dem Wasser auf und ab. Hat er eine Beute entdeckt, so verweilt er im Rüttelflug und läßt sich dann fallen, wobei er die Flugrichtung noch mit kleinen Bewegungen korrigiert. Schließlich streckt er die Beine vor und stößt ins Wasser, wo er unter einer Spritzerfontäne verschwindet. Sekunden später taucht er wieder auf, wartet mit ausgebreiteten Flügeln auf dem Wasser liegend, bis der Fisch sich müdegezappelt hat, und steigt dann mit wuchtigen Schlägen aus dem Wasser. Er kann Fische bis 2 kg Gewicht erbeuten, obwohl er selber nur bis 1,7 kg wiegt. Manchmal packt er aber auch Fische, die zu groß und stark für ihn sind und die er nach einigen vergeblichen Versuchen erschöpft wieder freiläßt.

Seeadler *(Haliaeetus albicilla)*

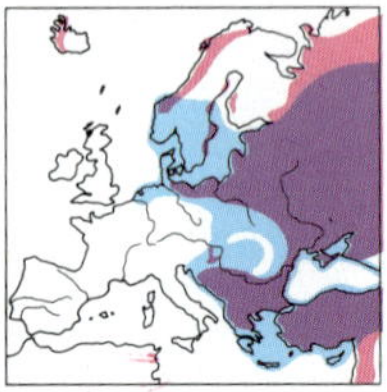

Merkmale: Ein mächtiger, etwas plump wirkender Greifvogel mit brettartig ausgebreiteten Flügeln, Länge 60 bis 80 cm, Spannweite bis 240 cm. Klobiger Schnabel, keilförmiger Schwanz. Die Altvögel sind braun mit hellerem Kopf und Hals sowie weißem Schwanz. Die Jungvögel wirken düster braun mit braun marmoriertem Schwanz. Sie werden von Jahr zu Jahr den Altvögeln ähnlicher und sind im 5. Jahr mit der dann einsetzenden Geschlechtsreife ausgefärbt. Aber erst mit etwa 10 Jahren haben sie ihr endgültiges Alterskleid erreicht.

Lebensraum: Der Seeadler lebt in einem etwa 3000 km breiten Band durch ganz Eurasien von der Tundren- bis in die Wüstenzone. Die Verbreitungslücke in West- und Mitteleuropa ist das Ergebnis menschlicher Verfolgung. In Amerika tritt an die Stelle des Seeadlers der Weißkopfseeadler, der im Jugendkleid kaum vom Seeadler zu unterscheiden ist und vielleicht auch nur eine Rasse der hier beschriebenen Art darstellt. Noch um 1800 war der Seeadler in den Tiefländern Mitteleuropas durchaus häufig. Seine Knochen finden sich schon zahlreich in den Küchenabfällen der Wickinger. Zwischen 1800 und 1900 brach der Bestand zusammen, vor allem durch Abschuß als Schädling und unter dem Beifall und der Mithilfe der damaligen Ornithologen. Schon 1860 verschwand er aus Bayern, 1875 aus Schleswig-Holstein, 1908 aus England, 1912 aus Dänemark. In Norwegen hielten sich einige 100 Brutpaare.

Mit dem Nachlassen des Jagddrucks im Zweiten Weltkrieg und in den Nachkriegsjahren kam es zu einer Wiederbesiedlung von Dänemark (ab 1954) und Schleswig-Holstein (1960 10 Brutpaare). In Schottland gelang die Wiederansiedlung auf der Insel Rhum. Der holsteinische Bestand ging dann aber bis 1970 wieder auf vier Brutpaare zurück, von denen 1970 nur eines erfolgreich brütete. Schuld an dem Rückgang waren das Wiederaufleben des Eiersammelns als makabres Hobby (in jenen Jahren wurden etwa 50% der Eier abgesammelt) eines Teiles der Falkner, die auch seltene Beizvogelarten beanspruchen, dazu Störungen durch Vogelbeobachter, in Einzelfällen auch durch Holzfäller. Einige Seeadler verendeten in Schlageisen, die Jäger gegen den Fuchs aufgestellt hatten. Ein weiterer Grund lag (und liegt) in der Umweltbelastung durch giftige Chemikalien, damals vor allem mit DDT. Der Fettkörper schwedischer Seeadler enthielt zu dieser Zeit bis zu 1% reines DDT. Die Tiere hatten das Gift mit der Nahrung aufgenommen; es bewirkt, daß die Embryonen in den Eiern absterben oder daß die Eierschalen zerbrechen. Seit 1970 werden die letzten deutschen Seeadler streng bewacht, und der Bestand hat sich seitdem gehalten.

Fortpflanzung: Ein Seeadlerpaar lebt in Treue zum Partner und zum Revier. Zur Balzzeit kreisen beide Adler in engen Spiralen über dem Horstgebiet, zeigen spielerische Sturzflüge und berühren sich mit den Krallen. Das Paar hat meist mehrere Wechselhorste, von denen es im Frühling einen aufstockt und für die Brut ausbessert.

Alte Seeadlerhorste können bis 2 Meter breit und 5 Meter hoch werden, sie sind die größten Vogelnester überhaupt. Seeadler sind teils Fels-, teils Baumbrüter in den jeweils größten und ältesten Bäumen. Brutbeginn im Süden des Brutgebietes Anfang März, im Norden im jeweiligen Frühling bis in den Juni hinein. Beide Eltern brüten, vor allem aber das Weibchen. Brutdauer 38 bis 42 Tage, 2, seltener 3 Eier von 75 mm Länge. Die Jungen bleiben rund 90 Tage im Horst. Die Jungvögel verlassen das elterliche Revier, unternehmen weite Wanderungen und gelangen dabei auch in die Reichweite südeuropäischer Jäger.

Nahrung: Seeadler schlagen zu Wasser und zu Lande, sie können Fische bis zu einem Gewicht von 8 kg erbeuten, sie vermögen den Fuchs und den Hasen zu überrumpeln. Sie hetzen Tauchvögel bis zur Erschöpfung und greifen sie dann beim Luftholen. Sie schlagen Gänse, Schwäne, Kraniche und jagen dem Fischadler seine Beute ab, wenn er schwer beladen vom Wasser auffliegt. Sogar junge Robben gehören zur Beute der Seeadler.

Die Rallen *(Rallidae)* Ordnung Kranichvögel

Die Rallen werden aufgrund vieler Eigenarten sowohl im Verhalten wie auch im Körperbau als eigene Familie der Ordnung Kranichvögel eingegliedert. Wir stellen den Kranich (Familie Kraniche) der Rallenfamilie voran. Manche Wissenschaftler betrachten die Rallen auch als eigene Ordnung neben den Kranichvögeln. Man unterscheidet die Untergruppen echte Rallen und Bläßhühner. Rallen sind kleine bis mittelgroße Vögel, die kleinsten wiegen rund 60 Gramm (Zwergsumpfhuhn), die größten bis 1 kg (Bläßralle). Ihr Gefieder ist weich und locker, die Flügel sind kurz und tragen einen Finger, der mit einer Kralle endet – eine letzte Erinnerung daran, daß die Flügel sich einst aus den bekrallten Vorderbeinen von Reptilien entwickelten. Die Jungen benutzen diesen Krallenfinger sehr geschickt beim Klettern im Halmegewirr. Das Gefieder ist matt gefärbt und zeigt keine Unterschiede zwischen den Geschlechtern, die auch gleich groß sind.

Die Jungen schlüpfen als Nestflüchter mit offenen Augen und in einem kohlschwarzen Dunenkleid. Sie tragen meist weiße oder grellbunte Schnabelmarken, nach denen man die Art bestimmen kann. Der Körper der echten Rallen wirkt seitlich stark zusammengedrückt und ungewöhnlich schmiegsam, so daß er sich gut zum Schlüpfen in dichtestem Dickicht eignet. Auch der Schnabel wirkt seitlich zusammengedrückt und sehr unterschiedlich lang – je nach Art und Ernährungsweise. Die außerordentlich langen Zehen tragen lange, schwach gebogene Krallen, aber keine Schwimmhäute. Bei den Bläßhühnern weisen sie aber an jedem Glied beidseitig Schwimmlappen auf. Weltweit kennt man etwa 140 Rallenarten, die alle in den warmen und gemäßigten Zonen der Erde leben. Die meisten bewohnen Sümpfe und Schilfdickichte, bevorzugt dort, wo sie am unzugänglichsten sind. Viele Arten leben im dichten Unterwuchs tropischer Urwälder. Die Bläßhühner betätigen sich mehr als Schwimm- und Tauchvögel auf der offenen Wasserfläche; ihr Körper ist breit und kahnförmig. Rallen sind Allesfresser; die langschnäbeligen Arten stochern im Schlick, die kurzschnäbeligen picken die Nahrung von der Oberfläche des Wassers auf.

Rallen verbringen die Mittagsstunden meist in Ruhe und sind in der Dämmerung am regsamsten. Dann schleichen sie auf ausgetretenen Pfaden durch ihr Revier. Dabei nicken sie zu jedem Schritt mit dem Kopf und wippen in Erregung mit dem Schwanz. Sie schwimmen nicht schlecht, aber langsam und entschließen sich nur selten zum Flug. Beim Flug über kurze Strecken lassen sie die langen Beine herabhängen. Die Arten der gemäßigten Zonen sind meist Zugvögel, die mit nach hinten abgestreckten Beinen rasch fliegen können. Auffallend viele dieser Einzelwanderer und Nachtzieher verunglücken an Leitungsdrähten.

So wenig man die Rallen zu sehen bekommt, so leicht kann der Kundige ihre Anwesenheit über ihre Stimmen feststellen, wenn sie in der späten Abenddämmerung ruflustig werden. Die Stimmen einiger Rallen gehören zu den eigenartigsten Vogellauten überhaupt: manche erinnern an Schweinequieken, andere an fallende Wassertropfen. – Die Rallen leben in Einehe. Ihre Nester sind recht dickwandige flache Schalen aus Schilfhalmen, die meist schwer auffindbar unter dichtester Vegetation am oder über dem Wasser liegen. Die lehmfarbenen, mit feiner dunkelbrauner Fleckung gezeichneten Eier kann man bei den europäischen Arten am ehesten anhand der Größe bestimmen.

Flugformation des Kranichs
Flugsilhouetten
Storch
Purpurreiher
Kranich
Teichhuhn
Stirnplatte
Fuß des Bläßhuhns
Nacktstelle (rot)
Kranich (Altvogel)
Jungfernkranich
nestjunger Kranich

Kranich *(Grus grus)*

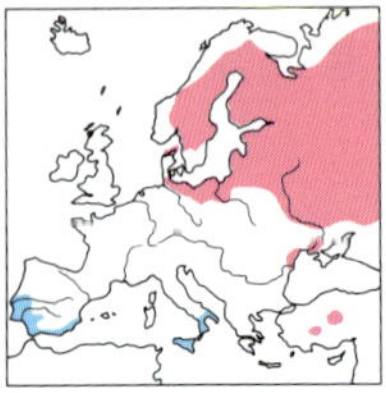

Merkmale: Größer als ein Storch, Länge um 115 cm, Höhe bis 120 cm, Spannweite bis 240 cm. Rumpf, Flügel und Füße in Grautönen, Schwanz dunkler. Jungvögel graubraun mit hellerer Unterseite. Kopf und Hals der Altvögel schwarz mit weißen Seitenstreifen, die hinter dem Auge beginnen. Die bogig über den Schwanz herabhängenden Federn sind innere Armschwingen der Flügel. Der rote Scheitel am Vorderkopf der Altvögel fällt wenig auf und fehlt bei der südöstlichen Rasse ganz. Der kräftige spitze Schnabel ist wesentlich kürzer als bei Storch und Graureiher. Flug in regelmäßiger Keilformation, Stimme ein laut trompetendes »krü«, auch nachts zur Zugzeit, vor allem im Oktober, über Städten zu hören.

Lebensraum: Der Kranich ist Brutvogel in Nord-, örtlich auch in Mittel-, Süd- und Südosteuropa sowie in der Türkei. In Deutschland liegen die meisten Brutplätze östlich der Elbe, etwa ein Dutzend Paare brüten in Niedersachsen. Der Kranichbestand bayerischer Moore wurde im vorigen Jahrhundert vernichtet.

Kraniche sind Zugvögel. Die nord- und nordosteuropäischen Kraniche versammeln sich im Herbst, vor allem im September, an uralten Sammelplätzen, einer davon liegt an den Müritzseen in Mecklenburg. Meist im Oktober brechen die Wanderscharen innerhalb kurzer Zeit auf und ziehen auf einer nicht allzu breiten Zugstraße südwestwärts. An einem klaren Oktobertag kann man von den Höhenrücken des Sauerlandes aus bis über tausend der eindrucksvollen Vögel vorbeiziehen sehen. Die Kraniche überwintern teils in den Atlasländern, wo im Herbst die Regenzeit beginnt, teils in Ostafrika, vor allem in den ausgedehnten Sümpfen am Oberlauf des Nils. Viele von ihnen verbringen die kalte Jahreszeit auch im südlichsten Europa. So auf der Iberischen Halbinsel, auf Sizilien, auf der Apenninischen Halbinsel sowie auf griechischen Inseln. Die Überwinterer aus Ostafrika ziehen über Griechenland und die Donautiefländer zurück nach Norden. Die mitteleuropäischen Brutvögel treffen etwa Mitte April wieder an ihren Brutplätzen ein.

Fortpflanzung: Kraniche brüten in offenen Ebenen, wo sumpfige und trockenere Plätze wechseln. Im dichtbesiedelten Mitteleuropa finden sie nur noch wenige geeignete Brutplätze, und diese sind heute alle gefährdet. Wo sie ungestört sind, errichten sie alljährlich ihr Nest an der gleichen Stelle. Männchen und Weibchen teilen sich in den Nestbau und lösen sich auch später beim Brüten ab. Bei der Wachablösung lassen die Vögel ihre trompetende Stimme hören.

Die skandinavischen Kraniche versammeln sich alljährlich im Frühjahr am Hornborga-See in Mittelschweden, wo sie sich von erfrorenen Kartoffeln ernähren. Dort führen sie auch ihre Balztänze auf. Der Tanz setzt sich aus Verbeugungen und Luftsprüngen mit Flügelschlagen zusammen. Dabei wird auch symbolisch Nistmaterial in die Luft geworfen. Zahlreiche Vogelfreunde versammeln sich alljährlich dort, um das Schauspiel zu beobachten, zu filmen und zu fotografieren.

Auch außerhalb der Brut- und Balzzeit tanzen die Kraniche, wann immer sie erregt sind. Die meist zwei, ausnahmsweise auch drei Eier sind etwa 95 mm lang. Brutbeginn in Mitteleuropa Mitte April, Brutdauer 29 Tage. Während einer der Eltern brütet, hält der andere in der Nähe Wache. Wenn das erste Junge geschlüpft ist, wird es von einem Altvogel geführt, während der andere noch das zweite Ei ausbrütet.

Die Jungen sind Nestflüchter und tragen einen oberseits rötlichbraunen, unterseits weißen Dunenpelz. Die Jungen beginnen mit 9 bis 10 Wochen zu fliegen, aber die Familie hält noch bis in den Winter hinein zusammen. Russische Steppenhirten ziehen gern Kraniche vom Ei an auf. Solche Vögel werden dann zahm wie ein Hund und begleiten die Herden. Sie sind sehr wachsam; legt man ihnen Gänseeier unter, so brüten sie und ziehen die Gössel auf.

Nahrung: Kraniche sind Allesfresser, die Insekten, Samen, Wurzeln und dergleichen verzehren. Während des Zuges rasten Kraniche gern auf Äckern, wo sie sich mit tierischer und pflanzlicher Nahrung versorgen.

Wasserralle *(Rallus aquaticus)*

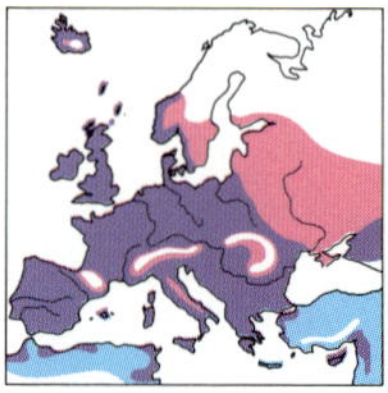

Merkmale: Mit 28 cm Länge deutlich kleiner als ein Teichhuhn, aber von ähnlicher Gestalt. Langer gelbroter Schnabel, Vorderseite schiefergrau, Flanken schwarz-weiß gestreift, Jungvögel matter gefärbt mit graubrauner, undeutlich gestreifter Brust. Die Vögel verbergen sich meist in dichtester Verlandungsvegetation und überqueren offene Stellen in großer Eile. Ihre auffällige Stimme hört man vor allem in später Dämmerung an Frühsommerabenden aus dem Schilfwald. Sie klingt wie das Quietschen eines Ferkels »Kruieh, kruieh, kruieh« mit sinkender Höhe, dazu Rufreihen »gip . . . gip . . . gip . . .«. Bei der Nahrungssuche schreiten die Rallen mit großen Schritten und Kopfnicken dahin, aufgestört rennen sie geduckt mit eingeknickten Fersen und vorgestrecktem Hals, auf freien Flächen nehmen sie auch die Flügel zu einem Flatterlauf zu Hilfe. In der Erregung schnippen sie mit dem Schwanz und zeigen dabei dessen weiße Unterseite. Sie steigen gern auf Äste, die sie mit den überlangen Zehen gut umklammern können. Bei Nacht und während heißer Stunden schlafen sie auf Zweigen. Wasserrallen schwimmen leicht und oft. Während der Brutzeit sind sie nur schwer zum Auffliegen zu bewegen.

Lebensraum: Pflanzendickichte überschwemmter Bruchwälder mit tieferen Wasserlöchern, Verlandungszonen, Röhricht, zwischen Land und Wasser. Wasserrallen sind in der Regel Zugvögel, die im September aus Mitteleuropa abziehen und etwa im März wieder zurückkommen. Die meisten überwintern in West- und Südeuropa. Sie überfliegen auch das Mittelmeer, wobei sie allerdings auf dem Wasser rasten können. Wasserrallen ziehen einzeln und nachts.

Mehr als andere Vögel verunglücken sie an Leitungsdrähten, und immer wieder werden zur Zugzeit völlig entkräftete Rallen an Orten aufgegriffen, wo sie nicht leben können. Einige Rallen überwintern auch nördlich der Alpen. Frieren die stehenden Gewässer zu, so sammeln sie sich an Bächen und in Quellsümpfen unter dichtem Gebüsch. Manche entdecken und besuchen sogar Hühnerhöfe als Futterquellen.

Fortpflanzung: Wie auch bei ihren Verwandten üblich, besetzt und verteidigt die Wasserralle zur Brutzeit ein Revier. Sie droht den Mitbewerbern, indem sie den Schwanz aufstellt und seine weißen Federn zum Fächer ausbreitet. Das Nest liegt sehr gut versteckt, allseitig von Wasser umgeben, meist in einer Seggenbülte.

Der Brutvogel zieht die Halme über sich zu einer Kuppel zusammen. Eine Rampe aus Halmen führt nicht selten hinab zum Wasserspiegel. Beide Eltern brüten. Brutzeit Ende April bis Ende Juni, meist eine, selten auch zwei Bruten. Häufig werden Nachgelege nötig. Brutdauer 19 bis 21 Tage, 6 bis 11 Eier von durchschnittlich 36 mm Länge. Die Eltern können nach einer Störung Junge wie Eier im Schnabel davontragen und in ein Notnest bringen. Einen Tag vor dem Schlüpfen zeigen die Eier die ersten Sprünge. Das Dunengefieder der Jungen ist tiefschwarz mit grünem bis blauem Glanz, ihr Schnabel weiß; im Nacken schimmert die rote Haut durch das Dunenkleid. Die Jungen werden in den ersten Tagen gefüttert und notfalls beherzt verteidigt. Nach 2 Wochen finden sie selber genügend Nahrung, aber erst nach 7 bis 8 beginnen sie zu fliegen; nach 20 Wochen sind sie selbständig. Sie ziehen bald nach dem Flüggewerden weg.

Nahrung: Die Rallen durchstreifen bei der Nahrungssuche ihr Revier auf immer den gleichen Pfaden, die meist an Wassergräben entlangführen und durch Tritt- und Kotspuren leicht wahrzunehmen sind. Sie erbeuten vor allem Wasserinsekten, erschlagen aber auch große Frösche mit gezielten Schnabelhieben und fressen dann nur einen Teil der Innereien. Sie fangen nach Reiherart Fischchen aus dem Wasser und erbeuten sogar Kleinvögel. Mit Schlamm verschmierte Beute tragen sie ins Wasser, um sie zu waschen. Eine Winterfütterung mit Haferflocken nehmen sie dankbar an.

Kleines Sumpfhuhn *(Porzana parva)*

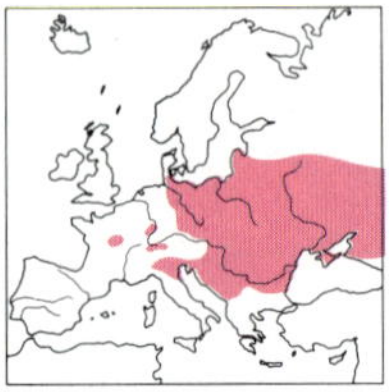

Merkmale: Mit 19 cm Länge kaum starengroß. Männchen mit taubenblauer Hals- und Brustseite, Weibchen auf der Unterseite hell braungrau. Die Jungvögel zeigen bis zur Herbstmauser auf der Unterseite eine verwaschene Querbänderung. Der Schnabel der Jungvögel ist grünlich grau, bei Altvögeln grünlich mit roter Wurzel. Dazu tragen sie einen feinen hochroten Ring um das Auge – sichere Unterscheidungsmerkmale zum Zwergsumpfhuhn, das nur etwa 1 cm kleiner ist. Das Kleine Sumpfhuhn geht und schwimmt mit Kopfnicken, es klettert gut und kann zur Not auch tauchen. Erschreckt rennt es in geduckter Haltung ins nächste Dickicht und erinnert dann an eine davonhuschende Maus. Über offene Flächen eilt es mit Flügelflattern. Bei Mondschein ist es auch nachts rege und ruflustig. Die Balzstrophe besteht aus quiekenden Lauten, die erst zögernd, dann aber immer rascher vorgetragen werden. In Nestnähe »schimpfen« die Vögel »tjick«. Verhält man sich ruhig, sind sie sehr zutraulich. Sie kommen sogar einem auf dem See liegenden Kahn entgegen und zeigen sich dann auch einmal auf einem Seerosenblatt vor dem Schilfwald.

Lebensraum: Im Steppengürtel Asiens weit verbreitet und dort stellenweise sehr häufig, auch in Osteuropa das häufigste Sumpfhuhn, nach Westen zu aber rasch selten werdend. Das Kleine Sumpfhuhn lebt in verwachsenen Schilfwäldern und Rohrkolbendickichten mit stehendem Wasser und mit viel umgebrochenem Altschilf, meist in der Nähe von Wasserlöchern mit Schwimmblattvegetation. Wenn im Hochsommer die Sümpfe austrocknen, ziehen sich manche Sumpfhühner in krautreiche Entwässerungsgräben zurück oder erscheinen auf sumpfigen Viehweiden, wo Wasser in den Huftritten steht. Im Osten haben die Vögelchen mancherorts auch in überfluteten Reisfeldern einen neuen, geeigneten Lebensraum gefunden. In seinem Brutrevier aufgescheucht, macht das Kleine Sumpfhuhn den Eindruck eines sehr schlechten Fliegers. Es flattert langsam, etwa wie ein eben flügge gewordener Jungvogel, mit hängenden Beinen dicht über das Schilf und läßt sich nach kurzem Flug wieder zu Boden. Trotzdem gelangt es als Fernzieher bis ins tropische Afrika. Auf dem Zug fliegt es rasch mit starenartigem Flugbild und nach hinten weggestreckten Beinen. Es ist Einzel- und Nachtwanderer. Die meisten Vögel dürften im Mittelmeerraum überwintern. Sie ziehen hauptsächlich im September weg und kommen im April zurück.

Fortpflanzung: Wie alle Sumpfhühner ist auch das Kleine Sumpfhuhn ein streng territorialer Vogel, der Artgenossen aus dem Brutgebiet vertreibt. Andere Rallen werden dagegen geduldet, solange sie sich dem Nest nicht bedrohlich nähern. Das Nest, ein tiefer Napf aus den Blättern von Schilf- und Rohrarten, liegt mal niedrig, mal bis 1 Meter über dem Wasserspiegel auf umgebrochenem Schilf, auf alten Nestern anderer Wasservögel oder in Seggenbülten. Manche Nester scheinen zwischen den stehenden Halmen zu hängen, sitzen aber auf einigen umgeknickten Stengeln. Oft verraten die Vögelchen ihre Anwesenheit nur durch die im Revier gebauten Nester. Eilänge um 31 mm, 7 bis 8 Eier, Brutzeit Anfang Mai bis Ende Juli, Zahl der Bruten unbekannt, Brutdauer um 21 Tage, vielleicht weniger. Beide Eltern brüten und zwar sehr fest. Sie hacken, auf den Eiern sitzenbleibend, nach der hingehaltenen Hand. Die Partner lösen sich alle paar Stunden beim Brüten ab. Die Jungen bleiben bis zu 8 Tagen im Nest und werden von den Eltern gefüttert. Bei einer Störung springen sie aus dem Nest und wissen sich sehr gut zu verstecken. Wenn die Jungen nicht mehr zurücksteigen können, bauen die Eltern ihnen ein Hudernest. Die Küken sind kohlschwarz bedunt, im Nakken schimmert die rote Haut durch.

Nahrung: Bei der Nahrungssuche streifen die Hühnchen auf stets gleichen und bald ausgetretenen Pfaden durch ihr Revier. Sie fressen zarte Insekten, Spinnen, Schnecken und Würmer.

Tüpfelsumpfhuhn *(Porzana porzana)*

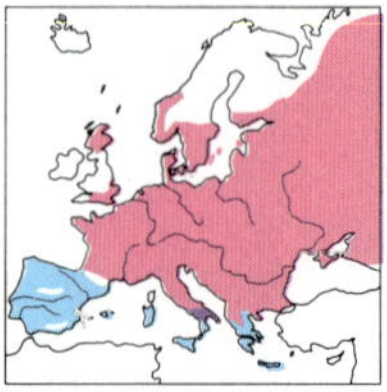

Merkmale: Kleiner und gedrungener als die Wasserralle, Länge um 23 cm. Blaßgelbe Rückenstreifen, Flanken weiß gebändert, Schnabel mit orangefarbener Wurzel und grünlicher Spitze. Das ganze Kleid wirkt sehr sauber, wie gemalt. Haltung geduckt, häufig mit dem Schwanz wippend. Das Tüpfelsumpfhuhn lebt sehr verborgen und zurückgezogen, es kann schwimmen, tut es aber zumindest am Tage nur selten. Auf freien Flächen überrascht, rennt es flügelschlagend ins Dickicht, wo es sich mit dem seitlich stark abgeflachten Körper auch durch dünnste Spalten zwängt. Die Vögel fliegen während des Sommers nur im Notfall. Meist schweigsam; während der Paarungszeit im Mai aber ruft das Männchen vor allem in der Abenddämmerung und bis in die Nacht mit Ausdauer. Der Ruf wird 1- bis 2mal je Sekunde vorgetragen und klingt scharf »huitt«. Die Jungen werden mit »gug, gug« gelockt und mit »tschick« gewarnt.

Lebensraum: Ausgedehnte Flachmoore mit lockerer Vegetation und seichten Wasserlachen, austrocknende Schilfbestände, wo das Wasser teils schon den Schlickboden freigibt und teils noch die Wurzelhälse umspült. Wegen seiner besonderen Forderungen an den Lebensraum und durch Biotopzerstörung ist das Tüpfelsumpfhuhn heute fast überall in Europa sehr selten; örtlich häufig kommt es noch im südlichen Rußland vor.

Fortpflanzung: Das Nest ist meist sehr verborgen in einem von Wasser umgebenen Seggenhorst gebaut. Die Basis besteht wie bei den Verwandten aus nach innen zusammengeknickten Halmen; überdacht von einer Laube. Brutzeit in Mitteleuropa Ende Mai und Juni, 8 bis 12 Eier, Brutdauer 18 bis 19 Tage. Beide Eltern brüten sehr intensiv. Junge mit schwarzen Dunen und gelb-schwarz-rotem Schnabel. Sie betteln mit Kopfwackeln.

Nahrung: Wie beim Kleinen Sumpfhuhn.

Zwergsumpfhuhn *(Porzana pusilla)*

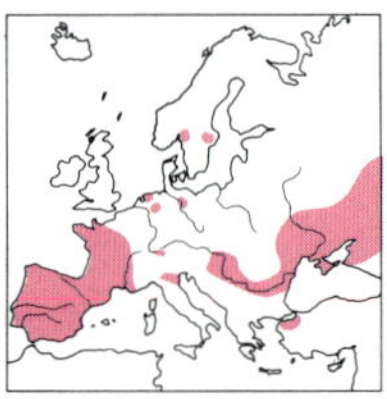

Merkmale: In der Natur, wo sich die Vögel meist nur für Sekunden offen zeigen, nur schwer vom Kleinen Sumpfhuhn zu unterscheiden, zumal das Zwergsumpfhuhn mit 18 cm Körperlänge kaum kleiner ist; beide Arten sind lerchengroß. Altvögel haben eine schiefergraue Unterseite, die Bauchfedern sind schwarzweiß quergebändert, über den Scheitel läuft ein schwarzer Längsstrich mit breiten, schwarzbraunen Rändern bis ins Genick. Auf dem Rücken dichtstehende weißliche Flecken und Striche. Der Schnabel ist grünlich, die Iris feuerrot. Im Jugendkleid fehlt das Schieferblau der Unterseite, die Kehle ist dort weißlich, die Unterseite bräunlich mit weißen Wellen und Fleckchen.
Zwergsumpfhühner gehen behende und zierlich mit häufigem Schwanzwippen und schwimmen gut – mit nickendem Kopf. Zwergsumpfhühner leben zwar in dichtem Gestrüpp, sind aber durchaus zutraulich. Beim Auffliegen lassen sie oft ein quiekendes Pfeifen hören. Den Balzruf vernimmt man nur zu Beginn der Paarungszeit. Er klingt schnarrend »trrr, trrr, trrr« und dauert 2 bis 3 Sekunden. Er wird teils einzeln, teils auch in wenigen Sekunden Abstand mehrfach vorgetragen und ist weithin zu hören.

Lebensraum: Moräste mit Seggenbülten zwischen 10 und 50 cm tiefem Wasser, oft mit eingestreuten Büschen oder höheren Blattpflanzen. In Mitteleuropa war das Zwergsumpfhuhn immer sehr selten und ging durch Biotopzerstörung weiter zurück. Es kommt in verschiedenen Rassen vor.

Fortpflanzung: Das Nest ist stets aus grünen Grashalmen gebaut und daher unverwechselbar. Es liegt meist gut versteckt in wasserumschlossenen Seggenbülten. Die Vögel brüten sehr fest. Eilänge um 29 mm, Brutzeit Mai und Juni, meist 6–8 Eier, Brutdauer 17 bis 21 Tage. Beide Eltern brüten.

Nahrung: Wie beim Kleinen Sumpfhuhn.

Teichhuhn, Grünfüßiges Teichhuhn *(Gallinula chloropus)*

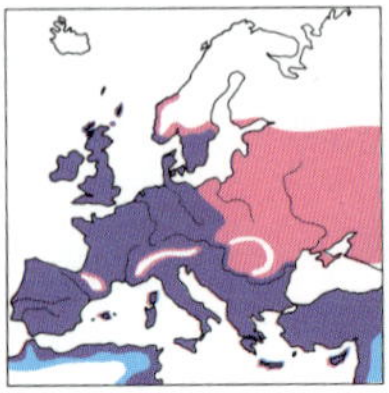

Merkmale: Länge 33 cm. Altvögel an der roten Stirn und den weißen Unterschwanzdecken immer zu erkennen. Gefieder dunkel mit schmalem, weißem Flankenstreifen, Beine und Füße grün, auch wenn Schnabel und Füße im Winter etwas verblassen. Die Jungvögel sind unscheinbar asch- bis düstergrau, grünfüßig, aber ohne Rot am Schnabel, tragen aber schon die weißen Felder unter dem Schwanz und eine Andeutung des Flankenstreifens. Teichhühner können sich rasch an Menschen gewöhnen und zeigen sich auch längere Zeit auf offenen Wasserflächen, wirken aber immer schüchtern. Erschreckt flüchten sie mit Flatterlauf ins Dickicht. In der Not tauchen sie unter und »fliegen« unter Wasser mit langsamen Schlägen ihrer halb geöffneten Flügel. Dann klettern sie unter Wasser an einem Pflanzenstengel in die Höhe, bis sie gerade Schnabel und Auge über den Wasserspiegel heben können, nicht selten noch unter einem Seerosenblatt. In höchster Bedrohung verbeißen sie sich unter Wasser im Wurzelwerk und können dabei ersticken. Beim Auffliegen lassen sie anfangs die Beine hängen, strecken sie dann aber nach hinten und fliegen schnell und ausdauernd. Die Stimme ist laut und oft aus dem Dickicht zu hören: »kürrk« und »ter ter ter«, die Jungen fiepen.

Lebensraum: In Nord- und Südamerika, im tropischen Afrika sowie im warmen und gemäßigten Eurasien heimisch, in Europa bis Mittelskandinavien. An Gewässern aller Art mit dichter Ufervegetation und üppig entfalteten Wasserpflanzen, auch an leicht brackigen Gewässern und kleinsten Bächen und Entwässerungsgräben. Oft in städtischen Gewässern in lebhaftester Umgebung. Im nördlichen Europa immer, in Mitteleuropa teilweise Zugvogel, der in West- und Südeuropa überwintert. Hauptzugzeit Oktober und April. Die Wanderer ziehen nachts und einzeln. Die Reise scheint die nicht sehr flugstarken Vögel bis an die Grenze zu fordern, jedenfalls werden immer wieder völlig erschöpfte Teichhühner aufgegriffen. Einzelne Teichhühner bleiben auch in härtesten Wintern in Mitteleuropa.

Fortpflanzung: Teichhühner sind streng territoriale Vögel, die während der Brutzeit keine Artgenossen im Brutgebiet dulden. Brutzeit Anfang Mai bis Ende Juli, zwei Bruten, nicht selten auch Schachtelbruten, das heißt, daß ein Partner schon auf dem zweiten Gelege brütet, während der erste noch die Jungen der ersten Brut führt. Häufiger aber schließen sich die Jungen, wenn sie eben selbständig geworden sind und die Eltern zum zweiten Mal brüten, zu einer Kinderfamilie zusammen, also einer Familie ohne Eltern, die in der Nähe bleibt. Schlüpfen dann die Jungen der zweiten Brut, so schließen sie sich wieder der gewachsenen Familie an und betreuen zusammen mit ihren Eltern die Neuankömmlinge. Das Nest steht als Blätter- oder Halmenhaufen im Wasser oder in einer Seggenbülte; es liegt aber auch, wo ein leichtes Klettern möglich ist, in einem Busch, manchmal mehrere Meter über dem Wasserspiegel. Die tiefe Nestmulde ist oft grün ausgelegt. Die meist 7 bis 10 Eier von etwa 43 mm Länge werden von beiden Eltern 19 bis 22 Tage bebrütet und notfalls, etwa gegen Hausgänse, tollkühn verteidigt. Es wird von Teichhühnern berichtet, die weiterbrüteten, während ihr Brutteich mit Maschinen zugeschüttet wurde. Die Jungen schlüpfen in schwarzem Dunenkleid mit roter Stirn und gelbem Schnabel, der anfangs noch den weißen Eizahn trägt. Sie werden anfangs durch Vorhalten des Futters ernährt. Später holen die Eltern Bündel von Wasserpflanzen aus dem Wasser, und die Jungen suchen die Bündel nach Genießbarem ab. Etwa bis September vermausern die Jungen in ihr erstes Winterkleid. Die Eltern locken ihre Jungen mit einem weichen »dugg«. Ahmt man diesen Ruf nach, so kann man die Jungen zu sich locken. Sie betteln dann auch einen Menschen um Futter an, indem sie mit ihren bunten Köpfen wackeln und die Stummelflügel mit den rosa Fingern ausbreiten.

Nahrung: Überwiegend tierische Kost.

Purpurhuhn, Purpurralle *(Porphyrio porphyrio)*

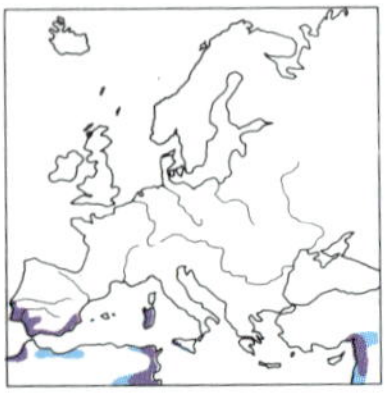

Merkmale: Größer als ein Bläßhuhn, Länge um 48 cm. Der massige Schnabel mit dem kennzeichnenden Stirnschild und die übergroßen Füße sind beim Altvogel hellrot, beim Jungvogel gelblich. Das Gefieder weist im Alterskleid, besonders auf der Oberseite des Vogels, purpurblauen Schimmer auf, die Unterseite ist etwas heller. Auch beim Jugendkleid in düsterem, bläulichem Grau sind Hals, Brust und Bauch heller. Die Küken tragen ein schwarzes Dunenkleid. Das Purpurhuhn stößt weittragende trompetenhelle Rufe aus, die gehäuft während der Dämmerstunden aus seinem Wohngebiet erschallen. Während dieser Zeit entwickelt es seine größte Regsamkeit.

Lebensraum: Fast überall in den Tropen der Alten Welt heimisch und an geeigneten Orten häufig vertreten. Erreicht in Europa die Nordgrenze seines Verbreitungsgebietes. Der absolut nördlichste Punkt ist das Wolgadelta. Viele der Vögel, die als Standvögel das Brutgebiet kaum verlassen, überleben die harten Winter dort nicht, was eine weitere Ausbreitung nach Norden unmöglich macht.

Das Purpurhuhn bewohnt undurchdringliche Schilfwälder in Süß-, Brack- und Bitterseen. Es kommt an Gewässern vor, wo es über tiefem Wasser nur in den Schilfhalmen klettert, aber auch im Flachwasser, wo es waten kann. Anders als unser heimisches Grünfüßiges Teichhuhn pflegt das Purpurhuhn nicht zu schwimmen. Gelegentlich besucht es auch überflutete Reisfelder und zeigt sich an Wasserlöchern im Schilf. Es kann nahezu senkrecht in die Höhe fliegen. Seinen Flug mit hängenden Beinen beendet es schon nach kurzer Strecke. Es ist meist scheu, kann sich aber auch an den Menschen gewöhnen und wird dann zutraulich, wie man das ähnlich auch bei unserem heimischen Grünfüßigen Teichhuhn beobachtet.

Fortpflanzung: Beide Eltern bauen das kunstlose Nest aus Schilfblättern im dichtesten Halme-Dickicht auf, am liebsten zwischen umgebrochenem Schilf. In Seen liegt das Nest dicht über dem Wasser, in Gewässern mit wechselndem Wasserstand über der Hochwasserlinie. Das Weibchen legt 3 bis 9 und im Mittel 6 Eier von 50 mm Länge, die von beiden Eltern bebrütet werden. Wenn das Weibchen umkommt, soll das Männchen das Gelege aufgeben. Brutdauer 22 bis 25 Tage.

Nahrung: Überwiegend pflanzliche Kost: Samen, Sproße und Wurzeln von Wasserpflanzen. Purpurhühner klettern an Reisstengeln in die Höhe, um die Samen zu fressen, dabei fassen sie mit ihren langen Zehen ganze Bündel von Halmen zusammen. Als Beikost Frösche und deren Brut, Vogeleier und Nestlinge, Krebse.

Kammbläßhuhn *(Fulica cristata)*

Merkmale: Länge um 40 cm; sehr ähnlich dem Bläßhuhn, aber mit zweihöckerigem rotem Stirnkamm, der nur aus der Nähe zu sehen ist und den Jungvögeln fehlt. Beim Kammbläßhuhn läuft die Befiederung seitlich am Oberschnabel mit einem Winkel von etwa 60 Grad aus, beim Bläßhuhn mit etwa 35 Grad. Sein dumpfer Ruf auf »quoark« unterscheidet es deutlich vom Bläßhuhn.

Lebensraum: Das Kammbläßhuhn ersetzt das Bläßhuhn im tropischen Afrika, ist dort ähnlich häufig wie jenes in Europa und besiedelt vergleichbare Lebensräume. Das Kammbläßhuhn kommt, rund 5000 km von seinem geschlossenen Brutgebiet entfernt, in kleinen Verbreitungsinseln in Südspanien und Marokko vor. Es besiedelt in Europa Schilfsümpfe mit kleinen Wasserflächen, die das Bläßhuhn meidet.

Fortpflanzung: Wie beim Bläßhuhn. Auch die Dunenjungen sind genauso bunt wie die Bläßhuhnküken.

Nahrung: Wie beim Bläßhuhn, überwiegend vegetarisch.

Bläßhuhn *(Fulica atra)*

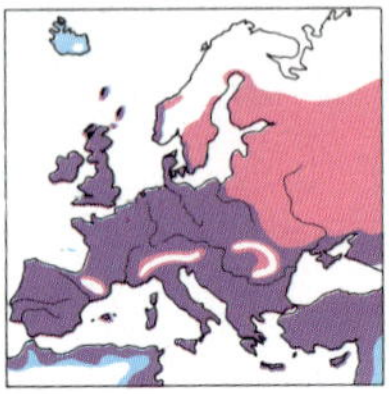

Merkmale: Länge 38 cm; Altvögel unverwechselbar mit Schnabel und Stirnschild in Weiß. Die Männchen wiegen bis um 600, die Weibchen bis 800 g. Die Jungen sind bis zur Herbstmauser ohne weiße Stirn (Blässe) und oberseits dunkel, an Hals und Brust hell aschgrau. Kräftige Beine und lange grünlich dunkle Zehen mit Schwimmlappen. Bläßhühner verbringen die meiste Zeit auf dem Wasser. Sie schwimmen langsam und mit Kopfnicken. Gelegentlich kommen sie zum Rasten und Grasen ans Ufer, fliehen aber bei der geringsten Störung aufs Wasser. Die Nacht verbringen sie auf einem geschützten Schlafplatz außerhalb des Wassers. Sie starten zum Flug stets gegen den Wind und mit langem, rasantem Anlauf. Oft laufen sie auch flügelschlagend über das Wasser, ohne aufzufliegen. Stimme eintönig: ein hohes »Zipp« sowie meckerndes »Käff«.

Lebensraum: Brutvogel an langsam fließenden und stehenden Gewässern mit Schilfsaum, in dem die Vögel ihre Nester bauen. Als Bewohner von Park- und Stadtweihern kommen sie auch ohne Schilf aus. Förderlich für den Bläßhuhnbestand sind flaches Wasser, reiche Wasserpflanzenvegetation, schlammiger Boden und offene Wasserflächen neben Schwimmblattfluren. Der Bestand in Mitteleuropa stieg in den letzten Jahrzehnten stark an.
Im Herbst sammeln sich die Bläßhühner auf nahrungsreichen größeren Gewässern und bleiben zunächst, bis die Nahrung aufgebraucht ist oder Eisgang sie weitertreibt. Teils kommen Zuzügler aus Norden und Osten. Im Laufe des Winters erlischt der Wandertrieb; wenn danach strengster Frost einsetzt, so geht es für viele um Leben oder Tod.

Fortpflanzung: Brutzeit in Mitteleuropa von Mitte April bis weit in den Sommer, im Süden auch früher. Im März werden die Reviere wieder besetzt, wobei es bei hoher Bevölkerungsdichte zu erbitterten Kämpfen an der Reviergrenze kommen kann, bei denen auch die Weibchen eingreifen und sich mit Hieben der Flossenfüße und Flügel durchzusetzen suchen. Das meist schwimmende Nest wird am Wasserrand im Altschilf verankert, teils unter einer Laube aus zusammengezogenen Halmen, teils liegt es auch offen. Die Eltern verteidigen ihre Brut mit Löwenmut. Auf Parkweihern beweisen sie ihre Kampfkraft im Streit mit den Schwänen. Einzelne Bläßhühner gehören zu den wenigen Vögeln, die notfalls auch einen Menschen angreifen, der sich am Nest zu schaffen macht. Manche der aus Schilfhalmen erbauten Nester erreichen eine Höhe von 20 cm über dem Wasserspiegel und haben dann eine oder gar zwei Rampen, auf denen die Altvögel und später die Jungen ins Nest steigen.
Während das Weibchen brütet, übernachtet das Männchen auf einem eigens dafür erbauten Schlafnest. Meist 7 bis 10 Eier, ausnahmsweise auch bis 15. Eilänge um 50 mm, Brutdauer 21 bis 24 Tage. Meist schlüpfen alle Jungen eines Geleges am gleichen Tag. Sie bleiben noch etwa einen Tag im Nest, dann macht die Familie schwimmend die ersten Ausflüge, kehrt aber oft zum Wärmen und noch lange zum Schlafen ins Nest zurück. Gelegentlich bauen die Eltern auch weitere Aufwärmplattformen. Die Jungen bekommen das Futter vorgehalten und betteln mit dem Wackeln ihrer bunten Köpfe. Unterwegs lassen die Jungen einen fiependen »Hier-bin-ich«-Ruf hören.

Nahrung: Weit überwiegend pflanzlich, Sproße, Früchte und Wurzeln von Wasser- und ufernahen Landpflanzen. Dazu als Beikost Insekten, Schnecken, Muscheln. Einzelne Bläßhühner sind auch Nestplünderer bei anderen Wasservögeln. Die Nahrung wird meist von der Wasserfläche aufgepickt, aber auch tauchend vom Grund heraufgeholt, in der Not aus bis zu 4 Metern Tiefe, obwohl Bläßhühner in ihrem luftigen Federkleid wie ein Korken nach oben schießen, sobald sie nicht mehr rudern. Ihr Fleisch hat einen stark modrigen Geschmack. Dennoch werden sie hier und da aus Sportgründen gejagt, manchmal sogar zum Entsetzen der Spaziergänger an Parkweihern.
Jäger veranstalten entgegen aller Proteste noch immer einen traditionellen Massenabschuß der Bläßhühner: die sogenannte »Belchenschlacht« auf dem Bodensee.

Wat- und Möwenvögel *(Charadriiformes)*

In der sehr arten- und formenreichen Ordnung der Wat- und Möwenvögel fassen die Zoologen nicht weniger als 17 sehr unterschiedliche Vogelfamilien zusammen. Gemeinsame Besonderheiten des Knochenbaus sind das stärkste Argument für die Zusammenfassung so verschiedener Vögel in einer Ordnung. Die meisten Vertreter der Gruppe bewohnen den gleichen Lebensraum: sumpfige Ufer von Süß- und Salzgewässern, sandige bis felsige Meeresküsten. Auf den nächsten Seiten stellen wir die Vertreter von vier Familien vor: der Wassertreter, Säbelschnäbler, Regenpfeifer und Austernfischer. Diese Gruppen sind in ihrer Lebensweise typische Watvögel, die durch Verwandtschaft und gemeinsamen Lebensraum viele Parallelen haben. Alle sind Bodenvögel mit kräftigen Beinen und verkümmerter Hinterzehe. Ihr Schwanz ist kurz. Alle sind aber auch ausdauernde und meist gute Flieger mit langen, eher schmalen Flügeln. Zur Brutzeit leben sie paarweise und legen meist vier, selten drei Eier in eine flache Nestmulde am Boden, die mehr oder weniger reichlich mit Halmen ausgelegt wird. Alle ernähren sich fast ausschließlich von tierischer Kost, die sie vom Boden oder Gewässergrund aufsammeln. Einige Arten schwimmen freiwillig, fast alle können es in der Not. Deutlich ausgeprägt finden wir bei vielen Watvögeln die Neigung zu nächtlicher Lebensweise.

Die Familie der Regenpfeifer ist mit rund 65 Arten besonders formenreich und weltweit verbreitet, 9 Arten werden auch in Mitteleuropa regelmäßig beobachtet. Das Hauptverbreitungsgebiet liegt in den Tropen der Alten Welt, wo besonders die Kiebitze in zahlreichen Arten vertreten sind. Bei den Regenpfeifern, lerchen- bis taubengroßen Vögeln mit langen Beinen, hoher Stirn und geradem, wohlproportioniertem Schnabel, deuten die großen Augen an, daß sie auch nachts aktiv sind. Die meisten Arten dieser Familie tragen eine dunkle Zeichnung auf der Unterseite. Die Regenpfeifer lassen sich unterteilen in die Kiebitze, das sind Vögel von kräftiger Statur mit gerundeten Flügeln und kräftigen Schwarzweißkontrasten in der Gefiederzeichnung, und die Regenpfeiler im engeren Sinne mit mehr sand- oder erdfarbenem Gefieder und langen, spitzen Flügeln.

Die Austernfischer bewohnen in 4 Arten die Küsten aller Erdteile, diese 4 Arten sehen sich zudem äußerst ähnlich. Sie tragen ihren Namen zu Recht, denn sie können ihren messerdünnen Schnabel so geschickt in den Spalt einer geöffneten Muschel stoßen und deren Schließmuskel durchtrennen, daß diese nicht mehr in der Lage ist, die Schalen zu schließen. Daneben verwerten sie aber auch vielerlei andere Nahrung, die der Meeressaum bietet.

Die Familie der Säbelschnäbler enthält 5 Arten, die durch ihre merkwürdige Gestalt (und meist auch Schnabelform) eine Sonderstellung unter den Watvögeln einnehmen. Hierher gehört neben dem Säbelschnäbler der Stelzenläufer; beide Arten sind Koloniebrüter, was unter den Watvögeln eher zur Ausnahme gehört.

Die Wassertreter werden von manchen Vogelkundlern zu den Schnepfenvögeln gestellt, denen eine eigene Einführungsseite gewidmet ist. Wir werten sie hier als eigenständige Familie. Ihre Sonderstellung liegt darin, daß sie viel mehr Schwimm- als Watvögel sind. Ihre Zehen tragen deshalb Schwimmlappen, die sich zusammenlegen, wenn der Fuß nach vorne geführt wird.

Die Triele und Brachschwalben schließlich sind Watvögel, die fern vom Wasser in trockenen Gegenden leben und die wir bereits im Landvogelband vorstellten.

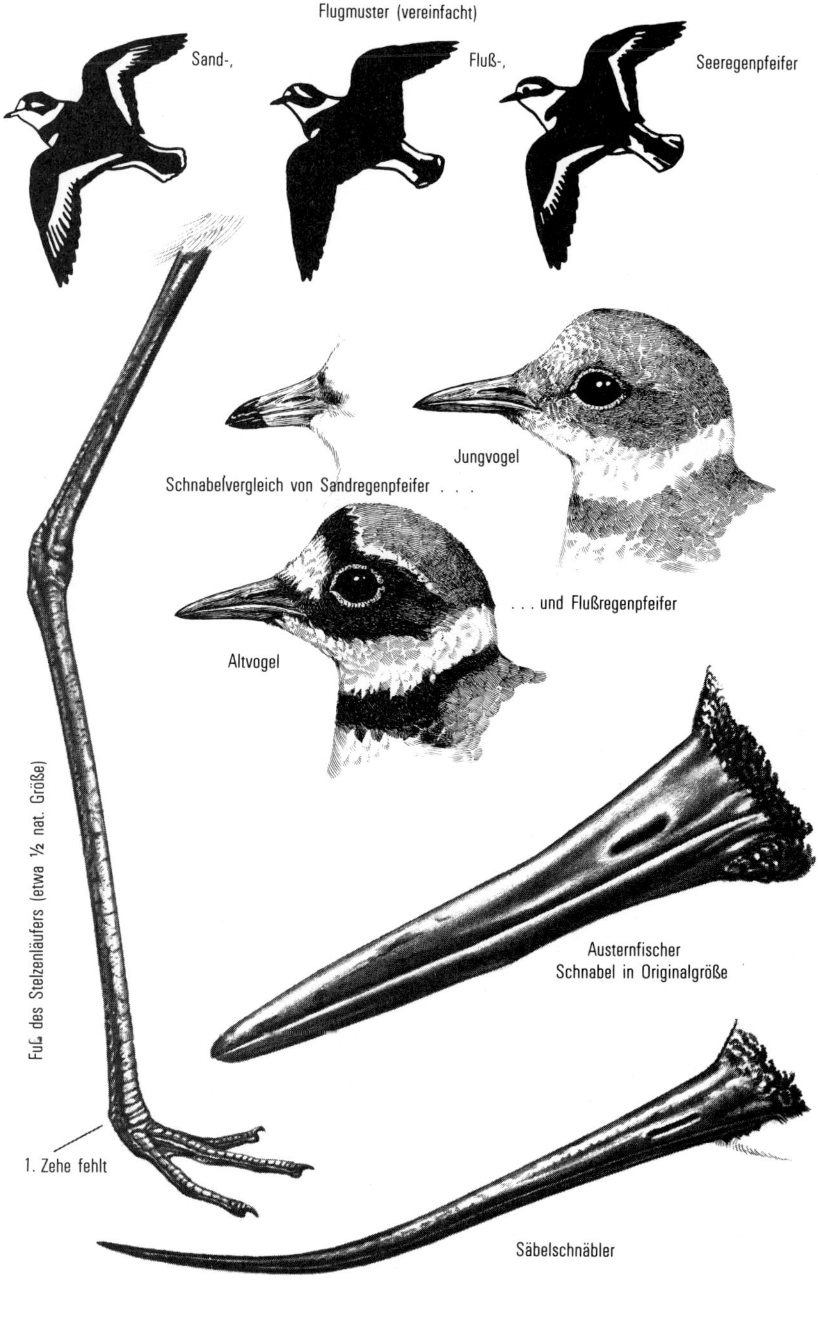
Flugmuster (vereinfacht)
Sand-,
Fluß-,
Seeregenpfeifer
Jungvogel
Schnabelvergleich von Sandregenpfeifer . . .
. . . und Flußregenpfeifer
Altvogel
Fuß des Stelzenläufers (etwa ½ nat. Größe)
Austernfischer
Schnabel in Originalgröße
1. Zehe fehlt
Säbelschnäbler

Austernfischer *(Haematopus ostralegus)*

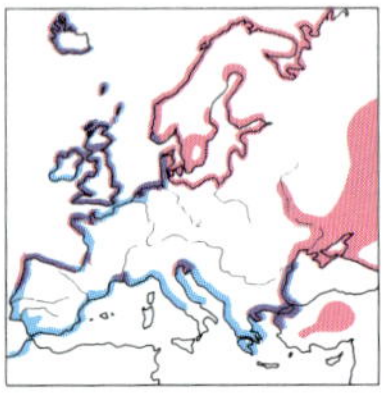

Merkmale: Unverwechselbar, Länge um 43 cm, Gewicht um 500 Gramm. Die Jungvögel sind im ersten und oft auch noch im zweiten Sommer an ihrer schwarzbraunen Schnabelspitze und einer weißen Kinnbinde kenntlich, welche die Altvögel nur im Winterkleid anlegen.

Austernfischer fliegen recht gut, wenn auch nicht wendig, sie schwimmen leidlich und können in der Not recht geschickt tauchen. Auf der Flucht vor einem hetzenden Falken oder Seeadler stürzen sie sich sogar aus dem Flug ins Wasser. An Land gehen sie meist behäbig, können aber auch rennen. Mittags sind sie schläfrig und stehen dann mit Vorliebe auf einem Bein auf von der Brandung umspülten Felsen.

Lebensraum: In Amerika reicht ihr Brutgebiet lückenlos von Alaska bis Feuerland, außerdem brüten sie in Südafrika und Australien. In Osteuropa findet man sie tief im Binnenland; in Westeuropa hingegen leben sie als echte Meeresvögel und wurden charakteristisch für die deutschen Nordseeküsten.

Die im Norden brütenden Austernfischer sind Zugvügel, die im August aufbrechen und in großen Gesellschaften hoch und ziemlich schweigsam dem Lauf der Küsten folgend nach Süden ziehen. Einige fliegen bis Nordafrika. Die mitteleuropäischen Austernfischer sind dagegen Stand- und Strichvögel, die nur das Eis aus ihrem Brutgebiet und dessen weiterer Umgebung vertreibt. Viele trotzen auch dem härtesten Winter, und nicht wenige verlieren dabei ihr Leben. Ganz selten treibt sie die Zugunruhe auch weit ins Binnenland.

Fortpflanzung: Austernfischer halten lebenslang am einmal erwählten Brutrevier fest, und manche sind auch lebenslang mit dem gleichen Partner verbunden. Trotzdem findet im Frühjahr bis weit in den Sommer hinein das feierliche Schauspiel der Gruppenbalz statt. Dabei stehen die Vögel, den Schnabel zur Erde gerichtet, beisammen, laufen auch nebeneinander her, hin und zurück, und bilden schließlich einen Kreis. Dabei rufen sie in steigendem Tempo »kewik . . . kewik . . . kwik, kwik, kwik, kwirrrr«. Nach diesem Triller bekam die ganze Vorführung den Namen Trillerspiel. Es kann auch im Fluge aufgeführt werden.

Austernfischer schreiten erst nach ihrem zweiten Winter zur Brut. Das Nest liegt auf einer Sandbank oberhalb der Hochwasserlinie oder in küstennahen Wiesen und ist oft nur eine ausgescharrte Mulde, manchmal aber auch nicht ohne Schönheitssinn mit Muschelschalen oder welken Blättchen ausgelegt. Austernfischer sind keine Koloniebrüter. Brutbeginn im zweiten Maidrittel bis in den Juni hinein, Nachgelege auch im Juli. Das zweite der hühnereigroßen Eier wird etwa 24 Stunden nach dem ersten gelegt, das dritte und meist auch letzte 48 Stunden später. Beide Eltern lösen sich häufig beim Brüten ab. Brutdauer 27 bis über 30 Tage. Den Jungen wird anfangs das Futter vorgehalten, bei den auf Muschelkost spezialisierten Paaren sogar noch bis über das Flüggewerden hinaus. Offenbar wird der Schnabel erst recht spät dazu tauglich, die Muscheln aufzuschneiden. Die Eltern und alle benachbarten Austernfischer verteidigen ihre Brut mit gellendem Geschrei und Schnabelhieben gegen Nestplünderer wie Krähen und Großmöwen. Dennoch kommen etwa zwei Drittel der Jungen schon in den ersten Lebenstagen um. Viele ertrinken, wenn die Eltern sie bei Ebbe hinaus in das Watt führen und dann die Flut hereinrollt. Die Jungen schlüpfen mit einem Gewicht von etwa 30 Gramm. Die Austernfischer haben Aussicht auf ein langes Leben; einer wurde in Freiheit 36 Jahre alt.

Nahrung: Kleintiere des Meeresstrandes. Austernfischer stoßen ihren schmalen, scharfen Schnabel in spaltenbreit geöffnete Muscheln und durchtrennen deren Schließmuskel, ehe sie zuklappen. Es kommt vor, daß die Muschel schneller ist und den Schnabel einklemmt. Dann schleppt sie der Vogel mit sich herum, bis sie ermüdet losläßt.

Säbelschnäbler *(Recurvirostra avosetta)*

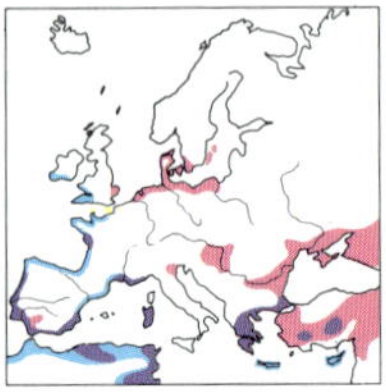

Merkmale: Körper gut taubengroß, Gesamtlänge um 43 cm, Beine blaugrau, Füße mit kleinen Schwimmhäuten. Die Alterskleider beider Geschlechter sehen im Winter und im Sommer fast gleich aus, nur das Jugendkleid bis zum ersten Winter ist weiß und fahlbraun mit schwarzen Schwingen. Die Säbelschnäbler gehen mit großen Schritten. Sie stehen gern auf einem Bein oder ruhen mit eingeknickten Beinen auf den Fersen. Sie schwimmen oft und möwenleicht und können zur Not auch tauchen. Unter Wasser rudern sie mit den Flügeln.

Der Flug ist etwas schwerfällig mit eingezogenem Hals und nach hinten gestreckten Beinen. Warnruf laut und durchdringend »dütt«. Balzstrophe ein vielfach wiederholtes »tliuh ... tliuh«. Unter sich gesellig, aber nicht im Verband mit anderen Strandvögeln.

Lebensraum: Säbelschnäbler sind an Salzwasser gebunden. Wo, wie in der Camargue, ein Gewässer durch Einleiten von Flußwasser aussüßt, verschwinden sie. Sie brüten an Lagunen, schlammigen Meeresbuchten, an Salz- und Bitterseen mit freien Schlammflächen. An der Nordseeküste nimmt ihr Bestand zu, nachdem er um die Jahrhundertwende durch rasch zunehmendes Eiersammeln für Küchenzwecke vom Erlöschen bedroht war. Am Nordrand ihres Verbreitungsgebietes sind die Säbelschnäbler Zugvögel. Die meisten Brutvögel der Nordsee versammeln sich im Juli und August im Jadebusen, der ihnen mit seinen weiten Schlickflächen reichlich Nahrung bietet. Sie ziehen niedrig und in kleinen Gruppen, untereinander halten sie Stimmfühlung durch Lockrufe. Sie folgen den Küsten bis in den südlichen Mittelmeerraum. Die Säbelschnäbler der östlichen Steppenseen halten sich an Flußläufe und weichen den Gebirgen aus. Sie fliegen bis zu den großen Salzseen Ostafrikas, wo sich in manchen Wintern Tausende von Säbelschnäblern versammeln. Einige bleiben auch dort und brüten.

Fortpflanzung: Säbelschnäbler brüten in lok-

keren Kolonien, oft im Verein mit Lachmöwen, Flußseeschwalben, Austernfischern und anderen geselligen Strandvögeln. Das Nest ist eine meist bescheiden ausgelegte Mulde in der Salzsteppe, auf Viehweiden oder in der Strandvegetation. Die Bruten an der Meeresküste sind stets von Hochwasser bedroht. An feuchten Standorten können die Vögel auch ein flaches Nest aus Halmen und Zweigen aufschichten. Nähert man sich der Brutkolonie, so fliegen alle nichtbrütenden Altvögel dem Eindringling entgegen und umkreisen ihn, bald fern, bald auch sehr nah, und stoßen dabei unablässig Warnrufe aus. Indessen schleichen die Brutvögel von den Eiern. Nähert man sich ihren Gelegen, so humpeln sie in einiger Entfernung von den Nestern mit seltsamen Verrenkungen und Flügelschwenken dahin. Am intensivsten ist dieses »Verleiten« ausgeprägt, wenn die Jungen schlüpfen.

Beide Eltern brüten auf meist vier, seltener auch drei Eiern, Brutzeit Mai und Juni, Brutdauer 23 bis 25 Tage. Die Jungen schlüpfen mit schon leicht gekrümmten Schnäbeln. Sie haben auffällig verdickte Fersengelenke. Zum Aufwärmen läßt sich die Mutter oft auf die Fersen nieder, die Jungen stellen sich dann unter die leicht angehobenen Flügel. Ihre Nahrung finden sie ohne Anleitung.

Nahrung: Der aufwärtsgebogene, von der Seite schmale, von oben gesehen aber breite Schnabel weist den Säbelschnäbler als Nahrungsspezialisten aus. Er benötigt salzigen Schlamm, in dem bestimmte Kleinkrebse zur Massenentfaltung kommen. Bei der Nahrungssuche schreitet er hurtig durch den Schlick, wo dieser ganz flach mit Wasser bedeckt ist und zieht bei jedem Schritt mit einer mähenden Bewegung den Schnabel durch die obersten, noch dünnflüssigen Schlammschichten und erbeutet Kleinorganismen.

Stelzenläufer *(Himantopus himantopus)*

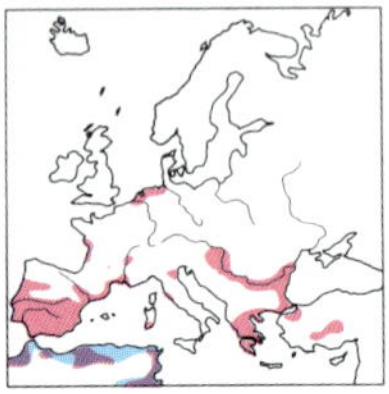

Merkmale: Wie ein ins Grazile übertriebener Miniaturstorch, daher heißt er im Spanischen »Cigenuela«, also »Störchlein«. Länge um 36 cm, Körper knapp taubengroß. Stelzenläufer sind unverwechselbar, darüber hinaus kann man im Feld Alter und Geschlecht der Vögel unterscheiden. Alte Männchen im Brutkleid mit glänzend schwarzen Flügeln, Nacken und Kopfseiten schwarz. Mit fortschreitendem Alter werden die schwarzen Kopfpartien kleiner, und auf dem Brustgefieder kann sich ein Hauch von Rosenrot zeigen. Beim Weibchen im Brutkleid ist die Oberseite glanzlos schwarzbraun, Kopf und Nacken sind weiß. Die Jungvögel haben in ihrem ersten Herbst einen dunkelbraunen Rükken, die Federn der Oberseite weisen lehmfarbene Ränder auf. Die gelbroten Beine der Jungvögel werden nach und nach ziegelrot.

Lebensraum: Der Stelzenläufer brütet in den Tropen und Subtropen der Alten und Neuen Welt. In Ostasien tritt er in einer einheitlich schwarzen Form auf. Er bevorzugt seichte Gewässer mit offenen Ufern, schlickigem Grund und eingestreuten Schilf- oder Binsenhorsten. Dabei akzeptiert er Süß-, Brack- und Bitterwasser, meidet aber meist die Meeresküste. Im Mittelmeerraum ist er ein typischer Lagunenvogel. Die Ausbreitung des Reisanbaus schuf ihm in den überschwemmten Reisfeldern einen neuen Lebensraum. In Ägypten lebt er zutraulich an den schlammigen Dorftümpeln, die den Wasserbüffeln zum täglichen Bade dienen.

Seit jeher hat es immer wieder starke Einflüge von Stelzenläufern nach Mitteleuropa gegeben, die aber in den letzten Jahren häufiger werden. Als Ursache der Invasion vermutet man Dürrejahre im Mittelmeerraum, so daß viele Vögel zum Verlassen ihrer angestammten Brutplätze gezwungen werden. Von zahlreichen Brutversuchen nördlich der Alpen bis zum Nordseestrand wird berichtet, doch ist der Bruterfolg gering, bislang kam es nicht zu einer dauerhaften Ansiedlung in Mitteleuropa.

Die Stelzenläufer der nördlichen Brutplätze sind Zugvögel, die teils in den Tropen, teils aber auch schon im südlichen Mittelmeerraum überwintern. Sie erscheinen im April oder Mai im Brutgebiet und ziehen im August wieder fort.

Fortpflanzung: Stelzenläufer brüten meist in lockeren Kolonien. Die Nester liegen auf trokkenen Stellen im Sumpfland, mit Vorliebe auf flachen Inseln oder auf kleinen Landzungen. Im Gegensatz zu den Nestern der meisten anderen Schnepfenvögel (Limikolen) sind sie ziemlich großräumig und sorgfältig angelegt, meist überhaupt nicht versteckt. Der Unterbau besteht aus zusammengelegten Ästchen oder Halmen, er kann bis 6 cm hoch sein. Die Nestmulde wird mit feinerem Material ausgelegt. Die Eier, meist 4 an der Zahl, sind olivgrün bis aschgrau und fein rötlichbraun gefleckt, etwa 44 mm lang. Sie liegen, wie bei Limikolen üblich, mit dem zugespitzten Ende zur Nestmitte hin. Die Brutzeit kann sich über einen längeren Zeitraum hinziehen. Legebeginn etwa von Mitte Mai bis Mitte Juni, Brutdauer 25 oder 26 Tage. Nähert man sich der Kolonie, so fliegen die Altvögel aller Bruten dem Eindringling einige hundert Meter weit entgegen und umkreisen ihn mehrere Male mit lauten Rufen, die wie das Kläffen von kleinen Hunden klingen: »huitt . . . huitt . . .« Dann landen die Vögel in sicherer Entfernung und schreien weiter. Der Flug ist langsam und flatterig. Dabei wird der Hals etwas eingezogen, der Schnabel schräg nach unten gerichtet, und die überlangen Beine werden weit nach hinten gestreckt.

Das sandfarbene Dunenkleid der Küken weist unregelmäßige Reihen schwarzer Flecken an Kopf und Schultern auf. Die Küken halten sich sehr versteckt, bis sie mit etwa 4 Wochen zu fliegen beginnen. Dem Ende der Brutzeit folgt die Herbstmauser der Altvögel, bei der sie das Winterkleid anlegen.

Nahrung: Der Stelzenläufer kann in so tiefem Wasser waten wie kein anderer Watvogel. Er nutzt das bei der Nahrungssuche aus, indem er meist bis zum Bauchgefieder ins Wasser geht. Er erbeutet schwimmende und kriechende Tiere wie Kaulquappen, Wasserwanzen, Schwimmkäfer und Köcherfliegenlarven.

Flußregenpfeifer *(Charadrius dubius)*

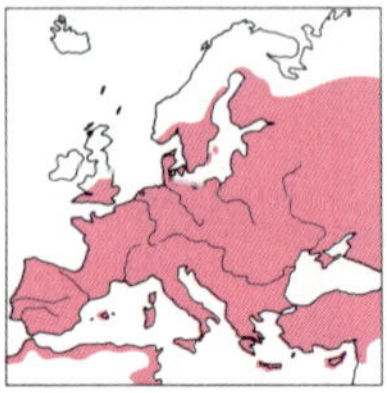

Merkmale: Mit 15 cm Länge deutlich kleiner als der Sandregenpfeifer. Ohne Flügelbinde, Schnabel schwarz, gelber Augenring, Füße gelblichgrau. Im Winter- und Jugendkleid unscheinbar und den anderen Regenpfeifern ähnlich. Kein weißer Flügelstreif im Flugbild (Oberseite) wie bei den ähnlichen Sandregenpfeifern und Seeregenpfeifern. Die Vögelchen sind dämmerungs- und nachtaktiv. Sie laufen mit so schnellen Trippelschritten, daß man einen rollenden Ball zu sehen glaubt. Dazwischen halten sie ruckartig inne und wiegen den Körper. Über Mittag ruhen sie meist auf einem Bein stehend und hüpfen, wenn sie sich nur wenig bewegen wollen, auf einem Bein umher. Beim Auffliegen hört man einen melodischen Ruf. Der reißende, mühelos wirkende Flug erinnert etwas an den der Rauchschwalbe. Flußregenpfeifer schwimmen nur im Notfall.

Lebensraum: Der einzige Regenpfeifer, der an den Flüssen Mitteleuropas brütet, dafür fehlt er an der Meeresküste. Sein angestammter Lebensraum sind die Kiesinseln der Wildflüsse. Durch Flußregulierung gingen diese Kiesinseln drastisch zurück. Auf den letzten verbliebenen drängen sich an warmen Sommertagen die Badegäste und vertreiben damit, ohne es zu ahnen, die Regenpfeifer. So wäre der Flugregenpfeifer heute in Deutschland wohl ausgerottet, hätte er nicht in Kiesgruben einen neuen, wenn auch oft nur vorübergehend zugänglichen Lebensraum gefunden.
Flußregenpfeifer verbringen den Winter im tropischen Afrika und Asien. Sie halten sich auch dort meist an offenen Kiesufern der Binnengewässer auf, seltener an der Meeresküste. Die Hauptzugzeiten in Mitteleuropa sind März, April und August, September, mit Nachzüglern im Oktober.

Fortpflanzung: Die Paare besetzen möglichst das vorjährige Revier. Das Männchen balzt mit einem auffälligen, wohlklingenden Trillerruf. Gegen Rivalen droht es an der Reviergrenze, indem es sich verbeugt, den Schwanz senk-

recht aufstellt und zu einem Rad entfaltet. Dabei kommt die weiße Färbung der Schwanzfedern voll zur Wirkung. Ganz ähnlich droht der Regenpfeifer auch, wenn ihm ein anderer Watvogel zu nahe kommt. Das Nest ist eine unauffällige Mulde im Kies, manchmal mit einigen Pflanzenteilen ausgelegt. Es enthält in der Regel 4 Eier. Nachgelege bis zu 3 Eiern möglich. Geht ein Ei der schon fortgeschrittenen Brut verloren, so brüten die Vögel auf dem unvollständigen Gelege weiter. Beide Eltern brüten mit häufigen Brutablösungen: Während ein Partner zum Nest rennt, huscht der andere schon davon. Auf den Eiern spreizt der Vogel das Brustgefieder und rückt sich so zurecht, daß die Eier in Kontakt mit den Brutflecken kommen. Das sind nackte, besonders gut durchblutete und daher warme Hautstellen, die sich nur bei brütenden Vögeln finden.
Flußregenpfeifer können die sehr großen Eier, die zusammen etwa 30 Gramm wiegen (gegen 40 bis 45 Gramm des Brutvogels), nur mühsam erwärmen. So kommt es, daß die Brut bei kaltem Wetter bis zu eine Woche länger dauert als bei warmen Tagen. Brutdauer 22 bis 27 Tage. Während der Brutzeit zeigen die Vögel sehr starkes Verleiten, indem sie erst vom Nest weglaufen und in einiger Entfernung unter Zukkungen und Verrenkungen weiterhinken. Das Schlüpfen der Jungen zieht sich über 2 bis 3 Tage hin. Die Jungen wiegen bei der Geburt um 5 Gramm und nehmen täglich ein paar Gramm zu. Ein Teil der Brutpaare brütet unter günstigen Bedingungen ein zweites Mal, wenn die erste Brut selbständig geworden ist. Das gesamte Brutgeschäft kann sich dann über 3½ Monate hinziehen.

Nahrung: Vom Boden und aus dem Flachwasser aufgepickte Kleintiere, als Beikost Pflanzensamen. Im Magen finden sich regelmäßig Steinchen.

Brutkleid

Winter- und Jugendkleid

Seeregenpfeifer *(Charadrius alexandrinus)*

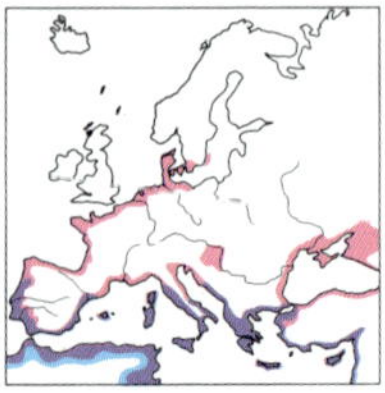

Merkmale: Lerchengroß, Länge 17 cm, Spannweite 35 cm, hochbeiniger als Sand- und Flußregenpfeifer. Brustband vorn nicht geschlossen, Schnabel und Füße schwarz. Im Brutkleid kann man die Geschlechter leicht unterscheiden: Das Männchen am zimtbraunen Scheitel, am schwarzen Zügelstreifen und an den schwarzen Kropfflecken. Beim Weibchen sind die Kropfflecken nur angedeutet, der Scheitel ist grau wie der Rücken, und die Zügelstreifen fehlen. Im August mausert das Männchen in das weibchenähnliche Ruhekleid. Stimme »huit« und »rai jai jai«. Seeregenpfeifer sind außerhalb der Brutzeit gesellig und mischen sich auf der Nahrungssuche auch unter andere kleine Watvögel, zum Beispiel Zwergstrandläufer. Sie trippeln sehr schnell und halten oft ruckartig an. Der Flug ist reißend.

Lebensraum: Über alle Erdteile und Klimazonen vom Eismeer bis zum Äquator verbreitet, aber streng an Salzbiotope gebunden, also an Meeresküsten, Salz- und Bitterseen, Salzpfannen und ausgetrocknete Seebecken. An der Ostsee schon seltener als an der Nordsee. Zugvogel, der in Mitteleuropa im April erscheint und im September verschwindet.

Fortpflanzung: Das Männchen führt über dem Brutgebiet einen gaukelnden Balzflug vor. Schaut das Weibchen zu, zeigt ihr Partner besonders eifrig eine Bodenbalz, indem es Nestmulden ausscharrt und Nistmaterial in die Mulde wirft. Die Werbung gilt als angenommen, wenn sich das Weibchen in eine der angebotenen Mulden begibt und weiterscharrt. Die Nester liegen meist mit Sichtschutz nach oben nicht weit von der Hochwasserlinie entfernt. Brutzeit in Europa Ende April bis Mitte Juli, vor allem aber Mai. Stets drei Eier von etwa 33 mm Länge, Brutzeit 25 bis 27 Tage, beginnend mit dem Tag, an dem das Gelege vollständig wurde. Beide Eltern brüten und lösen sich einige Male am Tage ab. Kommt einer der Partner um, so brütet der andere noch ein paar Tage weiter, gibt dann aber das Gelege auf. Kommt dagegen die Brut um, so beginnen die Eltern ein Nachgelege, auch wenn die Küken schon ein paar Tage alt waren. Als Vögel des Strandes sind die Regenpfeifer auf Katastrophen vorbereitet: Schüttet Treibsand das Gelege zu, so graben sie es wieder aus, schwemmt eine Sturmflut die Eier auseinander, so rollen die Eltern sie wieder zusammen und brüten in einem Notnest weiter. Nachts brütet meist das Männchen. Erscheint ein Partner zur Brutablösung, so wirft er ein Steinchen oder einen Halm in Richtung auf das Nest. So kann mit der Zeit in manchen Nestern eine hübsche Auskleidung aus Muschelschalen entstehen. Die Vögel erkennen taube Eier, wahrscheinlich über die Temperatur; denn ein totes Ei ist kalt wie ein Stein, während in einem lebendigen Ei der Stoffwechsel des sich entwickelnden Kükens Wärme erzeugt.

Ein taubes Ei wird aus dem Nest befördert. Die Vögel erlauben es fremden Regenpfeifern nicht, sich dem Nest zu nähern, was zu schwerem Streit führen kann, wenn die Nachbarn schon Küken haben, die umherlaufen und in das verbotene Revier eindringen. Dann kommt es vor, daß die Revierinhaber die fremden Küken unter ihre Fittiche nehmen und die rechtmäßigen Eltern nicht mehr heranlassen. Die Küken kennen ihre Eltern nicht von Geburt an, sondern müssen sie erst gleichsam persönlich kennenlernen. Als reine Nestflüchter laufen die Jungen schon Stunden nach dem Schlüpfen aus dem Nest. Um diese Zeit beginnen die Eltern, auf eine Bedrohung hin zu verleiten. Die Jungen aber rennen bei einer Störung auseinander und lassen sich in ein Versteck fallen.

Nahrung: Die Seeregenpfeifer suchen ihre Nahrung im Spülsaum, auf Schlickflächen und im Flachwasser, das allerdings nicht tiefer sein darf als ihre Schnabellänge, und das sind reichlich 10 mm. Manchmal erschüttern sie den Schlick mit einem Fußtriller, worauf sich manche der im Schlick verborgenen Tiere durch ihre Fluchtbewegung verraten. Die Vögel erbeuten vor allem Schnecken, kleinste Muscheln und Würmer. Mit größeren Muscheln können sie Probleme haben, wenn sie in eine spaltbreit geöffnete Muschel treten und diese auf den Reiz hin die Schalen zuklappt.

♂

Sandregenpfeifer *(Charadrius hiaticula)*

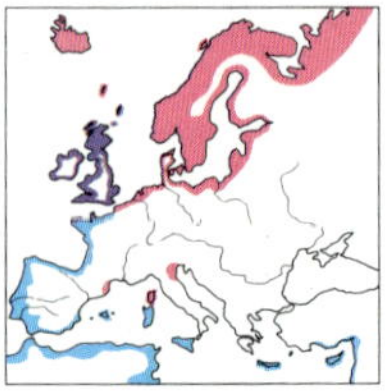

Merkmale: Länge 19 cm, etwa lerchengroß. Im Brutkleid am schwarzen Brustband, den lebhaft gelben Beinen und dem an der Basis gelben, an der Spitze schwarzen Schnabel zu erkennen. Im Flug wird eine helle Flügelbinde sichtbar. Im Winterkleid den anderen Regenpfeiferarten recht ähnlich, aber mit helleren Beinen und höherer weißer Stirn.

Lebensraum: Zur Brutzeit an sandigen Ufern, meist am Meer, im Norden auch am Süßwasser, vereinzelt an Seen mit Salz- oder Bitterwasser. In England Jahresvogel, sonst Zugvogel und im Winter häufig an allen Küsten der gemäßigten, subtropischen und tropischen Meere. Im mitteleuropäischen Binnenland nur spärlicher Durchzug, Rast an sandigen oder kiesigen Fluß- und Seeufern. Nachtzieher, dessen melancholisch klingende Wanderrufe man aus der Höhe vernehmen kann.

Fortpflanzung: Balz mit einer Strophe, die langsam trillernd beginnt, sich zu einem Wirbel steigert und mit einer Art Jodler ausklingt. Sie wird auch im Balzflug mit »übertriebenen« Flügelschlägen vorgetragen. Das Nest ist eine Mulde im Sand, meist nahe der Flutmarke, manchmal mit Steinchen ausgelegt. Beide Eltern brüten mit häufiger, formloser Ablösung. Die meist (aber nie mehr als) 4 Eier liegen mit der Spitze zur Mitte. Brutdauer 22 bis 25 Tage; 2 Tage vor dem Schlüpfen springen die Schalen. Bei Störungen zeigen die Eltern das »Verleiten« von Eindringlingen. Die Jungen können sich dank ihrer Tarnfarbe sehr gut verstecken. Sie beginnen mit 22 bis 23 Tagen zu fliegen.

Nahrung: Kleintiere in Wassernähe, sie werden vom Boden aufgepickt. Im Schlick trommeln die Vögel oft mit einem Bein auf den Boden, dann picken sie nach den Organismen, die sich durch Fluchtbewegungen verraten haben.

Kiebitzregenpfeifer *(Pluvialis squatarola)*

Merkmale: Gestalt ähnlich dem Goldregenpfeifer, gedrungen wirkend. Im Sommer an tiefschwarzer Unter- und weißgrauer Oberseite leicht zu erkennen. Im Winterkleid ist der Rükken bräunlichgrau, Stirn, Gesicht und Unterseite sind weißlich, die Brust ist bräunlichgrau gefleckt. Im Flug werden in allen Kleidern schwarze Achseln sichtbar. Die Stimme klingt melancholisch flötend.

Lebensraum: Brutvogel in der Flechtentundra nördlich des Brutgebietes der Goldregenpfeifer. Auf ihrem Durchzug findet man Kiebitzregenpfeifer auch an den Küsten Mitteleuropas, seltener im Binnenland. Sie rasten meist auf Kiesufern, auf dem Grunde abgelassener Teiche, auf umgepflügten Äckern, waten aber nicht im Schlamm. Auf dem Zug in kleinen Trupps oder auch in Gesellschaft von Kiebitzen, Goldregenpfeifern, Kampfläufern oder Zwergstrandläufern und anderen mit ihnen ziehenden Limikolen. Der Frühjahrszug im April und Mai fällt in Mitteleuropa wenig auf, obwohl ein Teil der Vögel schon im Brutkleid zieht. Auf dem Herbstzug im September und Oktober, ausklingend bis in den Dezember hinein, tragen die Vögel schon das unscheinbare Winterkleid. Die kalte Jahreszeit verbringen sie an den sandigen bis steinigen Meeresküsten fast aller Tropenländer bis weit über den Äquator hinaus.

Fortpflanzung: Die Vögel erscheinen gleich nach der Schneeschmelze in der ersten Junihälfte im Brutgebiet und paaren sich wenig später. Brutbeginn im letzten Junidrittel. Die Brutvögel verraten durch Verleiten ihr Nest.

Nahrung: Im Norden Insekten mit Samen als Beikost, am Meer kleine Krebse, Schnecken und Muscheln.

Brutkleid

Ruhekleid

Brutkleid

Thorshühnchen *(Phalaropus fulicarius)*

Merkmale: Etwa starengroß, Länge um 20 cm. Schwimmt möwenartig. Im Brutkleid mit rostfarbener Brust und Unterseite, weißen Wangen und schwarzem Scheitel. Weibchen etwas kräftiger gefärbt als Männchen und gut 1 cm länger. Kurzer und kräftiger, dunkelgelber Schnabel mit schwarzer Spitze.

Lebensraum: Brutvögel der hohen Arktis, nördlicher als das Odinshühnchen. Im Winter Hochseebewohner über Meeresteile verstreut. Bekannter Überwinterungsplatz im Atlantik vor der marokkanischen und mauretanischen Küste. Auf dem Zug auch in der Nordsee.

Fortpflanzung: Die Vögel erscheinen im Juni in ihrem Brutgebiet an den Küsten mit arktischer Tundrenvegetation. Das Nest liegt gut versteckt unter niedrigen Pflanzen an feuchten Standorten. 4, manchmal auch 3 Eier. Nur das Männchen hat Brutflecken und brütet. Brutzeit zweite Junihälfte und Juli. Mit dem Flüggewerden der Jungen bilden sich große Gesellschaften vor den Küsten.

Nahrung: Wie beim Odinshühnchen.

Odinshühnchen *(Phalaropus lobatus)*

Merkmale: Mit einer Länge um 18 cm etwas kleiner als das Thorshühnchen. Im Brutkleid des Weibchens rostrotes Halsband, das sich beim Männchen vorn nicht schließt. Dunkel gemusterter Rücken, helle Unterseite. Im Winter- oder Ruhekleid leicht mit dem Thorshühnchen zu verwechseln; Oberseite beim Odinshühnchen dunkler. Die Flügel beider Arten mit heller Querbinde, die besonders im Flugbild hervortritt. Unterseite weißlichgrau mit undeutlich gefleckten Flanken. Der schwarze Schnabel ist beim Odinshühnchen deutlich dünner und länger als beim Thorshühnchen. Die rasch vorgetragene Rufreihe »pit-pit-pit« klingt bei beiden Arten ähnlich. Meist schwimmen die Odinshühnchen auf dem Wasser, oft sind sie äußerst zutraulich. Außerhalb der Brutzeit gesellig. Flug in dicht gedrängten Schwärmen mit »Exerzieren« nach Art von Starenschwärmen. Aufgescheucht umkreist der Schwarm mehrfach den Eindringling.

Lebensraum: Zirkumpolarer Brutvogel in sumpfiger, mit Moos bewachsener und von Gewässern durchsetzter Tundra. Viele Odinshühnchen überqueren auf dem Zug das europäische oder asiatische Festland. Den Winter verbringen sie auf hoher See, etwa im Stillen Ozean vor den Küsten des Iran und in Ozeanien. Bis Mitte Juni und wieder ab Mitte Juli rasten Tausende als Durchzügler auf den Steppenseen Mittelasiens.

Fortpflanzung: Die Weibchen erscheinen vor den Männchen am Brutplatz. Das Nest steht an feuchten Orten unmittelbar am Wasser, es ist meist sehr gut versteckt und mit trockenen Halmen ausgelegt. 4, selten 3 Eier. Manche Männchen brüten so intensiv, daß sie erst vor den Füßen des Menschen auffliegen und in nächster Nähe wieder landen. Brutdauer über 20 Tage. Die Jungen verbringen die meiste Zeit auf dem Wasser, aber noch verborgen in der dichtesten Ufervegetation. Mit 4 Wochen sind sie flugfähig.

Allgemeines: Odinshühnchen und Thorshühnchen sind Vertreter der nur drei Arten enthaltenden Familie der Wassertreter aus der Watvogelordnung. Ihre besonderen Merkmale, Schwimmlappen an den Zehen, weisen sie als gute Schwimmer aus. Diese kleinen Meeresvögel der Hochsee kommen außerhalb der Brutzeit nur selten an Land. Sie schwimmen möwenartig hoch auf dem Wasser.

Eine bemerkenswerte Eigenart der Wassertreter besteht im Rollentausch der Geschlechter bei der Balz und bei der Brutpflege. Das Männchen brütet und führt die Jungen.

♀

♀ darüber ♂

Schnepfenvögel *(Familie Scolopacidae)*

Die Schnepfenvögel stellen mit rund 70 Arten die größte Familie in der Ordnung der Wat- und Möwenvögel, darum erhalten sie hier eine eigene Einführung. Es handelt sich um kleine bis mittelgroße Vögel, die kleinsten, etwa Zwergschnepfe, Zwerg- und Temminckstrandläufer, werden nur lerchengroß, die größten, die Brachvögel, erreichen gut Hühnergröße und können über 1 kg wiegen. Sie sind damit die größten Watvögel. Der Verbreitungsschwerpunkt dieser Familie liegt im hohen Norden. Als strenge Zugvögel überqueren die im Norden lebenden Arten auch Mitteleuropa. Die meisten sind gewandte, schnelle und ausdauernde Flieger mit langen, spitzen Flügeln, wobei die Waldschnepfe und ihre nächsten Verwandten eine Ausnahme machen. Der Schnabel gilt als Kennzeichen der Schnepfenvögel, obwohl er je nach der Ernährungsweise sehr verschieden gestaltet sein kann. Er ist aber stets weich und an seiner Spitze mit feinen Tastorganen ausgestattet, so daß die Vögel damit auch im Schlamm oder in weicher Erde verborgene Beutetiere – die Ernährung ist fast ausschließlich tierisch – mit dem Schnabel aufspüren können. Der Schnabel kann an seiner Spitze dicker als im Mittelteil sein.

Die meisten Schnepfenvögel haben lange Beine und einen schlanken Rumpf. Sie laufen und waten hurtig und können mühelos mit einem Blitzstart auffliegen. Beim Flug richten sie die Flügelspitzen meist nach hinten. Sie rennen aber nicht so pfeilschnell dahin wie die kleinen Regenpfeifer. Die meisten Arten leben außerhalb der Brutzeit recht gesellig, auch über die eigene Art hinaus, und fliegen in dicht gedrängten Scharen, die alle Schwenkungen wie auf Kommando gleichzeitig ausführen. Diese exakten »Formationsflüge« erregen immer wieder Bewunderung.

Fast alle Schnepfenvögel bewohnen Feuchtbiotope, wo sie ihre Nahrung meist durch Stochern erwerben. Die Formen des ehelichen Zusammenlebens dieser Gruppe sind vielgestaltig. Man kennt Arten, bei denen der Vater die Hauptlast der Jungenaufzucht trägt, bei anderen ist nur das Weibchen mit der Brutpflege beschäftigt, oder beide Partner haben wechselnden Anteil. Die Eier, fast immer sind es 4, laufen an einem Ende spitz zu; sie werden als kreiselförmig bezeichnet. Der Brutvogel dreht sie stets so, daß sie mit den Spitzen zur Nestmitte weisen.

Alle Schnepfenvögel sind nur sehr bescheidene Nestbauer; die meisten Arten brüten am Boden, einzelne aber auch in verlassenen Vogelnestern, teilweise hoch in Bäumen. Die Jungen schlüpfen als reine Nestflüchter, die ihre Nahrung sofort selber finden, so daß ihre Eltern sie nur von Zeit zu Zeit aufwärmen und notfalls vor Feinden warnen müssen. Dann wissen sich die Vogelkinder sehr geschickt zu verbergen und halten still wie gelähmt. Im Spätsommer rastet ein Großteil der Schnepfenvögel der Alten Welt in den weiten Schlickwattgebieten der Nordsee. Die Schnepfenvögel machen wie alle Mitglieder der Ordnung nach der Brutzeit eine Vollmauser durch, bei der sie ein Winterkleid anlegen, das in der Regel weniger auffällt als das Sommerkleid. Im Frühjahr erlangen sie dann in einer Teilmauser, bei der nur das Kleingefieder gewechselt wird, ihr Brutkleid zurück. Die zahlreichen Arten der Schnepfenvögel werden in eine Vielzahl von Gattungen aufgeteilt, von denen wir eine, die Brachvögel, schon im Band »Landvögel« vorstellten. Der Bestand praktisch aller Schnepfenvögel ist durch Zerstörung ihrer Lebensräume rückläufig.

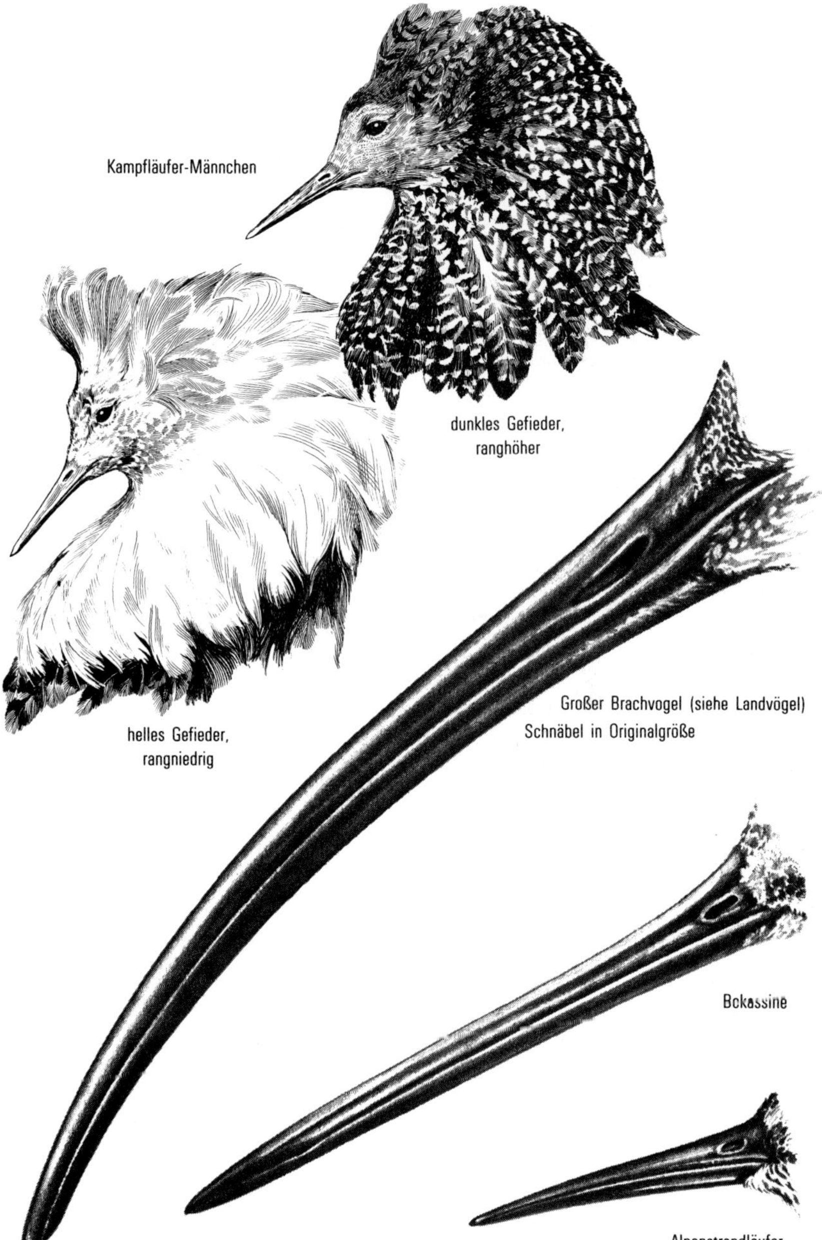
Kampfläufer-Männchen
dunkles Gefieder,
ranghöher
helles Gefieder,
rangniedrig
Großer Brachvogel (siehe Landvögel)
Schnäbel in Originalgröße
Bekassine
Alpenstrandläufer

Knutt *(Calidris canutus)*

Knutt

Sichelstrandläufer

Merkmale: Gedrungen und mit 26 cm etwa drosselgroß. Im Winterkleid grau, oberseits dunkel längsgestreift und mit dunklen Federsäumen, unterseits hellgrau. Im Sommerkleid ist die Unterseite der Männchen einfarbig rostrot, bei den Weibchen rostrot mit weißlichen Tupfen. Auf dem Zug sehr gesellig. Knutts rasten in dicht gedrängten Scharen, oft zu Tausenden. Sie fliegen auch in dichtesten Schwärmen, in die sich kein Greifvogel hineintraut. Einzelvögel können äußerst zutraulich sein.

Lebensraum: Brutvogel auf Island, in Alaska und stellenweise in Sibirien. Die Vögel brüten nördlich der Baumgrenze in der Stein- und Flechtentundra, bevorzugt in der Nähe von Sümpfen und meist auf Hochebenen, zuweilen weit vom Meer entfernt. Auf dem Zug, vor allem im September, findet man sie häufig an den Nordseeküsten, in der Regel schon im Winterkleid. Die Überwinterungsgebiete liegen im Mittelmeerraum und an der Westküste Afrikas.

Fortpflanzung: In den begrenzten Brutgebieten durchaus häufig. Das Nest wird in der Gras- und Flechtentundra meist in trockenen, seltener auch in feuchten Lagen in den Boden gescharrt und dürftig ausgelegt. Das Männchen zeigt im Juni über dem Brutgebiet einen Singflug, bei dem es teils schwebt, teils flattert. Brutzeit Juni und Juli. Nur das Männchen brütet, während das Weibchen in der Nähe weilt. Manche Männchen lassen sich während des Brütens berühren. 3 bis 4 Eier von rund 42 mm Länge. Die Jungen werden in feuchte Senken geführt.

Nahrung: Im Brutgebiet Mückenlarven, Würmchen, auf dem Zug kleine Muscheln, Krebse, Insekten, notfalls auch Pflanzenteile.

Zwergstrandläufer *(Calidris minuta)*

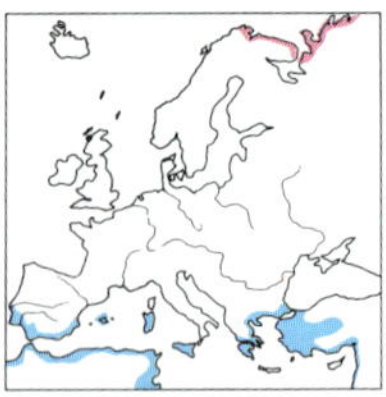

Merkmale: Länge 14 bis 16 cm, im Durchschnitt geringfügig kleiner als der Temminckstrandläufer. Jungvögel durch auffällige weiße V-Zeichnung auf dem Rücken leicht zu bestimmen, Altvögel im Sommer bräunlich mit weißem Bauch, im Winter auch mit weißer Brust. Stets mit schwarzen Beinen und schwarzem Schnabel.

Lebensraum: Brutvogel der Tundra, südlich bis in die Strauchtundra. Fehlt oder ist selten, wo der Temminckstrandläufer häufig ist. Nichtbrütende Übersommerer zeigen sich auch in den gemäßigten Zonen und sogar in den Tropen. Überwinterung im tropischen Afrika und Asien.

Fortpflanzung: Die Männchen zeigen bis Anfang Juli einen Singflug mit erhobenen Flügeln, oder sie tragen ihre zirpende Balzstrophe von einer Zweigspitze aus vor. Das Nest liegt meist auf einer trockenen Erhöhung in Wassernähe. Es ist manchmal mit einigen Blättchen ausgelegt, oft aber nur eine ungepolsterte Einsenkung im Boden. 4 Eier, Brutzeit Ende Juni und Juli. Die Brutdauer gilt als unbekannt, aber die meisten Jungen schlüpfen in der zweiten Julihälfte.

Nachtzieher, im Herbst an der Nord- und Ostsee in großen Schwärmen, oft untermischt mit anderen Strandläufern. Im Frühjahr ist der Durchzug an der Ostseeküste sehr gering, so daß man an einen Rundflugkurs der Wanderscharen denkt: Im Herbst entlang der westeuropäischen Küste bis nach Westafrika, dann ostwärts und über das Kaspische Meer wieder nach Norden. Im mitteleuropäischen Binnenland kann man den Zwergstrandläufer als regelmäßigen Durchzügler von August bis Oktober beobachten.

Nahrung: Nahrungssuche bei Tag und Nacht im Seichtwasser am schlammigen Ufer nach Insektenlarven, Kleinkrebsen und ertrunkenen Landinsekten.

Brutkleid

Ruhekleid

Sichelstrandläufer *(Calidris ferruginea)*

Merkmale: Mit 19 cm Länge knapp starengroß. Im Brutkleid an der Kombination von gebogenem Schnabel und rostroter Brust zu erkennen. Im Flug wird der auffallend weiße Bürzel sichtbar. Im Winterkleid mit dem Alpenstrandläufer zu verwechseln, aber schlanker, hochbeiniger als dieser. Der Schnabel kann verschieden lang und auch verschieden stark gebogen sein, er ist daher kein sicheres Merkmal. Übergangskleid im April und August.

Lebensraum: Brutvogel im nördlichsten Asien mit recht kleinem Verbreitungsgebiet. Das sehr große Überwinterungsgebiet umfaßt die Küstenstriche von fast ganz Afrika, Südasien, Ozeanien und Australien. Der Zug geht quer durch das Binnenland, teilweise auch über Mitteleuropa, wo die Vögel im August und September einzeln oder in kleinen Trupps an schlammigen Ufern rasten.

Fortpflanzung: Brutzeit Juni bis Mitte Juli, beide Eltern brüten auf den 4 Eiern.

Nahrung: Insekten, Kleinkrebse und Samen als Beikost.

Sanderling *(Calidris alba)*

Merkmale: Etwa so groß wie der Alpenstrandläufer, Länge 18–20 cm. Im Winter unterseits fast weiß mit hell aschgrauem Rücken und dunklen Schwungfedern sowie einem schwarzen Fleck am Handgelenk des Flügels (Flügelbug etwa auf der Mitte des Flügelvorderrandes). Breite weiße Flügelbinden im Flugbild aller Kleider sowie dunkle mittlere Schwanzfedern zwischen hellen äußeren. Im Sommer Rückengefieder schwarzbraun mit rostfarbenen Federsäumen, Vorderstirn und Bauch in allen Kleidern weiß. Schnabel und Füße lackschwarz, ohne Hinterzehe. Während der Mauserzeit können die Sanderlinge in ihren dann gescheckten Übergangskleidern den weniger geübten Vogelbeobachter vor schwierige Bestimmungsaufgaben stellen.
Ziemlich schweigsam, Stimme »zit«. Die Vögelchen rennen vor den anrollenden Wogen am Strand hoch und mit dem ablaufenden Wasser wieder seewärts. Dabei picken sie die freigespülten Meerestiere auf. Meist gehen sie der Nahrungssuche in kleiner Gesellschaft nach, die vor dem Strandwanderer lange zu Fuß voranläuft, dann aber aufs Meer hinausfliegt und nach einem Bogen wieder zum Strand zurückkehrt. Oft sehr zutraulich. Sitzt oder liegt man ganz ruhig am Strand, so kommen die Sanderlinge bei ihrer Nahrungssuche sehr nahe heran. Sanderlinge können schwimmen, tun es aber nicht freiwillig.

Lebensraum: Brutvogel der arktischen Tundra, meist an sandigen Küsten oder auf Sandboden. Auf dem Zug an sandigen und kiesigen Stränden, auch einige Meter vom auflaufenden Wasser entfernt auf trockenem Grund. Im Binnenland eher seltener Durchzügler, vor allem von August bis Oktober, viel seltener noch auf dem Rückzug mit einem Maximum im Mai.

Fortpflanzung: Schon ehe der Schnee getaut ist, stehen die Brutpaare auf Sammelplätzen bereit, um auf den ersten abtauenden Hügel ihre Eier zu legen. Das Weibchen bringt mit kurzer Pause zweimal 4 Eier hervor, die zusammen fast doppelt so viel wiegen wie die Mutter. Jeder Elternteil bebrütet dann eines der beiden Gelege und führt die von ihm erbrüteten Jungen. Wenn die Jungen nach 23 bis 24 Tagen Brut und einigen Wochen Führungszeit fliegen können, setzt schon wieder der Polarwinter ein und zwingt die Sanderlinge zum Abzug.

Meerstrandläufer *(Calidris maritima)*

Merkmale: Mit 21 cm Länge etwas größer als der Alpenstrandläufer und unverwechselbar durch die gelbe Farbe seiner verhältnismäßig kurzen Beine. Oft in Gesellschaft von Steinwälzern. Das Gefieder wirkt dunkel und ohne jeden Rostton. Die Weibchen sind etwas größer als die Männchen, bis 24 cm lang. Außerhalb der Brutzeit in kleinen Trupps.

Lebensraum: Im Sommer in Geröllfluren in der Nähe der Küste oder an Fließgewässern, auch auf dem von der Brandung angespülten Geröllstreifen. Nirgends häufig. Während die anderen Strandläufer den Winter vielfach unter der Tropensonne verbringen und in der für sie kalten Jahreszeit im hohen Norden brüten, bleibt der Meerstrandläufer immer im Norden, wo nur das Meer eisfrei bleibt, lediglich ein kleiner Teil zieht südwärts bis an die Nordseeküsten. Die Vögel halten sich dort stets an felsigen Küstenabschnitten auf, auch an Buhnen und Wellenbrechern. Sie bewegen sich geschickt zwischen den Brandungswellen auf den nassen und schlüpfrigen Steinen.

Fortpflanzung: Das Nest findet sich zwischen Geröll in Moosflecken oder auch zwischen nackten Steinen. Es ist sparsam mit Pflanzenteilen ausgelegt. 4 Eier, Brutzeit ab Mitte Juni und im Juli. Teilweise schlüpfen die Jungen erst im August. Wenn sie mit etwa 4 Wochen zu fliegen beginnen, setzt schon der nordische Winter ein. Zur Brutzeit fallen die Meerstrandläufer wenig auf, zumal sie erst dicht vor den Füßen eines Menschen vom Nest fliegen. Das Weibchen beteiligt sich wenig am Brüten und verläßt kurz nach dem Schlüpfen der Jungen die Familie. Der Vater führt seine Jungen nicht in die Brandungszone, wo die Altvögel ihre Nahrung suchen, sondern in Geröllfluren. Er bewacht sie von einem erhöhten Punkt, etwa von einem Felsbrocken aus, und versucht, Eindringlinge durch Verleiten abzulenken.

Temminckstrandläufer *(Calidris temminckii)*

Merkmale: Mit 14 cm Länge etwa so groß wie der Zwergstrandläufer. Gestalt aber etwas schlanker. Wichtigstes Merkmal sind die bei Jungvögeln grüngelbgrauen, bei Altvögeln grünlich-schwarzgrauen Beine. Der Schnabel ist in der Jugend schwarzbraun, später schwarz. Die Oberseite ist mausgrau, bei Zwergstrandläufern rostfarben braun. Sehr zutraulich. Mittags träge, am lebhaftesten in der Abenddämmerung. Flug wendig und meist dicht über das Wasser führend. Die Stimme ist ein schwirrender Triller.

Lebensraum: Brutvogel der Trundra, meist in Wassernähe. Auf dem Zug auf freien Schlickflächen, anders als die übrigen Strandläufer aber auch zwischen Strandpflanzen, oft etwas abseits von den großen Limikolenscharen. Stets nur in kleinen Trupps, mit Vorliebe an Stellen, wo der Wind auf dem Wasser treibendes Gut zusammenweht. Der Herbstzug beginnt sehr früh. Im Juli erscheinen die ersten Durchzügler im mitteleuropäischen Binnenland, im August erreicht der Wegzug seinen Höhepunkt und klingt Ende September aus. Die Vögel überwintern im Mittelmeerraum und an den Küsten Afrikas und Asiens, ohne aber den Äquator zu erreichen. Die Rückzieher werden im Mai und Juni in Mitteleuropa beobachtet. Einzelne Vögel übersommern an Nord- und Ostsee.

Fortpflanzung: Die Männchen zeigen einen Singflug mit zitternden Flügeln, Schwebe- und Rüttelflug. Balztriller: ti-tick . . . ti-tick . . .«. Das Nest liegt in Wassernähe, Brutzeit Juni, 4 Eier. Wenn die Altvögel den Besucher ängstlich umflattern, kann man sich hinsetzen, und wenig später werden die Eltern die Jungen wieder zusammenrufen.

Brutkleid

Alpenstrandläufer *(Calidris alpina)*

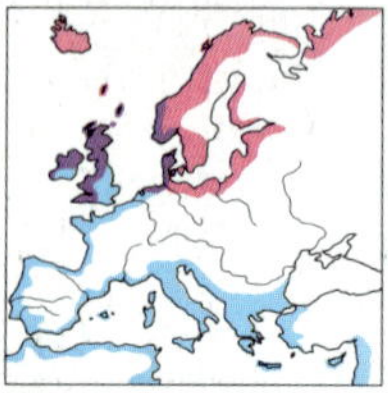

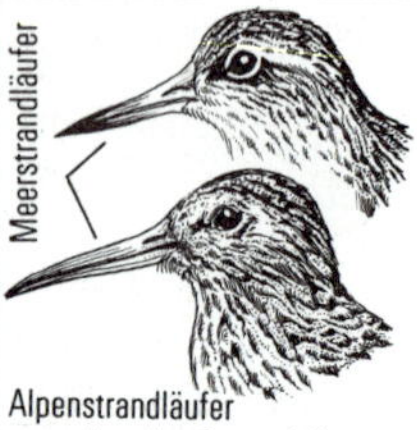

Merkmale: Etwas kleiner als ein Star, Länge je nach Herkunftsgebiet 18 bis 22 cm. Im Sommer unter allen ähnlichen Strandläufern am schwarzen, hell gerandeten Bauch sofort zu erkennen. Im Winter unscheinbar, Schnabel leicht gebogen, Brust bräunlichgrau. Sehr gesellig und lebhaft. Die Vögel trippeln fast den ganzen Tag im Schlick oder Seichtwasser umher und stochern fast hämmernd mit dem Schnabel im Schlamm. Bei Bedarf schwimmen sie, vor allem dann, wenn sie vom Merlin überrascht werden und sich ins Wasser stürzen. Sie ruhen am ehesten über Mittag und stehen dabei dicht gedrängt mit eingezogenem Hals, die Brust gegen den Wind gerichtet, an der Wasserlinie.

Lebensraum: Häufiger Brutvogel in der Arktis bis in den Bereich der Strauchtundra, in einer kleineren Rasse auch auf den Britischen Inseln und als einziger Strandläufer an den Küsten von Nord- und Ostsee. Stets in recht feuchten, offenen Moor- und Wiesengründen. Auf dem Zug an schlickigen Ufern aller Art. Im Winter an den Küsten von West- und Südeuropa sowie von Afrika, etwa bis zum Äquator.

Fortpflanzung: Im hohen Norden ist der Balzgesang der Männchen rund um die Uhr zu hören. Teils rufen sie von einer Bodenerhebung aus, teils auch im Singflug, der im Zickzack über das Brutgebiet führt. Dabei zeigen sie ungewöhnliche Flügelstellungen und sinken schließlich mit zitternden Flügeln trillernd abwärts. Das Nest liegt gut verborgen an den trockensten Punkten der nassen Umgebung. In der mit Halmen ausgelegten Mulde liegen 4 Eier. Brutbeginn Anfang bis Mitte Juni.

Nahrung: Muscheln, Schnecken, Krebse, Würmer, Insekten, Spinnen.

Steinwälzer *(Arenaria interpres)*

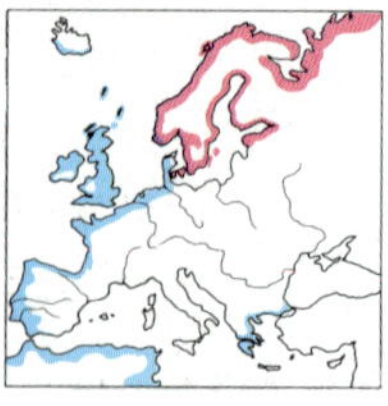

Merkmale: Drosselgroß, Länge 23 cm. Im Sommerkleid bunt und unverkennbar; im Winterkleid sind Kehle und Bauch weiß, das übrige Gefieder ist schwarzbraun mit weißen Federsäumen. Warnruf, vor allem in Nestnähe, durchdringend und ausdauernd »tück . . . tück . . .«.

Lebensraum: In der Brutzeit ein nordischer Vogel, der auch schon in Deutschland gebrütet hat. Häufig im Schärenmeer der Ostsee, wo fast jede geeignete Schäre von einem Brutpaar besetzt ist, weiter entlang steiniger Küsten rund um den Pol. Außerhalb der Brutzeit an den Küsten aller Meere zu sehen, mit Ausnahme der Südspitze Südamerikas und der Antarktis. Seltener Durchzügler auch im Binnenland. Ein Steinwälzer wurde in Holland beringt und einen Tag später 800 km weiter südlich gefangen.

Fortpflanzung: Das Nest liegt meist gut versteckt unter Gestein oder dichter Vegetation. Während der Balzzeit scharrt das Männchen mehrere Balzmulden aus, aber das Weibchen bestimmt den endgültigen Nistplatz, der oft über Jahre hin beibehalten wird. 4 Eier, die in recht großen Abständen gelegt werden, so daß sich die Legetätigkeit über eine Woche hinziehen kann. Beide Eltern brüten. Brutzeit Juni, Brutdauer 23 bis 27 Tage.

Nahrung: Kleintiere, die oft durch Umdrehen von Steinen freigelegt werden. Der Steinwälzer kann Steine bis zu seinem doppelten Körpergewicht bewegen. Er pickt auch die Eier anderer Seevögel an und trinkt sie aus.

Brutkleid

Brutkleid

Flußuferläufer *(Tringa hypoleucos)*

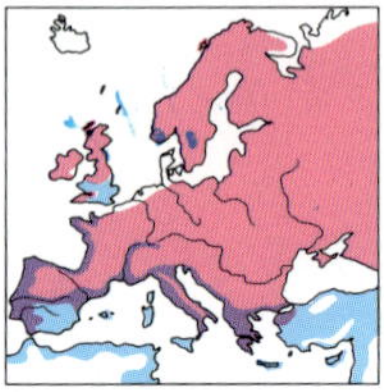

Merkmale: Etwas über lerchengroß, Länge 20 cm. Die Bauchseite ist weiß, der Rücken wirkt von ferne einfarbig braungrau. Aus der Nähe erweist er sich als verschieden gezeichnet, je nach Jahreszeit: Im Sommerkleid zeigt er ein dunkles Pfeilspitzenmuster, im Winterkleid eine feine, blaßbräunliche Querstrichelung. Im Jugendkleid erscheinen Hals- und Brustseiten leicht dunkel quergewellt. Beim Gehen und Stehen wiegt der Flußuferläufer sehr häufig den Körper (das Nickemänneken der Belgier), nur der Kopf wird dabei stillgehalten. Der Vogel fliegt meist unvermutet bei einem Fluchtabstand von gut 10 Metern am Ufer auf, streicht ganz niedrig, so daß man meint, die Flügelspitzen müßten das Wasser berühren, am Ufer entlang und landet nach kurzem Flug. Beim Auffliegen ruft er meistens fein »hididi«. Beim Kurzstreckenflug wechseln zuckende Flügelschläge mit segelnden Abschnitten, auf dem Zug ist der Flug gleichmäßig, schnell und ausdauernd. Flußuferläufer können schwimmen und tauchen; sie tun das auch spielerisch beim Baden. Vom Sperber gejagt, stürzen sie sich aus der Luft ins Wasser und tauchen mehrere Meter weit, bis 1 Meter tief und bis 30 Sekunden lang. Unter Wasser rudern sie mit den Flügeln. Flußuferläufer sitzen gern auf erhöhten offenen Punkten über dem Wasser, sogar auf Schilfhalmen und Schiffsmasten.

Lebensraum: Verbreitet in einem etwa 3000 km breiten Streifen durch das gemäßigte Eurasien und Nordamerika. Die nordamerikanischen Vögel werden allerdings von manchen Zoologen nicht als Rasse, sondern als eigene Art angesehen. Im Winter- und Jugendkleid sind sie mit dem Feldstecher nicht von den europäischen Vögeln zu unterscheiden. In West- und Mitteleuropa ist der Bestand sehr stark zusammengeschrumpft – vielfach durch Flußverbauungen – und kann heute nur noch im Alpenraum als gesichert betrachtet werden.

Der Flußuferläufer brütet vorzugsweise auf sich begrünenden Sand- oder Kiesinseln, in Schluchten, aber auch an anderen dicht bewachsenen Ufern. Ein Paar besetzt einen Flußabschnitt von etwa 1 km Länge. Flußuferläufer sind Fernzieher, die vereinzelt in Westeuropa und im Mittelmeerraum überwintern, weit zahlreicher aber in den Tropen und auf der Südhalbkugel. Diese wahren Weltbürger kann man überall antreffen, wo die Sonne hoch am Himmel steht. Die Reise von Mitteleuropa bis in die Nähe des Äquators legen die Flußuferläufer in wenigen Tagen zurück. Auf dem Zug tauchen sie an verschiedenen Gewässern auf, auch auf den Schlickbänken, wo große Limikolenscharen rasten. Hier laufen sie meist einzelgängerisch an der Grenze zwischen Schlickufer und beginnender Vegetation entlang.

Am Meeresstrand treten die Flußuferläufer wenig in Erscheinung. So ungesellig die Vögel bei der Nahrungssuche sind, so können sie sich außerhalb der Brutzeit doch zu Schlafgesellschaften und Reisegruppen zusammentun. Sie sind Nachtwanderer, die nach Sonnenuntergang viel rufen und flattern und dann plötzlich in den Abendhimmel steigen. Der Herbstzug der Altvögel erreicht in Mitteleuropa schon Ende Juli seinen Höhepunkt, wenige Wochen später folgen die Jungvögel, und Ende September klingt der Durchzug aus.

Fortpflanzung: Mitte April beginnen die Balzflüge auf Zickzackbahnen und mit schwirrenden Flügelschlägen über dem Wasser. Dazu trägt das Männchen einen Trillergesang vor und scharrt symbolisch Nestmulden aus. Das Nest liegt meist unerreichbar für Hochwasser rund ein Dutzend Meter vom Wasser entfernt. Es ist stets sehr gut versteckt, und die Vögel schleichen nur dann zum Nest, wenn sie sich unbeobachtet fühlen. Die 4 Eier von 36 mm Länge wiegen zusammen etwa so viel wie das Weibchen und werden innerhalb einer Woche gelegt. Beide Eltern brüten, Brutzeit Mai und Juni, Brutdauer 21 bis 22 Tage. Aufgescheucht, stehlen sich die Vögel meist unbemerkt vom Nest, manche fliegen aber auch vor den Füßen des Eindringlings auf. Der nichtbrütende Partner steht meist nicht weit vom Nest.

Nahrung: Zarte Insekten, vom Boden aufgepickt oder aus der Luft gefangen, daneben Spinnen und Kleinkrebse.

Kampfläufer *(Philomachus pugnax)*

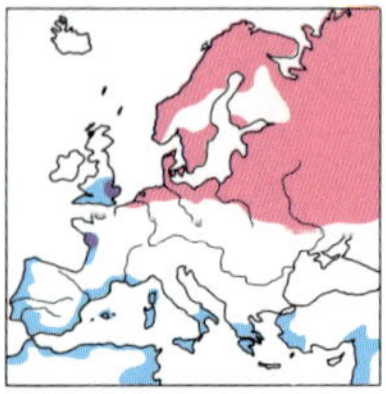

Merkmale: Die Männchen sind mit 29 cm Länge etwa türkentaubengroß, die Weibchen mit 23 cm nur knapp amselgroß. Zur Brutzeit kann man die Männchen nicht mit anderen Arten verwechseln. Man erkennt sie schon von weitem an ihrem Federkragen, der bei jedem Männchen anders gefärbt ist, so daß man nicht zwei gleiche findet. Jedes Männchen trägt alljährlich sein individuelles Prachtkleid; dazu gehören zwei krause Federschöpfe im Nacken, rotgelbe Gesichtswarzen und bunte Farben an Beinen und Schnabel. Sie können zwischen Rot, Gelb, Grünlich und Braun spielen. Auch die Schlicht- und Weibchenkleider sind veränderlich, immer aber bräunlich mit hellen Federsäumen, so daß die Vögel wie geschuppt aussehen. In allen Kleidern erkennt man die Kampfläufer an ihrem etwas plumpen, leicht gebogenen Schnabel. Kampfläufer fliegen gut und können auf der Flucht auch schwimmen und tauchen. Sie sind schweigsam, in den nächtlichen Wanderscharen hört man als Kontakthalterufe Stimmlaute wie »kak« und »kik«.

Lebensraum: Kampfläufer leben in der gemäßigten Zone, im Nadelwald- und im Tundrengürtel Eurasiens. In Amerika werden sie durch eine nahe verwandte Art vertreten, den Grasläufer. Kampfläufer bewohnen grasige Niederungssümpfe und sumpfige Flußauen in waldarmer Umgebung. Die Bestände in Mittel- und Westeuropa sind durch die Folgen intensivierter Landwirtschaft vielerorts vernichtet, in Norddeutschland hält sich ein Restbestand in ähnlichen Biotopen wie der Kiebitz. Beide Arten findet man oft miteinander vergesellschaftet. Am Meer, dem Nahrungsbiotop der meisten Limikolen, zeigt sich der Kampfläufer nicht, selbst wenn er gleich hinter dem Deich zu Hause ist. Wenn die anderen Strandvögel nach der Flut aufs Watt zurückfliegen, mögen sie wohl einige Kampfläufer mitreißen, aber sobald diese ihren »Irrtum« bemerken, kehren sie wieder in die Wiesen hinter dem Deich zurück.

Außerhalb der Brutzeit halten sich die Kampfläufer an Seeufern und Flußmündungen mit schlickigen Ufern und Schlammbänken auf. Sie sind Zugvögel, die vor allem im August durch das Binnenland ziehen. Aufgescheucht, fliegen sie in dichten Trupps, auf dem Zug ordnen sie sich zu Ketten. Sie überwintern meist in Zentral- und Südafrika. Viele verbringen dort auch den Sommer, ohne zu brüten. Die Männchen eröffnen den Herbstzug. Sie fliegen auch weiter nach Süden als die Weibchen und kommen erst nach ihnen zurück.

Fortpflanzung: Die Balz der Kampfläufer ist berühmt. Ihr Balzplatz liegt gewöhnlich auf einer kahlen Stelle am Rande eines Gewässers und wird über Jahre hin vor allem in der zweiten Mai- und ersten Junihälfte aufgesucht. Die Kampfhähne kommen bei Sonnenaufgang zusammen; jeder besetzt seinen tellergroßen Balzplatz, den er ingrimmig gegen Rivalen verteidigt. Gekämpft wird stets nur paarweise. Die Vögel knicken in den Fersen ein, senken die Brust und richten die Schnäbel aufeinander. Dann springen und flattern sie mit gesträubter Halskrause gegeneinander und aneinander hoch.

Wenn ein Weibchen auf dem Balzplatz erscheint, sinken alle Hähne reglos zu Boden. Das in festen Formen ablaufende Ritual wirkt eher komisch als bedrohlich. Wenn die Weibchen zu brüten beginnen, verlieren die Hähne den Federschmuck und ihre Kampfeslust. Statt dessen kommt Zugstimmung auf; die Hähne verstreichen aus dem Brutrevier. Auf dem Herbstzug sieht man sie nie im Prachtkleid, auf dem Frühjahrszug nur einen Teil von ihnen. Allein das Weibchen ist mit der Brutpflege beschäftigt. Das Nest liegt unter der Bodenvegetation verborgen und stets nahe am Wasser. Brutzeit Mai und Juni, 4 Eier von 44 mm Länge, Brutdauer um 21 Tage, die Jungen werden mit 3 Wochen selbständig. Während der Brutzeit versucht das Weibchen, in sein Revier eindringende Störenfriede zu verleiten. Sind die Jungen geschlüpft, so umfliegt es laut warnend den Feind.

Nahrung: Neben Würmern, Schnecken und Insekten auch Beeren und Sämereien.

♂ Brutkleid

♀

Waldwasserläufer *(Tringa ochropus)*

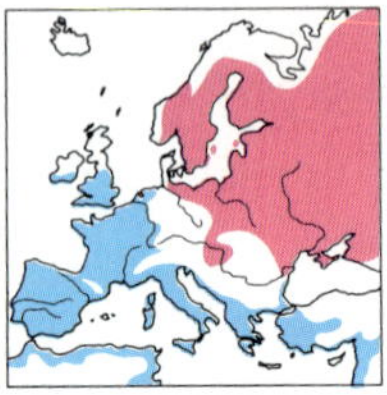

Merkmale: Reichlich starengroß, Länge um 23 cm. Die Oberseite wirkt schwärzlich und sticht scharf gegen die beim Auffliegen sichtbare weiße Schwanzwurzel ab. Der Schwanz ist dunkel quergestreift, kontrastreicher als beim Bruchwasserläufer. Im Sommerkleid hellgefleckter Rücken. Der Flug ist reißend und wendig, die Vögel stürzen zur Landung steil aus der Höhe herab und wiegen nach der Landung und auch bei anderen Gelegenheiten ähnlich wie der Flußuferläufer den Körper.

Lebensraum: In der nördlichen Nadelwaldzone heimisch, in Mitteleuropa sehr seltener Brutvogel. Er bewohnt Hochmoore, Bruchwälder, von Wald umgebene schlammige Tümpel und waldige Seeufer. Überwintert im Mittelmeerraum, im tropischen Afrika, vereinzelt auch schon in West- und Mitteleuropa.

Fortpflanzung: Das Männchen singt über dem Brutgebiet in einem schwebenden Gaukelflug und landet anschließend auf der Spitze eines Baumes. Der Waldwasserläufer brütet in vorjährigen Vogelnestern, niedrig oder hoch bis in die Wipfelregion – die Jungen müssen dann zu Boden springen. Brutzeit Mai und Juni, 4 Eier von 39 mm Länge, Brutdauer 20 bis 23 Tage. Warnruf: ein scharfes »Titt . . . titt . . . titt . . .«.

Nahrung: Waldwasserläufer stochern im Schlamm, schnappen Insekten und drehen im Wasser liegende Steine um. Sie jagen am Ufer laufend, watend im Flachwasser, im Kopfstand über tieferem Wasser und sogar schwimmend.

Bruchwasserläufer *(Tringa glareola)*

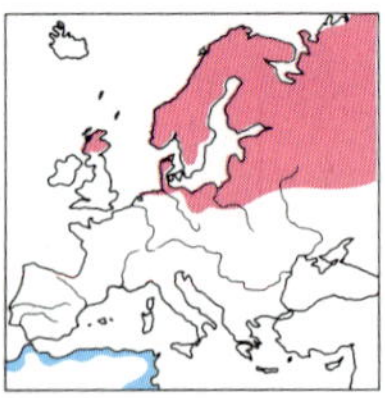

Merkmale: Länge 20 cm. Im Brutkleid ist der Rücken auf graubraunem Grund weiß geperlt, die Unterseite weiß. Im Ruhekleid verblaßte Perlflecken der Oberseite. Der Schwanz ist fein und dunkel gebändert. Nickt, um ein Objekt genauer zu betrachten, mit dem Kopf oder dem ganzen Vorderkörper.

Lebensraum: Brutvogel der Nadelwaldzone Eurasiens, vereinzelt auch weiter nördlich und südlich. In Mitteleuropa praktisch ausgestorben. Auch in Skandinavien durch Moorkultivierung rückläufig, am häufigsten noch am Nordrand der Nadelwaldzone in blänkenreichen Hochmooren, sumpfigen Heiden und an sumpfigen Seeufern mit offenen Schlammflächen. Der Bruchwasserläufer zieht schon ab Ende Juni über das mitteleuropäische Binnenland und überwintert in Lagunen und Sümpfen der Tropen und Subtropen. Der Zug erreicht Anfang August seinen Gipfel und klingt im September aus. Die Vögel rasten an schlammigen Seeufern, ziehen nachts weiter und meiden den Meeresstrand. Sie überqueren im Nonstopflug die Sahara. Auf dem Rückzug werden sie am ehesten im Mai beobachtet.

Fortpflanzung: Männchen und Weibchen markieren ihr Brutrevier durch einen Singflug, wobei die Vögel sich in der Luft hin und her werfen. Die Darbietung endet mit einem Sturzflug. Das Nest liegt meist sehr gut versteckt auf Bülten zwischen stehendem Wasser, die Vögel brüten ausnahmsweise auch in verlassenen Vogelnestern im Gebüsch. Beide Eltern brüten, aber manchmal zieht sich das Weibchen gegen Ende der Brutzeit zurück, und früher oder später überlassen auch die restlichen Weibchen das Führen ihrer Jungen den Männchen.

Nahrung: Insekten, Würmer, Schnecken. Bruchwasserläufer suchen ihre Nahrung watend im Wasser oder laufend am Ufer, selten auch schwimmend auf der Wasseroberfläche.

Dunkler Wasserläufer *(Tringa erythropus)*

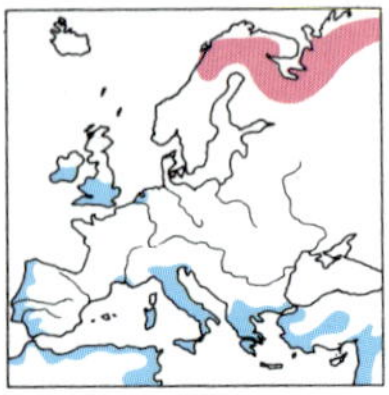

Merkmale: Im Brutkleid schieferschwarz mit feiner weißer Fleckung. Im Flug wird der weiße, nach vorne keilförmig auslaufende Bürzel sichtbar. Der Schwanz ist fein und dunkel gebändert. Ruhekleid oberseits dunkler, unterseits heller bräunlichgrau mit weißlicher Tüpfelung. Beine im Brutkleid schwärzlichrot, im Ruhe- und Jugendkleid hellrot. In Bewegung und Haltung ähnelt der Dunkle Wasserläufer dem Rotschenkel, er ist aber etwas größer – Länge um 30 cm – und vor allem schlanker und langbeiniger. Er schwimmt oft und landet sogar auf dem Wasser, wo er korkenleicht auf den Wellen liegt. Auf der Flucht vor Greifvögeln nimmt er zum Tauchen Zuflucht und hat damit meist Erfolg. Beim Auffliegen ruft er laut und melodisch und meist nur einnmal »tjoit«, der Warnruf am Brutplatz klingt wie »tick . . . tick . . .« und wird solange wiederholt, bis die Gefahr vorüber ist.

Lebensraum: In der Strauchtundra und in Wäldern nahe der nördlichen Waldgrenze nicht selten. Brutvogel in moorigen Heiden und Sümpfen. Die Vögel halten sich außerhalb der Brutzeit an Seen und Weihern mit flachen schlammigen Ufern auf, auch am Brackwasser und in Salinen. Auf dem Zug folgen sie Küsten und Strömen. Sie überwintern in geringer Zahl in Westeuropa und im Mittelmeerraum, vor allem aber in Afrika, ohne jedoch den Äquator in größerer Zahl zu überqueren.

Fortpflanzung: Das Nest liegt meist unter niedrigen Ästen von Krüppelkiefern oder am Fuß ähnlicher Objekte, die den Vögeln vielleicht als Wegweiser dienen. Meist brütet nur das Männchen. Es schleicht sich bei einer Störung frühzeitig von den 4 Eiern. Brutzeit Ende Mai und Juni.

Nahrung: Der langbeinige Dunkle Wasserläufer watet bei der Nahrungssuche meist in tieferem Wasser als seine Verwandten.

Rotschenkel *(Tringa totanus)*

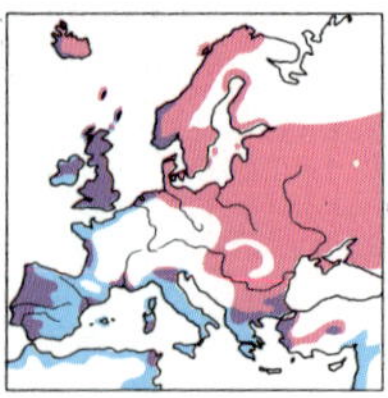

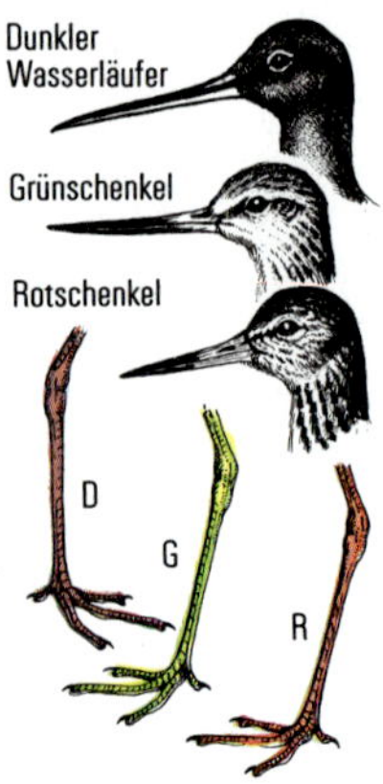

Merkmale: Knapp amselgroß, Länge 28 cm. Graubraun mit im Sommer deutlich gefleckter Brust, im Winter heller und mit verwaschener Brustfleckung. Beine rot, im Sommer besonders leuchtend, Beine der Jungvögel blasser gelblichrot. Schnabel gerade, an der Wurzel rot mit schwärzlicher Spitze. Im Flug werden der weiße Flügelhinterrand und der weiße, nach vorne spitz auslaufende Hinterrücken sichtbar. Der Schwanz ist eng dunkel quergestreift.

Lebensraum: Brutvogel feuchter Wiesen und grasiger Sümpfe. Die mitteleuropäischen Rotschenkel treffen Ende März im Brutgebiet ein, nach einigen Tagen zerfallen die Gruppen unter Paarbildung, aber noch lange ziehen nordische Artgenossen durch. Im Herbst erscheinen ziehende Rotschenkel an vielen schlammigen Ufern auch kleiner Gewässer. Sie überwintern in den Mittelmeerländern und in Afrika, teils auch an den westeuropäischen Küsten. In Mitteleuropa wurde der Rotschenkel weithin ausgerottet.

Fortpflanzung: Brutzeit in der zweiten Maihälfte und im Juni. Die stets 4 Eier liegen meist gut unter Pflanzen versteckt in einer sparsam ausgelegten Mulde. Der Brutvogel geht durch einen seitlichen Eingang zum Nest und zieht über sich die Halme zu einem Dach zusammen. Brutdauer meist 22 bis 25 Tage.

Nahrung: Im Sommer Insekten, Schnecken, Würmer, im Winterquartier an Meer- und Salzseestränden überwiegend kleine Schnecken und Kleinkrebse.

Ruhekleid

Brutkleid

Teichwasserläufer *(Tringa stagnatilis)*

Merkmale: Der kleinste und zierlichste Wasserläufer, Länge um 23 cm. Sehr dünner, gerader Schnabel. Im Flug wird wie beim Rotschenkel der weiße Hinterrücken sichtbar, die Beine ragen dann weit über das Schwanzende. Die Flügel sind gleichmäßig dunkel. Beine olivgrün, Stirn und Kehle weiß. Sehr lebhaft, läuft gern über Schwimmblattfluren oder Algenwatten, wohin ihm die schwereren Wasserläufer nicht folgen können. Die Stimme ist wohlklingend und laut, wenn auch nicht so durchdringend wie die der größeren Arten. Im Winterkleid etwas heller als im Sommer. Unser Bild zeigt das Winterkleid, in dem die Vögel als Durchzügler im südlichen Europa beobachtet werden.

Lebensraum: Der Teichwasserläufer ist ein Brutvogel der asiatischen Steppenseen, der örtlich sehr häufig vorkommt. Auf dem Zuge wurde er schon oft in Süd- und auch in Mitteleuropa gesehen. Die Überwinterungsgebiete liegen in fast allen Tropenzonen der alten Welt, teils an Meeresküsten, teils an Flachufern von Binnenseen, auch an Salz- und Bitterseen. Ein Teil der Vögel übersommert auch an Orten, wo die Art nicht brütet.

Fortpflanzung: Die Vögel brüten in ihrem Verbreitungszentrum selbst an den kleinsten Flekken mit Sumpfvegetation, an den Ufern von Flüssen und Seen und in Flachmooren. Im Frühjahr zeigen die Männchen einen lerchenartigen Singflug mit abschließendem Sturzflug zum Weibchen. Die Nester liegen stellenweise kolonieartig zusammen. Brutzeit Mitte Mai bis Mitte Juni. 4, selten auch 3 Eier. Die Eltern umfliegen mit eintönigem Schreien jeden Eindringling in das Brutgebiet. Die Jungen bleiben anfangs in der Ufervegetation, später erscheinen sie an offenen Uferstellen.

Nahrung: Zarte Kleintiere, meist von der Wasserfläche aufgepickt, oder aus Algenwatten herausgestochert.

Grünschenkel *(Tringa nebularia)*

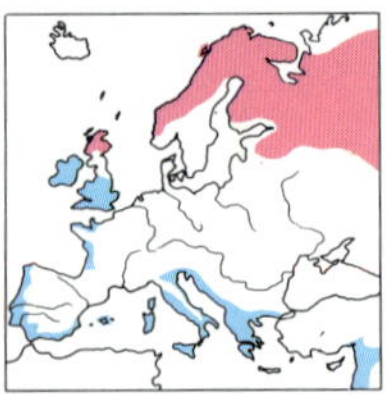

Merkmale: Etwas größer als der Rotschenkel, Länge um 31 cm. Gefieder hell aschgrau mit dunkleren Flügeln. Im Brutkleid ist die Brust deutlich, im Ruhekleid nur verwaschen gefleckt. Beine im Ruhekleid olivgrüngrau, im Brutkleid mehr gelbgrüngrau. Der lange Schnabel ist leicht aufwärts gebogen. Beim Auffliegen wird der weiße, nach vorne keilförmig zulaufende Bürzel sichtbar. Der reißende Flug gleicht vor der Landung einem Sturz mit angelegten Flügeln. Beim Auffliegen ruft der Grünschenkel schallend »tjü-jü« und »tjü-jü-jü«. Er kann schwimmen und taucht, wenn er von einem Greifvogel angegriffen wird. Meist ist er scheu; kreischender Warnruf »kriih . . kriih«.

Lebensraum: In der Waldtundra ganz Eurasiens verbreitet. Zur Brutzeit auf moorigem Gelände mit niedriger Vegetation und eingestreuten Bäumen. Auf dem Zug an Flachufern mit Schlickgrund an Süß- und Salzseen und am Meer. Der Herbstzug beginnt in Mitteleuropa im Juli, erreicht Ende August seinen Höhepunkt und endet Anfang November.
Die Hauptzeit für den Frühjahrszug liegt Anfang Mai. Einzelne Grünschenkel überwintern in West- und Südeuropa, die Mehrzahl in den Tropen. Überall auf den Zugwegen und in der Winterherberge pflegen einzelne Vögel zu übersommern.

Fortpflanzung: Über dem Brutgebiet zeigt das Männchen einen Balzflug mit Kapriolen wie Sturzflug, Längsrolle und Segelflug. Dazu singt es leiernd und jodelnd »dahüdl . .dahüdl . .«. Nach Brutbeginn hören die Singflüge rasch auf, und beide Eltern brüten. 4 Eier von 51 mm Länge, Brutzeit Mai und Juni, Brutdauer 24 bis 25 Tage. Die Jungen können am ersten Tag schon einige hundert Meter laufen.

Nahrung: Grünschenkel sind weniger Stocherer als Schnapper. Sie fangen Libellen aus der Luft und Fischchen aus dem Wasser.

Ruhekleid

Ruhekleid

Bekassine *(Gallinago gallinago)*

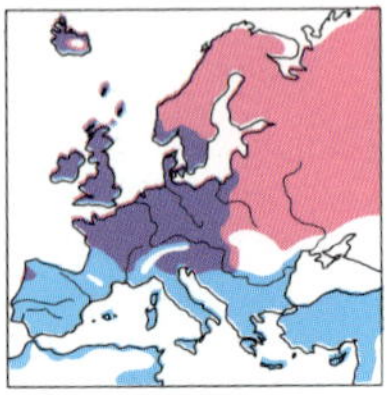

Merkmale: Länge um 27 cm, reichlich amselgroß. Die Bekassine hat von allen Schnepfen den im Verhältnis zum Körper längsten Schnabel. Sie verharrt bei einer Störung unbeweglich und fliegt erst einige Meter vor dem Eindringling mit einem Blitzstart auf. Zunächst steigt sie in einer Zickzacklinie schräg aufwärts und ruft dabei mehrfach krächzend »ätsch«. Dann wird der Flug gleichmäßig und führt meist in einem hohen und weiten Bogen wieder in die Nähe des Ausgangspunktes zurück. Beim Landen fällt sie mit angelegten Flügeln wie ein stürzender Stein zu Boden. Die Bekassine ist vor allem dämmerungs-, weniger auch tag- und nachtaktiv. Beim Laufen trägt sie den Schnabel waagerecht. Sie sitzt in Nestnähe gern auf erhöhten Punkten, wie Zaunpfählen oder Telegrafenmasten. Zur Brutzeit territorial, sonst ungesellig. Sie ist auch am Fußabdruck zu erkennen: Er zeigt die Spur von drei Zehen, von denen die mittlere die längste ist, und zwischen denen je ein Winkel von 60 Grad liegt.

Lebensraum: Das Brutgebiet zieht sich in breitem Gürtel durch das gesamte gemäßigte und kühle Eurasien und Amerika. Sehr nahe verwandte Arten, vielleicht auch nur Rassen der Bekassine leben im tropischen und südlichen Afrika und in fast ganz Südamerika.

Die Bekassine bevorzugt sumpfige Wiesen und mäßig feuchte Moore mit nicht zu hoher Vegetation; sie fehlt im Schilfwald ebenso wie an sehr nassen Stellen, wo Bülten aus dem Wasser ragen. In Mitteleuropa ging der Bestand stark zurück. Das Brutgebiet zerfiel in eine Reihe isolierter Vorkommensorte. In England und Westeuropa ist die Bekassine Standvogel und Nahzieher, im übrigen Europa Zugvogel, der in den Subtropen und auch Tropen überwintert. Obwohl die Bekassinen Sumpfvögel sind, überfliegen einzelne die wasserlose Sahara und rasten dann in den abgelegensten Oasen. In Mitteleuropa erreicht der Zug im April und von August bis Oktober seine Höhepunkte. Die Durchzügler liegen tagsüber meist still in

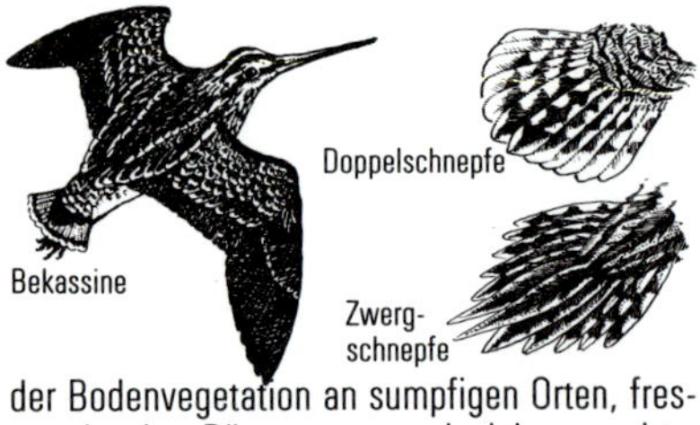

der Bodenvegetation an sumpfigen Orten, fressen in der Dämmerung und ziehen nachts. Manche zeigen sich auch offener an Schlickufern, wo sie sich aber auch möglichst in der Nähe der Ufervegetation aufhalten.

Fortpflanzung: Bekassinen verpaaren sich jedes Jahr neu. Bei Weibchenüberschuß verpaaren sich die polygamen Männchen mit je zwei Weibchen und verteidigen dann auch zwei Reviere. Von April bis Juni zeigen sie über dem Brutgebiet ihre spektakuläre Flugbalz, besonders eifrig in der Morgen- und Abenddämmerung und an bedeckten bis diesigen Tagen. Erst steigen sie in Spiralen so hoch in den Himmel, daß ihnen nur ein scharfes Auge folgen kann, dann stürzen sie fast senkrecht in die Tiefe und ziehen ähnlich steil wieder in die Höhe. Beim Absturz erklingt für ein bis zwei Sekunden ein merkwürdiger Ton, der an das Meckern einer Ziege erinnert (Himmelsziege). Er entsteht durch ein Flattern der Schwanzfedern und ist viele hundert Meter weit zu hören. Etwa alle 20 bis 30 Sekunden wiederholt der Vogel Sturzflug und Federgesang, manchmal für eine halbe Stunde und länger. Als Beigaben kann er auch einen Schaukelflug mit ganzen und halben Rollen zeigen und Rufreihen von sich geben, die wie »tüka . . . tüka . . .« klingen. Nur das Weibchen bebrütet die 4 etwa 39 mm langen Eier. Brutdauer 19 bis 20 Tage, Brutzeit Mai und Juni.

Nahrung: Bekassinen stochern mit schnellen Stößen im Schlamm und ertasten mit der Schnabelspitze die Nahrung bis 6 cm Tiefe und mehr. Dann spreizen sie die Schnabelspitze und ergreifen den Wurm. Sie können fressen, ohne den Schnabel aus dem Boden zu ziehen. Sie erbeuten bis spannenlange Würmer, Egel, Schnecken, Insekten und nehmen auch Pflanzenteile wie Wurzeln, Sproße und Sämereien auf.

Zwergschnepfe *(Lymnocryptes minimus)*

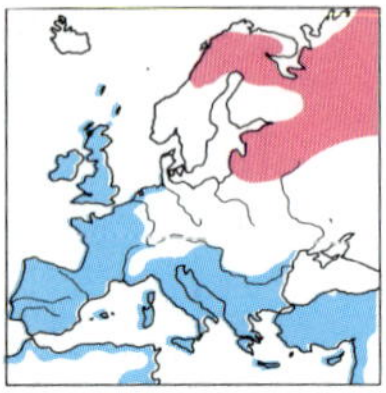

Merkmale: Gut lerchengroß, Länge 19 cm. Schnabel schwarz und viel kürzer als bei der Bekassine. Rücken auf schwarzem, im Sommer grünschillerndem Grund mit 4 mattgelben Längsstreifen, die oft Schilfhalme vortäuschen, wenn sich die Schnepfe niederduckt. Verharrt bei Gefahr unbeweglich und fliegt erst kurz vor den Füßen eines Störenfriedes auf. Manche Zwergschnepfe wurde schon mit dem Schmetterlingsnetz oder gar mit der Hand gefangen. Beim Auffliegen stumm oder mit gedämpftem »Ätsch«-Ruf. Die Zwergschnepfe fliegt langsam und läßt sich nach kaum hundert Metern wieder in die Bodenvegetation fallen. Tagsüber schleicht sie geduckt und zögernd umher, in der Abenddämmerung geht sie zierlich und mit erhobenem Körper. Der Flug ist am Tage meist geradlinig, am Abend aber führt er in unsicher wirkendem Zickzackflug niedrig dahin. Damit kann eine Fledermaus vorgetäuscht werden, zumal der Flugruf, ein hohes und scharfes »pütz«, an die Stimme dieses Tieres erinnert. Im Brutgebiet zeigt die Zwergschnepfe einen auffallenden Balzflug.

Lebensraum: Mit lockerem Gras bestandene Moore, leicht überflutete schlammige Verlandungsgebiete, nasse Erlenbruchwälder, vor allem im nordischen Birkenwaldgürtel. Die Nordgrenze des Brutgebietes verläuft in der Strauchtundra, die Südgrenze in der Nadelwaldzone, ist aber nicht scharf umrissen, da nach Süden zu die Brutvorkommen lückenhaft und unregelmäßig werden. Nirgends häufig, an den meisten Orten eher selten. Die Zwergschnepfe ist ein Zugvogel, der vor allem im südlichen Mittelmeerraum überwintert. Einzelne Tiere ziehen bis in die Tropen und sollen schon den Äquator überflogen haben. Im Winter halten sich die Vögelchen in überfluteten Reisfeldern, in grasbestandenen Sümpfen und in der Ufervegetation schlammiger Gewässer auf. Einzelne Zwergschnepfen versuchen auch die Überwinterung in milden Gegenden Westeuropas. Durch Mitteleuropa ziehen die Zwergschnepfen von August bis November mit Nachzüglern im Dezember, und dann wieder im März und April. Sie rasten gern in sumpfigen Wiesen, wo sie die Tage mit Vorliebe in Viehtritten verschlafen. Sie sind Einzelwanderer und Nachtzieher.

Fortpflanzung: Von Mai bis Juli zeigen die Zwergschnepfen über dem Brutgebiet einen auffallenden und unüberhörbaren Balzflug, vor allem an windstillen und trüben Tagen sowie in der Morgen- und Abenddämmerung. Dabei glaubt man, der Vogel rufe aus verschiedenen Richtungen, während er in Wirklichkeit nur seine Stimme in verschiedene Richtungen ertönen läßt. Eine Strophe dauert 5 bis 7 Sekunden, dann fliegt die Schnepfe vielleicht 500 Meter weit und trägt erneut ihre Strophe vor. Der Balzflug kann so weit gehen, daß man den Sänger aus dem Fernglas und aus den Ohren verliert. Die Strophe wird meist mit dem Geräusch eines galoppierenden Pferdes verglichen: »top top topp . . . top top topp . . .« Während des Singens stürzt der Vogel im Segelflug schräg abwärts und läßt sich dann vom Schwung wieder in die Höhe tragen. Der Balzflug endet nach vielleicht 10 Minuten mit einem Sturzflug bis dicht über dem Boden.

Die Brutbiologie der Zwergschnepfe ist noch wenig erforscht. Die wenigen bisher in Menschenhand gelangten Gelege wurden meist von Eiersammlern gefunden und mitgenommen. Das Nest liegt stets in nasser Umgebung, manchmal in einer im Flachwasser stehenden Bülte und ist nur spärlich mit Halmen ausgelegt. Brutzeit zweite Junihälfte und Juli. Die Brutdauer ist unbekannt, liegt aber sicher über 21 Tagen. Die stets 4 Eier sind mit einer Länge von etwa 39 mm fast so groß wie die der Bekassine und viel größer als die der Feldlerche (23 mm), die etwa die gleiche Körpergröße wie die Zwergschnepfe hat. Die Küken sehen den Bekassinenküken sehr ähnlich, weisen aber keinen weißen Ring an der Schnabelwurzel auf wie jene.

Nahrung: Die Zwergschnepfe erstochert ihre Nahrung zum Teil im Schlamm und liest sie nach Art von Strandläufern am Boden auf. Sie ernährt sich von Insektenlarven, Würmern, Schnecken.

Uferschnepfe *(Limosa limosa)*

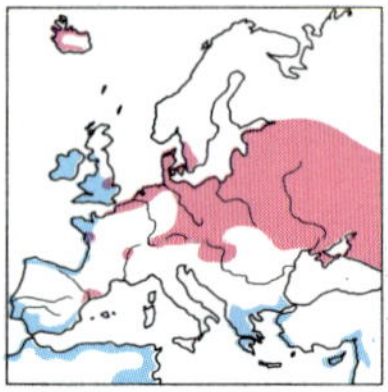

Merkmale: Ein hochbeiniger Vogel mit langem Schnabel, deutlich kleiner als der Brachvogel, Länge um 40 cm. Im Brutkleid Hals und Vorderbrust rostrot, Bauch mit dunklen Querflecken. Im Jugend- und Winterkleid unscheinbar graubraun mit hellerer Unterseite. Bei allen Kleidern im Fluge mit auffälligem weißem Längsband im Flügel und weißem Schwanz mit breiter schwarzer Endbinde. Die Uferschnepfe geht langsam und hebt dabei die Füße betont hoch. Sie überwacht zur Brutzeit die Jungen gern von einem Zaunpfahl aus. Außerhalb der Brutzeit sehr gesellig. Uferschnepfen sind ruflustige Vögel. Der Balzruf des Männchens ist ein leiernd vorgetragener, vielfach wiederholter Jodler. In Nestnähe warnen die Vögel mit gellenden »gretta«-Rufen, die ihnen in Ostfriesland den Namen »Greta« eingebracht haben.

Lebensraum: Die Uferschnepfe hält sich vorwiegend in vom Menschen geschaffenen, aber nicht intensiv genutzten Wiesengründen auf. Sie braucht zudem flache Gewässer mit Sand- oder Schlickbänken, auf denen sie nächtigt. Durch Biotopveränderung ist sie an vielen ihrer herkömmlichen Brutplätze verschwunden. Dem stehen aber auch Bestandserweiterungen gegenüber, so daß man die Uferschnepfe heute noch als einen stellenweise häufigen Vogel bezeichnen kann. Der Bestand in Europa wird auf nahezu eine halbe Million geschätzt; am häufigsten ist sie im Norden von Holland.

Zugvogel, der in geringer Zahl an den Küsten Westeuropas überwintert. Die Mehrheit überfliegt die Sahara und verbringt den Winter in der Sahelzone, etwa am Nigerknie und am Tschadsee, wo die Vögel in den Reisanbaugebieten intensiv verfolgt werden. Einzelne Tiere verfliegen sich bis nach Südafrika. Viele Jungvögel verbringen ihren zweiten Sommer in den Tropen.

Fortpflanzung: Im April balzen die Männchen über dem Brutgebiet mit Sturzflügen und anderer Flugartistik. Nach dem Landen bleiben sie einige Sekunden mit erhobenen Flügeln stehen

und zeigen so deren weiße Unterseiten. Vor der Begattung sieht man auch eine Bodenbalz, bei der das Männchen dem Weibchen seinen schwarzweißen Schwanz präsentiert.

Die Männchen bauen das Nest in heranwachsendem Gras und legen es mit trockenen Halmen aus. Beide Eltern brüten, Brutzeit zweite Aprilhälfte und Mai, 4 Eier von 54 mm Länge, Brutdauer um 24 Tage, Führungszeit 26 bis 30 Tage. Wenn das Gras während der Brutzeit höher wird, ziehen es die brütenden Vögel über sich zu einem Dach zusammen. Viele Gelege werden von Sturmmöwen ausgefressen, andere vom Weidevieh zertreten, manche von Krähen geplündert; aber wo die Uferschnepfen mit Kiebitzen und Rotschenkeln als Nachbarn brüten, da verteidigen alle gemeinsam die Nester, und die Krähen müssen abziehen. Viele Gelege, sogar brütende Altvögel, fallen Mähmaschinen zum Opfer.

Beide Eltern führen die Jungvögel, die anfangs ihre Nahrung von den Halmen lesen. Erst wenn sie im Alter von etwa 4 Wochen zu fliegen beginnen, fangen sie auch an zu stochern. Die Bindung zwischen den Partnern und zwischen Eltern und Kindern löst sich dann in wenigen Tagen. Nach der Brutzeit ziehen die Uferschnepfen hinaus auf das Wattenmeer oder in Lagunenlandschaften.

Nahrung: Uferschnepfen sind Stocherer in weichen Sumpfböden und im Schlick. Am erfolgreichsten suchen sie ihre Nahrung im Flachwasser. Sie waten hinaus bis an das Bauchgefieder. Hier tauchen sie beim Stochern Kopf und Hals in das bis zu 16 cm tiefe Wasser. Die Schnabelspitze ist beweglich und kann die Beute packen und herausziehen, ohne daß der Vogel den ganzen Schnabel öffnen muß. Ist die Beute mit Schlick verschmiert, so wird sie kurz im Wasser abgespült. Uferschnepfen erbeuten vor allem Würmer.

Brutkleid

Ruhekleid

Pfuhlschnepfe *(Limosa lapponica)*

Merkmale: Etwa so groß wie eine Türkentaube, Länge um 38 cm. Von der recht ähnlichen Uferschnepfe unterscheidet sich die Pfuhlschnepfe durch den deutlich aufwärts gebogenen Schnabel, die etwas kürzeren Beine, die geringere Größe und vor allem durch den eng schwarz und weiß gebänderten Schwanz: Die westeurasischen Vögel tragen etwa 8, die ostsibirischen 9 bis 10 dunkle Querbänder. Der weiße Flügelstreif im Flugbild der Uferschnepfe fehlt der Pfuhlschnepfe. Die Handschwingen setzen sich dunkel von den Armschwingen ab. Hals und Brust sind im Brutkleid einfarbig rostrot. Eine bänderartige Querfleckung auf Bauch und Flanken ist im Gegensatz zur Uferschnepfe nur undeutlich ausgebildet oder fehlt ganz. Jung- und Altvögel im Ruhekleid sind unscheinbar graubraun gefärbt mit hellerer Unterseite.
Die Weibchen sind am durchschnittlich 2 cm längeren Schnabel von den Männchen zu unterscheiden. Manche Pfuhlschnepfen brüten schon in ihrem zweiten Sommer, wenn sie noch das unscheinbare Jugendkleid tragen. Pfuhlschnepfen ruhen mit s-förmig zurückgelegtem Hals und etwa waagerecht getragenem Körper. Aufmerksam geworden, recken sie den Hals. Ihr Gang ist ein gemessenes, aber schwungvolles Schreiten, sie schwimmen auch freiwillig und nicken dabei mit dem Kopf. In der Not tauchen sie auch.
Auf dem Zug verhalten sich die Pfuhlschnepfen gesellig; sie fliegen in Trupps, die alle Wendungen gemeinsam vollziehen. Im Flug hört man ihre Kontakthalterufe, die wie »käw« oder »jak« klingen. Zum Landen schweben sie ein, bringen die langen Beine nach vorne und bremsen erst beim Aufsetzen mit einigen Flügelschlägen.
Einzelne Pfuhlschnepfen sind oft wenig scheu und lassen den Menschen bis auf 5 oder 10 Meter herankommen. Je größer aber ihr Trupp wird, desto eher fliegt er auf.
Lebensraum: Die Pfuhlschnepfe ersetzt die Uferschnepfe im Norden, ist von dieser aber durch den Nadelwaldgürtel getrennt, in dem keine der beiden Arten vorkommt. Sie brütet in weitläufigen Mooren und sumpfigen Abschnitten der Weiden- und Birkenzone, manchmal auch auf großen Moorkomplexen in der nördlichen Nadelwaldzone. Das Verbreitungsgebiet zieht sich durch ganz Eurasien und Teile von Alaska, schließt aber das übrige arktische Nordamerika nicht mit ein. Die Pfuhlschnepfen Alaskas überwintern nicht in Amerika, was näher läge, sondern ziehen gemeinsam mit ihren ostasiatischen Artgenossen an der asiatischen Küste entlang südwärts und kommen bis nach Australien und Neuseeland.
Die Pfuhlschnepfe ist in ihrem Brutgebiet ein eher seltener Vogel, aber da sie ein riesiges Gebiet bewohnt, sammeln sich auf dem Zuge doch große Scharen an. Man schätzt, daß etwa 300 000 Pfuhlschnepfen auf dem Herbstzug über Westeuropa ziehen. Dabei folgen sie mit wenigen Ausnahmen dem Verlauf der Küste. Sie sind Tag- und Nachtzieher und fliegen hoch in V-Formation. Ab Mitte August erscheinen die ersten Wanderer an den deutschen Meeresküsten. Zuerst kommen nur Altvögel, einige Wochen später folgen die Jungvögel. Sie rasten in oft großen Scharen auf dem Schlick- und Feinsandwatt an den vor der Brandung geschützten Küstenabschnitten. Bei Flut ziehen sie sich auf einen Hochwasserfluchtplatz zurück, wo sie mehrere Stunden mit Gefiederpflege verbringen. Bei Ebbe sind sie mit der Nahrungssuche beschäftigt. Eine Minderheit überwintert an der Nordseeküste. Die Mehrheit zieht weiter bis nach Westafrika. Manche Pfuhlschnepfen kommen bis in die Südsee.
Fortpflanzung: Das Nest liegt in niedrigster Vegetation, wo der Brutvogel freie Rundumsicht hat. Bei Störung schleicht er früh und stumm von den Eiern und umfliegt dann schreiend den Eindringling. Stellenweise brüten mehrere Paare in lockerer Nachbarschaft. Die Eier sehen den Eiern der Uferschnepfe täuschend ähnlich, und auch die Dunenjungen sind kaum zu unterscheiden. Brutzeit Juni und Anfang Juli, 4 Eier, Brutdauer über 21 Tage. Beide Eltern brüten, vor allem aber das Männchen. Beide Eltern führen die Jungen.
Nahrung: Wie bei der Uferschnepfe.

Ruhekleid

Raubmöwen und Möwen *(Laridae und Stercorariidae)*

Beide Familien weichen in Aussehen und Lebensweise stark von den Watvögeln ab. Sie werden zusammen mit der Familie der Seeschwalben zur Unterordnung Möwenartige zusammengefaßt. Das gegenüber den Watvögeln weniger gut entwickelte Laufvermögen der Möwenvögel – kürzere und schwächere Beine – bedingt eine andere Brutpflege: Die Jungen der Möwenvögel suchen sich ihre Nahrung nicht selbst, sondern bekommen sie von den Eltern zugetragen. Trotzdem verlassen die meisten Jungvögel ihr Nest schon in den ersten Tagen nach dem Schlüpfen und laufen ihren Eltern bei der Fütterung entgegen. Droht eine Gefahr, so wissen sie sich recht geschickt zu verbergen. Ihrem Verhalten nach stehen die Möwenvögel also zwischen dem Typus des Nesthockers und dem des Nestflüchters.

Wie bei den Watvögeln sehen beide Geschlechter gleich aus und sind auch fast gleich groß. Das volle, glatte Gefieder der Möwen spielt in Grautönen mit Schwarz und Weiß, die Jungvögel tragen ein meist feingemustertes Jugendkleid in helleren und dunkleren Brauntönen. Bei den Raubmöwen überwiegt Braun in allen Kleidern. Wie bei den meisten Watvögeln sind Sommer- und Winterkleider der Möwenvögel etwas verschieden. Wie jene mausern sie zweimal im Jahr: im Herbst, nach der Brutzeit, wechseln sie das gesamte Gefieder und legen dabei das Winterkleid an. Im Frühjahr, vor der Brutzeit, mausern sie nur das Kleingefieder ohne Schwingen und Schwanzfedern und bekommen dabei das Brutkleid zurück.

Die kleinste Art ist die gut amselgroße Zwergmöwe; zu den größten gehört die fast gänsegroße Mantelmöwe mit einer Spannweite um 150 cm und einem Gewicht um 2,5 kg. Der kräftige Schnabel der Möwen und Raubmöwen biegt sich an seiner Spitze mehr oder weniger weit hakig nach unten. Die Vorderzehen sind durch Schwimmhäute miteinander verbunden, die Hinterzehe ist meist verkümmert. Möwen können nicht gut auf dünnen Zweigen sitzen.

Alle Möwenvögel ernähren sich hauptsächlich von tierischer Kost. Die kleinen Arten sammeln meist Strandgut und Insekten, die größeren plündern auch Nester. Mitunter versuchen Möwen, stoßtauchend Fische zu erbeuten. Da sie korkenleicht sind, reichen sie nicht tief. Mit ihren scharfen Augen entgeht ihnen aber kein kranker Fisch, der an der Oberfläche treibt.

Alle Möwen sind an Gewässer gebunden, aber nur eine Art kann man als echten Hochseevogel bezeichnen. Sichtet der Seemann die ersten Möwen, weiß er, daß die Küste bald auftaucht. Während die Watvögel zur Balzzeit erstaunliche Flugkünste beherrschen, kehren die flugtüchtigeren Möwen zur Balz auf den Boden zurück, wo sich die Partner mit erblich festgelegten Bewegungen ihre Gefühle füreinander mitteilen. Möwen leben ausnahmslos in Einehe; sie brüten nur einmal im Jahr und legen nicht mehr als höchstens 5 Eier, die in einem kunstlosen Nest von beiden Eltern bebrütet werden.

Die Raubmöwen unterscheiden sich von Möwen durch die düsterbraune Gefiederfärbung sowie durch verlängerte mittlere Schwanzfedern. Ihre Füße tragen spitze, gekrümmte und scharfrandige Krallen. Die Raubmöwen ersetzen im Ökosystem der arktischen und antarktischen Küsten sowie in der Tundra die Greifvögel, denen es nur in wenigen Arten – beispielsweise Steinadler und Gerfalke – möglich war, dort seßhaft zu werden. Teils hetzen sie lebende Tiere, teils überrumpeln sie andere Seevögel und entreißen ihnen die Beute.

Größenvergleich:

Schmarotzerraubmöwe (Altvogel)

Schmarotzerraubmöwe (Nestling)

Schnabel der Heringsmöwe im Größenvergleich

hakenförmiger kräftiger Schnabel

Skua, Große Raubmöwe *(Stercorarius skua)*

Merkmale: Etwa bussardgroß und gedrungen, Länge um 58 cm, Spannweite um 135 cm. Düsterbraun mit auffallendem hellem Feld in den Handschwingen. Der Schwanz ist gerundet, doch überragen im Alterskleid die mittleren Steuerfedern geringfügig alle übrigen. Der Flug ist äußerst kraftvoll, schnell und wendig, vor allem bei der Jagd und bei der Nestverteidigung. Auf dem Streckenflug bewegt sich die Skua ruhig fort wie eine Silbermöwe; aber immer wieder legt sie überraschende Wendungen ein, steile Sturzflüge und ebensolche Aufstiege. Sie läuft rasch mit waagerecht getragenem Körper, schwimmt oft und fliegt mühelos vom Wasser auf, taucht aber nicht. Die Stimme ist nur bei besonderen Anlässen zu hören: Vögel, die sie angreift, ängstigt sie mit gackernden Schreien; zur Balzzeit bringt sie quarrende Töne hervor und begleitet ihre Sturzangriffe bei der Nestverteidigung mit einem langgezogenen »kooo«.

Lebensraum: Die Skua hat eine ungewöhnliche Verbreitung: Sie ist rund um den Südpol heimisch, aber auch im Nordatlantik auf Island, den Färöern, den Shetlandinseln und in Nordschottland. Die Skuas der Südhalbkugel kommen auf ihrem jährlichen Zug nach Norden bis in die Höhe des Äquators. Auch die Skuas des Nordatlantik sind Zugvögel, die Ende September ihre Brutgebiete verlassen und gegen Mitte April wieder besetzen. Sie ziehen über das offene Meer, halten sich aber meist in Küstennähe auf und erreichen äquatoriale Breiten, so daß sie ihren Artgenossen von der Südhalbkugel begegnen könnten.

Fortpflanzung: Skuas brüten in lockeren Kolonien auf Hochflächen und flachen Abhängen, die mit dürftiger Vegetation bedeckt sind und von denen sie zur Nahrungssuche auf dem kürzesten Weg zum Meer fliegen. Meist liegen die Nester nicht weit von einer Seevogelkolonie entfernt.

Wo die Skua selten ist, brütet sie auch einzeln. Das Nest ist eine ausgescharrte Mulde zwischen Flechten, Gras und Moos. Brutzeit Mai

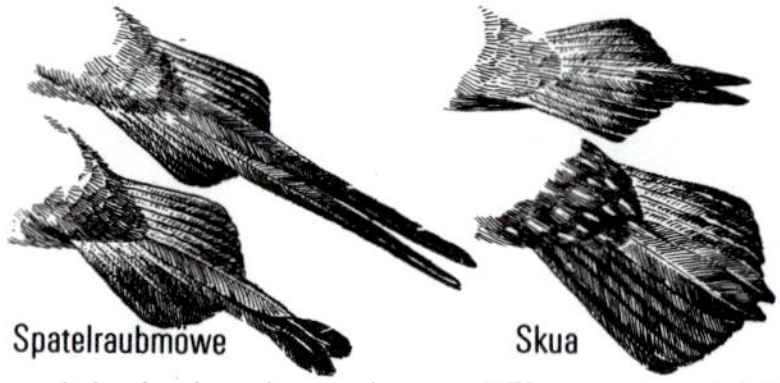

und Juni, ein oder meist zwei Eier von rund 69 mm Länge, die von beiden Eltern abwechselnd 28 bis 30 Tage bebrütet werden, und zwar ab dem ersten Ei. Von zwei Jungvögeln wird der zuletzt geschlüpfte nicht selten an den stärkeren verfüttert.

Die Jungen werden anfangs mit halbverdauten Bissen gefüttert. Sie bleiben einige Tage im Nest, hocken dann meist in der Nähe und laufen rasch und geschickt. Sobald ein Eindringling erscheint, suchen sie sich ein Versteck zwischen Steinen oder der Bodenvegetation. Sie tragen ein langes, dichtes Dunenkleid mit oberseits brauner, unterseits bleichgelber Farbe. Halbwüchsig geworden, beginnen sie, Beeren zu fressen, die im Bereich der Brutkolonie wachsen. Anfang August werden sie flügge, bleiben aber noch bis in den September in der Nähe des Brutplatzes. Ihre Brut verteidigen die Skuas mit Schnabelhieben aus dem Sturzflug.

Nahrung: In der Luft ist die Skua allen anderen Meeresvögeln überlegen. Sie hetzt und bedrängt ein Opfer so lange mit Fußtritten, Flügelschlägen und Schnabelhieben, bis es in seiner Todesangst Nahrung auswürgt, um besser fliegen zu können. Die Angst ist begründet, denn Skuas erbeuten auch erwachsene, bevorzugt geschwächte oder kranke Vögel bis zur Größe von Bläßhühnern, Brandgänsen und Eissturmvögeln. Die ausgewürgte Nahrung wird von der nachstoßenden Skua noch im Fallen eingeholt und aufgefangen. Lassen sich die gehetzten Vögel auf dem Wasser nieder, so wendet sich die Skua meistens ab. Auf dem Erdboden erbeutet sie Mäuse, Ratten und sogar Wildkaninchen. Sie ist stark genug, solche zappelnde Beute durch die Luft davonzutragen. Außerdem greifen Skuas unbewachte Eier oder Jungvögel und suchen am Spülsaum angeschwemmte tote Tiere.

Skua Schmarotzerraubmöwe

Schmarotzerraubmöwe *(Stercorarius parasiticus)*

Merkmale: Länge um 45 cm, Spannweite 100 bis 110 cm, wirkt im Sitzen dohlengroß. Es kommen zwei Farbvarianten oder »Phasen« vor. Die helle Phase erkennt man an der weißlichgrauen Bauchseite und an dem einfarbig dunkelbraunen Rücken; in der dunklen Phase ist der Vogel gleichmäßig dunkelbraun. Dazwischen gibt es zahlreiche Übergänge, etwa Tiere mit hellen Wangen und dunklem Scheitel und solche mit gelblichem Halsring. Die Jungvögel sind im ersten Herbst durch helle Federsäume gefleckt und gestreift. Sie tragen erst Andeutungen der spitzen, weit herausragenden mittleren Schwanzfedern. Form und Länge dieser Schwanzspieße unterscheiden die Schmarotzerraubmöwe von der recht ähnlichen, nur wenig größeren Spatelraubmöwe. In ihrem ersten Winter legen die Jungmöwen ein Kleid an, das dem der Eltern schon sehr ähnelt, bekommen aber ihr endgültiges Alterskleid erst nach dem dritten Sommer. Meist fliegen die Vögel rasch und leicht mit gleichmäßigen Flügelschlägen dahin, gelegentlich auch segelnd, oder verharren beobachtend im Rüttelflug. Bei der Jagd verwandelt sich die Schmarotzerraubmöwe in einen Luftakrobaten, der falkenartig dahinschießt, aus kühnen Sturzflügen steil emporsteigt, im Wechsel schnell oder langsam, in Schlangenlinien oder in Rückenlage fliegt, kurz, der sich allen Meeresvögeln fliegerisch überlegen zeigt. Die Schmarotzerraubmöwe schwimmt möwenleicht und läuft am Boden hurtig wie ein Kiebitz. In der hellen Polarnacht ist sie ebenso rege wie am Tage. Ihre Stimme gellt pfauenartig laut »kaou«, manchmal auch tief keckernd »kak . . . kak . . .«.

Lebensraum: Die Schmarotzerraubmöwe ist in den Tundren der nördlichen Hemisphäre die am häufigsten vertretene Raubmöwe, doch weichen sich Spatel- und Schmarotzerraubmöwe aus: Wo die Lemminge überhandnehmen, sammeln sich von weither die Spatelraubmöwen, und die Schmarotzerraubmöwe verschwindet. Wo Lemminge und Spatelraubmöwen fehlen, kann man mit der Schmarotzerraubmöwe rechnen.
Sie brütet mit Vorliebe in der Nähe von Seevogelkolonien, vor allem bei Seeschwalbenbrutplätzen. Die meiste Zeit des Jahres verbringt sie auf dem Meer, meist in Küstennähe, aber auch wochenlang auf hoher See. An den Küsten Mitteleuropas wird sie auf dem Durchzug im Mai und von August bis Oktober nicht selten gesehen, einzelne Tiere übersommern auch im Nordseeraum. Die Winterquartiere können südlich des Äquators liegen.

Fortpflanzung: Schmarotzerraubmöwen sind Koloniebrüter. Meist brüten nur einige Paare zusammen, aber es gibt auch Kolonien mit bis zu 100 Paaren, von denen jedes einen Nestbezirk von 25 bis 50 Meter Durchmesser gegen die anderen Mitglieder der Kolonie verteidigt. Beide Partner können der hellen oder dunklen Phase angehören, aber auch »Mischehen« zwischen hell und dunkel sind normal. Über dem Nestrevier balzt das Männchen mit Flugvorführungen und Rufreihen. Brutzeit Mitte Juni und Juli, Brutdauer 25 bis 26 Tage. Beide Eltern lösen sich beim Brüten ab. Die Brutzeit beginnt mit der Ablage des ersten Eies, so daß die Jungen später an verschiedenen Tagen schlüpfen. Meist 2, seltener 1 Ei, Nachgelege stets mit einem Ei. Eilänge um 57 mm. Beide Eltern verteidigen mit im Sturzflug ausgeteilten Schnabelhieben ihre Brut und geben dabei ihre Scheu auf.

Nahrung: Ein vorüberfliegender fischtragender Vogel wird gezwungen, seine Beute fallen zu lassen. Gelingt es dem Überfallenen zu tauchen, so läßt die Raubmöwe von ihm ab. Ihre Jagdweise ist nicht das Auflauern, sondern die Hetze. Lummen, Papageitaucher, Eissturmvögel, Silbermöwen und sogar die gänsegroßen Baßtölpel beliefern die Raubmöwen unfreiwillig mit Nahrung. Daneben ernähren sich die Raubmöwen aber auch von Selbsterjagtem: Sie nehmen Vogelnester aus, selbst von den viel größeren Bläßgänsen und Silbermöwen, hetzen erfolgreich kleinere Vögel wie Sporn- und Schneeammern, Rotkehlpieper und Viehstelzen, aber auch Seevögel wie Odinshühnchen und Krabbentaucher; darüber hinaus fangen und verschlingen sie Kleinsäuger.

Falkenraubmöwe, Kleine Raubmöwe *(Stercorarius longicaudus)*

Merkmale: Die kleinste und zierlichste der vier Raubmöwen. Länge bis 56 cm, von denen aber 15 bis 25 cm auf die Schwanzspieße entfallen; sie überragen den übrigen Schwanz um fast das Doppelte, ein sicheres Unterscheidungsmerkmal gegenüber der etwas größeren, sonst recht ähnlichen Schmarotzerraubmöwe. Spannweite um 95 cm. Das Alterskleid kann sehr verschieden hell sein, doch kommt die ganz dunkle Phase äußerst selten vor. Die Jungvögel tragen nur kurze Schwanzspieße und sind deshalb am ehesten über die Größe von jungen Schmarotzerraubmöwen zu unterscheiden. Die Falkenraubmöwen rütteln mehr als ihre Verwandten nach Turmfalkenart. Beim Schwimmen richten sie den Schwanz mit den Spießen in die Höhe und sind dann unverwechselbar. Schrille Stimmlaute, vor allem bei der Verteidigung der Brut: »kri . . kri . . krr . . krr . . kri . . kri«.

Lebensraum: Die Falkenraubmöwe geht weiter nach Norden als ihre Verwandten, sie brütet noch an der Nordspitze Grönlands, wo die Lufttemperaturen auch im Juli kaum über null Grad steigen. Sie ist ein Zigeunervogel, der unregelmäßig auftaucht und wieder verstreicht, so daß man die Grenzen ihres Brutgebietes nicht genau angeben kann. Sie erscheint und brütet, wo es viele Lemminge gibt, und wandert ab, wo diese verschwinden. Nach guten Lemmingjahren in Skandinavien verfliegen sich auch mehr Jungvögel als sonst nach Mitteleuropa. Falkenraubmöwen sind Zugvögel, die im September ihr Brutgebiet verlassen. Sie überwintern wahrscheinlich in den Weiten der Ozeane und dringen dabei weit in südliche Meere ein. Dort dürften sie sich überwiegend von selbstgefangenen Fischen und von Oberflächenplankton ernähren. Im Mai erscheinen sie wieder in ihrem Brutgebiet um den Nordpol.

Fortpflanzung: Falkenraubmöwen brüten einzeln auf hochgelegener Moor- und Flechtentundra, auf steinigen Bergrücken, manchmal auch in der Strauchtundra, aber nicht mehr im Birkenwaldgürtel. Die Vögel kommen schon verpaart im Brutgebiet an, dennoch balzt das Männchen mit Sturzflügen und Aufsteilen. Vor der Begattung läuft es mit erhobenen Flügeln um sein Weibchen und füttert es von Schnabel zu Schnabel. Je nach Nahrungsangebot in Form von Lemmingen vollenden die Falkenraubmöwen ihren Brutzyklus oder brechen ihn irgendwann ab, vielleicht schon nach der Balz, nach dem Nestbau, nach der Eiablage, oder sie ziehen nur ein Junges auf. Der Nistplatz ist eine Mulde ohne jede Auskleidung in der niedrigsten Tundrenvegetation. Nähme man die Eier weg, würde nichts mehr an ein Nest erinnern.

Die meist zwei, in guten Lemmingjahren auch drei Eier werden im Abstand von etwa zwei Tagen gelegt und von Anfang an bebrütet, wie es das kalte Klima mit ständiger Nachtfrostgefahr erfordert. Eilänge um 55 mm, Brutdauer 23 Tage. Die Jungen schlüpfen im Abstand von etwa 2 Tagen aus dem Ei. Bei knapper Nahrung geht das zuletzt geborene zugrunde. Brutzeit in Lappland im Juni, weiter nördlich im letzten Junidrittel und im Juli. Beide Eltern lösen sich beim Brüten ab, wobei der brutfreie Partner meist in Nestnähe wacht und einem Eindringling schreiend entgegenfliegt. Die Falkenraubmöwen fliegen auch Sturzangriffe gegen einen Menschen, ohne ihn aber zu berühren. Nach etwa 3 Wochen, meist ist es darüber August geworden, beginnen die Jungen zu fliegen. Vermutlich brüten sie im Alter von 3 Jahren zum ersten Mal.

Nahrung: Falkenraubmöwen sind Allesfresser. Im Herbst und Frühling sammeln sie vor allem Beeren, die in gefrorenem Zustand den Winter überdauern. Am Strand finden sie Krebse, angespülte Fischchen, in Ortschaften auch Fischereiabfälle. Daneben betätigen sie sich als Beutegreifer mit ausgeprägter Kämpfernatur: Sie fangen Lemminge, Mäuse, Ratten, Kleinvögel und ringen sogar das Mauswiesel nieder. Sie plündern Vogelnester und jagen Dreizehenmöwen oder Küstenseeschwalben die Beute ab. Der Jagdflug der Falkenraubmöwen bietet ein atemberaubendes Naturschauspiel und ist an Schnelligkeit, Eleganz und Rasanz von keinem Vogel zu übertreffen. Er endet fast immer mit dem Erfolg des Räubers.

Spatelraubmöwe, Mittlere Raubmöwe *(Stercorarius pomarinus)*

Merkmale: Länge 50 bis 55 cm, Spannweite um 135 cm. Die mittleren, spatelförmigen, der Länge nach verdrehten Schwanzfedern überragen den Schwanz um etwa 8 cm. Zwei Kleider oder Phasen: die helle Phase ist oberseits dunkelbraun und unterseits weißgrau. Die seltenere dunkle Phase ist einförmig dunkelbraun – bis auf die bei allen Raubmöwen sichtbaren hellen Felder der Handschwingen. Die Jungvögel sind düster gefleckt und quergestreift, ihre Schwanzspieße überragen nur wenig den gerundeten Schwanz. Bei der Jagd werden sie pfeilschnell und zeigen akrobatische Flugkunst; beispielsweise können sie auf dem Rükken fliegen.

Lebensraum: Ein hocharktischer, rund um den Nordpol verbreiteter Vogel, der nur im Einflußbereich des Golfstroms fehlt. Die Vögel brüten bevorzugt in der von Mooren oder Flechtenmatten bedeckten meeresnahen Tundra, aber auch an Binnenseen. Örtliche Bestände und Häufigkeit hängen vom Lemming ab.

Fortpflanzung: Spatelraubmöwen brüten einzeln oder in kleinen, lockeren Kolonien im Juni und Juli. Zwei, selten auch ein Ei. Eilänge um 62 mm, beide Eltern brüten nach der Ablage des ersten Eies. Die Jungen schlüpfen im Juli. Die Eltern verteidigen nicht wie die anderen Raubmöwen ihr Nest, eher zeigen sie das Verleiten. In lemmingarmen Jahren schreiten viele Paare nicht zur Brut.

Nahrung: Zur Brutzeit vor allem Lemminge, die ganz verschluckt werden. Im übrigen nutzen die Spatelraubmöwen alle Nahrungsquellen ihres kargen Lebensraumes, wie das bei den anderen Raubmöwenarten beschrieben wurde. Als Aasvertilger und wachsame Beutegreifer erfüllen sie eine wichtige Aufgabe innerhalb der hochnordischen Lebensgemeinschaft.

Dünnschnabelmöwe *(Larus genei)*

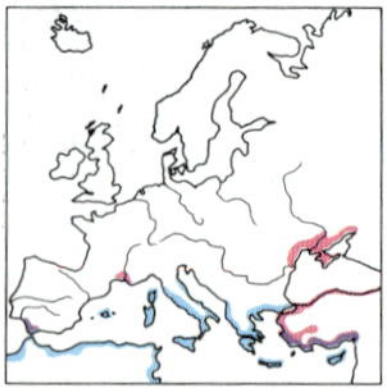

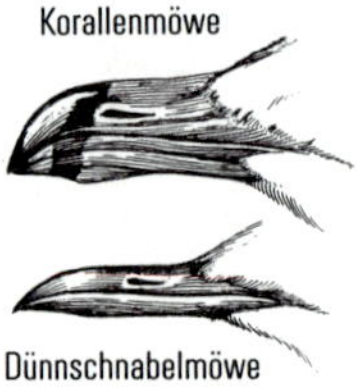

Merkmale: Etwas größer als eine Lachmöwe, Länge im Mittel 43 cm, Spannweite um 110 cm, Gewicht um 300 Gramm. In allen Kleidern ohne schwarzes Kopfgefieder, Unterseite im Sommerkleid kräftig, im Winter nur zart rosa überhaucht. Schnabel mit 35 bis 46 mm Länge auffallend lang und schlank, im Sommer dunkelrot, im Winter gelb. Das Winterkleid der Altvögel ähnelt ihrem Sommerkleid, aber Kopf und Nacken sind dann zart grau.

Lebensraum: Seen mit Brackwasser und Süßwasser in Küstennähe, meist im Mündungsgebiet von Flüssen, aber auch in sumpfigem Grasland hinter den Stranddünen. Im Winter bleibt ein Teil der Altvögel in der Nähe der Brutkolonie, ein Teil verstreicht auch weiter und zeigt sich am Persischen Golf, am Schwarzen und Mittelmeer und am Kaspischen Meer, teils an den Küsten, teils auf küstennahen Seen.

Fortpflanzung: Koloniebrüter, meist zusammen mit Seeschwalben, aber auch in Lachmöwenkolonien. Die Nester werden auf feuchtem Grund in die Höhe gebaut; auf festem Grund nur mit Halmen ausgelegte Mulden; wenigstens 70 cm Abstand von Nachbarnestern. Die Kolonien werden in manchen Jahren nicht besetzt. Brutzeit Juni bis Juli. Beide Eltern brüten auf den 2 bis 3 Eiern von 56 mm Länge. Die ersten Jungen werden in der zweiten Julihälfte flügge. Sie tragen in ihrem zweiten Sommer noch ein Übergangskleid und zeigen sich darin nicht bei den Brutkolonien.

Nahrung: Dünnschnabelmöwen suchen ihre Nahrung oft im Fußmarsch am Spülsaum oder auf Äckern und Wiesen. Sie erbeuten Insekten und andere Kleintiere, im Wasser auch Fischchen.

Lachmöwe *(Larus ridibundus)*

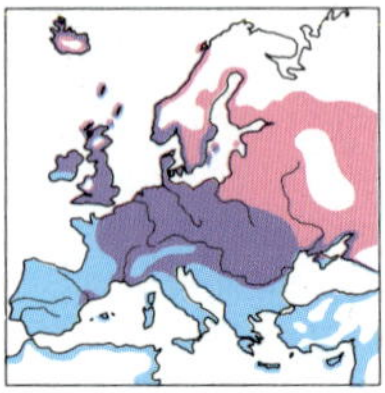

Merkmale: Im Sommer mit schwarzbrauner Gesichtsmaske, roten Beinen und rotem Schnabel, gesellig und lärmend. Im Winter mit weißem Kopf und graubraunen »Schmutzflecken« in der Ohrgegend. Flügelvorderkante immer weiß. Länge um 36, Spannweite um 100 cm. Die Jungvögel tragen in ihrem ersten Herbst ein auf dem Rücken braun geflecktes Jugendkleid; im zweiten Sommer sind Füße und Schnabel noch graubraun, erst im dritten Jahr legen sie die schwarzbraune Gesichtsmaske an, Füße und Schnabel färben sich lackrot. Nur in diesem Kleid werden sie in den Brutkolonien geduldet und brüten dann zum ersten Mal.

Lebensraum: Die Lachmöwe ist durch das gesamte gemäßigte und stellenweise auch kalte Eurasien verbreitet. In den letzten 100 Jahren hat sie ihr Verbreitungsgebiet nach Norden und Nordwesten erweitert und ab 1880 Norwegen, ab 1911 auch Island besiedelt, wo sie heute eine der häufigsten Möwen ist. Der Bestand in Europa ging im vorigen Jahrhundert durch Bejagung und Eiersammeln stark zurück. Man hielt Lachmöwen für schädlich, weil sie gelegentlich auch kleine Fische erbeuten. Seither haben sich ihre Bestände gut erholt. Daß sie als Wettbewerber um Nahrung und Brutplätze empfindlichere Vogelarten zurückdrängen, ist nicht erwiesen. Jedenfalls beeinträchtigt das heute vielfach geübte Absammeln von Möweneiern auch bedrohte Vogelarten wie Schwarzhalstaucher oder Kolbenente, die im Schutz der Lachmöwenkolonien brüten. Gesammelt werden Zweiergelege, die Eier bringt man für Speisezwecke in den Handel. Da die Möwe gewöhnlich drei Eier legt, sind Zweiergelege noch nicht vollständig, also auch noch nicht bebrütet. Die Möwen bringen Nachgelege hervor. Ihre Brutkolonien liegen im Uferbewuchs mooriger Weiher und Seen, in Lagunen, Salzsümpfen und zunehmend auch auf Inseln am Meer. Oft schließen sich andere Arten, wie Sturmmöwen und verschiedene Seeschwalbenarten, den Lachmöwen an.

Fortpflanzung: Die begehrtesten Nistplätze in den volkreichen Kolonien bilden die von Wasser umgebenen Seggenbülten. Brutzeit Mai und Juni, Brutdauer 22 bis 24 Tage, drei Eier von etwa 52 mm Länge. Die Jungen sind nach körperlicher und geistiger Reife echte Nestflüchterküken, können gleich Nahrung vom Boden aufpicken, bleiben aber in der ersten Woche meist im Nest und bekommen das Futter von den Eltern vorgelegt. Nach etwa einer Woche gehen sie freiwillig ins Wasser und verbergen sich, wenn sie sich bedroht fühlen. Sollte aber unzeitgemäß Hochwasser entstehen, können sie sich auch schon in ihren ersten Lebenstagen laufend und schwimmend in Sicherheit bringen. Die Jungen können zur Not auch tauchen, die Altvögel nicht mehr. Gegen Feinde der Brut, etwa Krähen und Igel, gehen die Möwen der Kolonie in gemeinsamem Schreiangriff vor. Trotzdem erbeuten die Krähen manches Möwenei. Greift einer der heute so selten gewordenen Wanderfalken an, der nicht die Jungen, wohl aber erwachsene Möwen schlägt, so ergreift alles die Flucht, was fliegen kann. Sobald die Jungen flügge sind, verlassen sie das Brutgebiet. Viele mitteleuropäische Lachmöwen überwintern in Westeuropa und in der Schweiz. Dafür rücken Lachmöwen aus Osteuropa in unsere Städte ein.

Nahrung: Lachmöwen sind überwiegend Fleischfresser mit vielseitigem Nahrungserwerb: Insekten und Würmer bis zu Fischchen und Aas. Sie folgen dem Pflug, fangen Heuschrecken in der Wiese, erbeuten Jungfische mit einem angedeuteten Stoßtauchen, bei dem sie sich kurz vor dem Wasserspiegel abfangen und nur mit dem Kopf ins Wasser stoßen. Lachmöwen nützen auch die Müllplätze von Ortschaften. Die uns heute selbstverständlich scheinende Verstädterung der Möwen ist nicht alt: Sie begann um die Jahrhundertwende.

Ruhekleid

Brutkleid

Korallenmöwe *(Larus audouinii)*

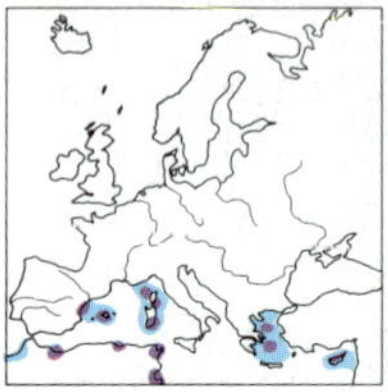

Merkmale: Etwas kleiner als die Silbermöwe, Länge um 50 cm. Oberseits bräunlich hellgrau mit schwarzen Flügelspitzen, Unterseite weiß. Schnabel rot mit schwarzem Ring und gelber Spitze, Füße schwärzlichgrün. Jungvögel mit gelbem Schnabel mit schwarzem Ring.

Lebensraum: Nur 9 Brutplätze bekannt, 3 weitere fraglich oder erloschen. Damit ist sie nach der Rosenmöwe die seltenste Möwe und zählt zu den am stärksten gefährdeten Seevögeln der Welt. Ihre Brutkolonien liegen in Ländern, in denen wenig für den Naturschutz getan wird. Teils setzte man Ziegen auf den Brutinseln aus, teils plündern die im Umkreis der Hafenstädte sich stark vermehrenden Silbermöwen die Nester der schwächeren Korallenmöwen aus. Je weniger Paare in einer Kolonie brüten, desto schwächer wird ihre gemeinsam bestrittene Verteidigung. So könnten die letzten Bestände der Korallenmöwe erlöschen – ohne unmittelbares Eingreifen des Menschen und doch durch ihn bewirkt. Die wenigen Kolonien der Korallenmöwe liegen im Mittelmeer, auf flachen, unbewohnten Felseninseln in Küstennähe. Die Möwen halten sich das ganze Jahr hindurch in der Nähe ihrer Brutinsel auf.

Fortpflanzung: Korallenmöwen brüten in artreinen kleinen Kolonien und legen ihre Nester völlig offen an: kunstlos mit Stengeln oder Tangfetzen ausgepolstert und in 4 bis 12 Meter Abstand zu den Nachbarnestern. Beide Eltern brüten, sich ablösend, auf den meist drei, weniger häufig auch zwei Eiern von etwa 65 mm Länge; Brutdauer 21 bis 25 Tage. Die Jungen bleiben nach dem Schlüpfen noch einen Tag im Nest, dann suchen sie sich schattige Plätzchen in der näheren Umgebung. Dort werden sie von den Altvögeln gefüttert.

Schwarzkopfmöwe *(Larus melanocephalus)*

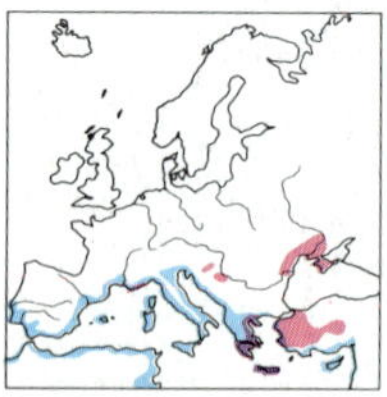

Merkmale: Eine der drei europäischen Möwen, die im Sommer einen schwarzen und im Winter einen weißen Kopf mit dunklem Fleck hinter den Augen haben. Von der Zwergmöwe durch die Größe zu unterscheiden: 40 gegen 28 cm. Im Sommer samtschwarzer Kopf, bei der Lachmöwe braunschwarz und weniger weit in den Nacken reichend. Im Ruhekleid tragen alte Schwarzkopfmöwen auch vor dem Auge einen verwaschenen dunklen Fleck. Die Flügelspitzen der Schwarzkopfmöwe sind im Alterskleid sommers wie winters reinweiß, bei der Lachmöwe schwarz.

Lebensraum: Enger als die Lachmöwe an das Meer gebunden. Man kennt Brutkolonien am Schwarzen Meer, in Kleinasien und in Griechenland. Außerhalb der Brutzeit vagabundieren die Vögel an den Küsten des Schwarzen und des Mittelmeers. Sie verirren sich auch bis weit ins Binnenland und nach Mitteleuropa, wo sie unter den Lachmöwenschwärmen leben. Einzelne haben schon in Mitteleuropa zwischen Lachmöwen gebrütet.

Fortpflanzung: Die Brutkolonien liegen meist an meernahen süßen oder salzigen flachen Gewässern, auch direkt am Meer. Manchmal brüten Schwarzkopfmöwen auch in Kolonien von Lachmöwen. Die Brutzeit beginnt für alle Mitglieder einer Kolonie etwa gleichzeitig im Mai oder Juni. Meist 2, seltener 3 Eier von durchschnittlich 54 mm Länge. Die ersten Küken schlüpfen Mitte Juni. In den manchmal sehr volkreichen Kolonien liegen die Nester meist ½ bis 1 Meter voneinander entfernt.

Nahrung: Die Nahrung wird teils auf dem Meer und am Strand, teils auf Wiesen und auf dem Ackerland beim Umherlaufen aufgesammelt. Zur Brutzeit streifen nahrungsuchende Trupps noch in 80 km Entfernung von der Kolonie umher. Im Sommer bilden Insekten, im Winter Meerestiere die Hauptnahrung.

Brutkleid

Zwergmöwe *(Larus minutus)*

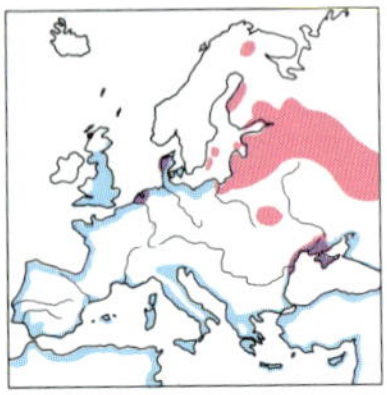

Merkmale: Die kleinste europäische Möwe, Länge um 28, Spannweite um 70 cm. Flügelspitzen der Alterskleider immer weiß, Schnabel der Altvögel im Sommer rot, im Winter und bei den Jungvögeln schwärzlich, Flügelunterseiten aller Kleider rußig grau. Zwergmöwen fliegen fast den ganzen Tag mit schroffen Wendungen und gaukelndem, an Seeschwalben erinnernden Flug.

Lebensraum: Die Brutgebiete ziehen sich, in zahlreiche Inseln aufgelöst, durch die nördliche gemäßigte Zone bis weit nach Asien hinein. Die Zwergmöwe ist nirgends häufig. Im Winter zeigt sie sich an der Nord- und Ostsee, am Schwarzen Meer und am Mittelmeer, auch fern der Küste.

Fortpflanzung: Brutkolonien meist an schwimmpflanzenreichen Seen, an Lagunen und Sümpfen mit offenen Wasserflächen. Bei der Balz stehen sich die Partner mit hängenden Flügeln und nach oben gerichteten Schnäbeln und Schwänzen gegenüber. Beide Eltern bauen und brüten. Auf trockenem Grund ist das Nest eine bescheiden mit Halmen ausgelegte Mulde, im Sumpf ragt es bis 20 cm hoch über den Wasserspiegel. Meist 3, selten 2 oder 4 Eier von 41 mm Länge, Brutdauer 23 bis 25 Tage, Brutzeit Juni, 10 bis 14 Tage später als bei den Lachmöwen.

Nahrung: Insekten, im Flug von Halmen erhascht, aus der Luft gegriffen und von der Wasseroberfläche aufgelesen, im Winter kleine Fische und Plankton der obersten Wasserschicht.

Elfenbeinmöwe *(Pagophila eburnea)*

Merkmale: Eine mittelgroße, rein weiße Möwe, Länge 44, Spannweite um 110 cm. Auffallend kurzer und schwacher Schnabel, weniger hakig als bei den anderen großen Möwen. Das Brustgefieder wirkt zart rosa angehaucht. Füße schwarz, mit unvollständigen Schwimmhäuten. Kein Unterschied zwischen Sommer- und Winterkleid, obwohl die Vögel im Herbst und im Frühjahr ihr Kleingefieder wechseln. Jungvögel sehr markant gezeichnet: Reihen schwarzer Punkte im weißen Gefieder, Kopf und Nacken verwaschen grau gefleckt. Elfenbeinmöwen sind gegenüber den Menschen völlig furchtlos.

Lebensraum: Die Elfenbeinmöwe siedelt in einem der extremsten Lebensräume, in die Vögel je vorgedrungen sind: im Packeisgürtel rund um den Nordpol und im Treibeis. Die Vögel verlassen dieses Gebiet nie, sie ziehen im Winter nur mit der vorrückenden Eisgrenze südwärts. Nach langen Stürmen erscheinen sie auch an den Nordküsten Norwegens. Während der mehrere Monate währenden Polarnacht kommen sie mit dem Licht der Gestirne und der Nordlichter aus.

Fortpflanzung: Brutkolonien zwischen Schneefeldern der nördlichsten Inseln, etwa an der Nordküste Spitzbergens, in der Nachbarschaft von Robben und Walrossen. Brutzeit Juli, 2 bis 3 Eier von rund 60 mm Länge, beide Eltern brüten ab dem ersten Ei. Die Jungen schlüpfen Anfang August und werden im September flügge. Sie werden gegen jeden Feind mit Sturzangriffen und Schnabelhieben verteidigt.

Nahrung: Extrem wie ihr Lebensraum: Elfenbeinmöwen ernähren sich hauptsächlich vom Kot der Robben und Eisbären; daher ihre enge Bindung an Eisschollen, auf denen Robben rasten. Sie begleiten Eisbären, Eskimos und Robbenschläger und leben von den Resten getöteter Tiere.

Silbermöwe *(Larus argentatus)*

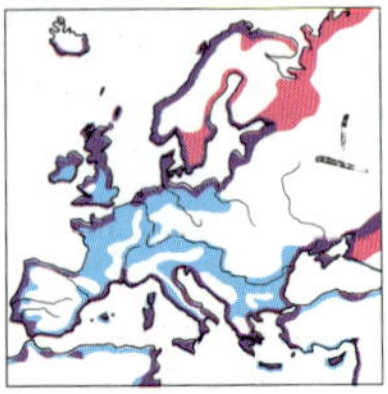

Merkmale: Etwas größer als die Heringsmöwe, Länge 56 bis 66 cm, Spannweite um 150 cm. Rücken und Flügeldecken (der Mantel) hell aschgrau bis dunkel schiefergrau, Füße der westeuropäischen und skandinavischen Vögel fleischfarben, sonst, etwa im Mittelmeerraum, gelb. Silbermöwen fliegen langsam, aber ausdauernd, wie sie sich überhaupt sehr ruhig, fast phlegmatisch bewegen; sie beherrschen den Segelflug im Aufwind von Küsten und Wellenbergen. Am Boden gehen sie nach Krähenart und sitzen gern auf Pfosten, Steinen und sogar Schiffsmasten. Sie sind sehr gesellig. Außer dem durchdringenden Stimmlaut »kauu . . .kauu« hört man schrilles Gelächter und jaulende Rufe.

Lebensraum: Die Silbermöwe ist äußerst anpassungsfähig. Sie brütet südwärts bis zu den Kanarischen und Kapverdischen Inseln, im Norden auf den Inseln des nördlichen Eismeeres und tief im asiatischen Binnenland bis in die Innere Mongolei. Sie ist in Europa und in Amerika die am häufigsten vertretene und am weitesten verbreitete Großmöwe. Auf dem Zug durchstreift sie die gesamte nördliche Hemisphäre mit Ausnahme der von Eis bedeckten Polkappe. In Mitteleuropa nahm ihr Bestand in diesem Jahrhundert sehr stark zu: Häfen und Müllplätze sichern ihr ein reiches und ganzjährig zur Verfügung stehendes Nahrungsangebot. 1927 erreichte die Silbermöwe Island, 1932 die Häreninseln, 1950 Spitzbergen.

Fortpflanzung: Die Silbermöwe brütet in zum Teil riesigen Kolonien, meist auf flachen Inseln vor der Küste. Heringsmöwen werden von ihr in die weniger beliebten Brutplätze landeinwärts abgedrängt. Wo die Silbermöwe verfolgt wird, brütet sie in unzugänglichen Felswänden über der Brandung. Wo man sie schützt, nistet sie sogar auf Hausdächern. Ihre Nester stehen locker im Abstand von mehreren Metern. Im Mittelmeerraum werden die Eier der Silbermöwen regelmäßig abgesammelt. In den Vogelschutzgebieten der Nordsee bremst man ihre Vermehrung durch kurzes Schütteln der Eier, deren Embryo damit abgetötet wird. Die Möwen brüten auf den toten Eiern weiter, ohne Nachgelege zu zeitigen, bis ihr Bruttrieb erlischt. Man hofft, mit dieser bei Naturschützern umstrittenen Maßnahme seltenere Vogelarten zu fördern. Brutzeit Ende April bis in den Juli. Bei der Begattung balanciert das Männchen flügelschlagend auf dem Rücken des Weibchens. Flugunfähig gemachte Zoomöwen versagen bei der Begattung, weil sie sich nicht auf dem Weibchen halten können. Meist 3 Eier von durchschnittlich 73 mm Länge. Ein bis zwei Nachgelege möglich. Brutdauer 28 bis 29 Tage. Die Jungen bedürfen schon am zweiten Tag nicht mehr der mütterlichen Wärme. Sie krabbeln früh aus dem Nest, bleiben aber in dessen Nähe. Sie betteln, indem sie nach der roten Markierung am Unterschnabel des Altvogels picken. Dieser würgt daraufhin die vorverdaute Nahrung auf den Boden, wo sie die Jungen aufpicken. Ende Juli, im Alter von etwa 40 Tagen, werden die ersten Jungen flügge. Anfangs sind sie dunkelbraun gefärbt. Mit jeder Mauser legen sie ein helleres Kleid an, bis sie im 4. Jahr das Alterskleid erreichen.

Nahrung: Silbermöwen sind Allesfresser. Sie suchen Genießbares im Spülsaum und im Müll, versammeln sich um angespülte Kadaver, jagen Tauchenten die heraufgeholten Muscheln ab und sind in der Lage, Krabben und Muscheln aus großer Höhe auf Steine zu werfen, bis sie zerspringen. In Vogelkolonien stehlen sie Eier und Küken, wo sich im hohen Norden Lemminge stark vermehrt haben, werden sie vorübergehend zu Landvögeln. Die Silbermöwen der asiatischen Steppenseen erbeuten sogar Springmäuse und Erdhörnchen.

Mantelmöwe *(Larus marinus)*

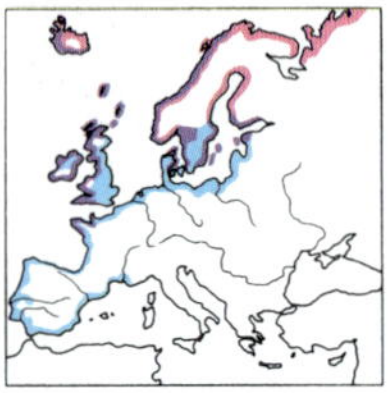

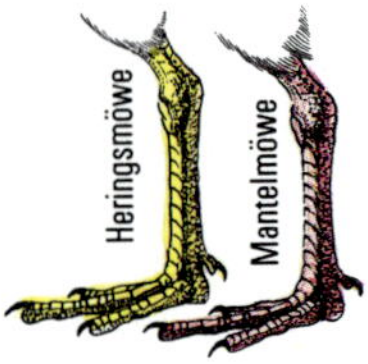

Merkmale: Eine gewaltige, gänsegroße Möwe. Länge um 70 cm, Spannweite bis 170 cm. Flügelränder und -spitzen sind weiß, Rükken und Oberseite der Flügel schieferschwarz. Im Winterkleid ist der Nacken leicht grau gefleckt. Die Beine sind im Gegensatz zur Heringsmöwe in allen Kleidern fleischfarben. Die Jungvögel wirken lehmbraun quergestreift mit dunklen Schwingen und schwarzer Schwanzbinde, ihr Schnabel ist schwärzlichgrau. Von jungen Silbermöwen unterscheiden sie sich durch die bedeutende Größe und die kontrastreichere Zeichnung, besonders auf dem Schwanz. Alle Bewegungen der Mantelmöwe wirken bedächtig und kraftvoll. Sie fliegt langsam, aber ausdauernd und senkt sich bei Sturm dicht auf die Wogen. Sie schwimmt gut und schläft auch auf dem Wasser, selbst bei hohem Seegang. Die Stimme ist ein tiefes »kjau« in sehr verschiedenen Tonlagen sowie ein sonores »ga . .ga . .ga«.

Lebensraum: Die Mantelmöwe hat in den vergangenen Jahrzehnten ihr Brutgebiet nach Norden und Süden ausgedehnt. Sie siedelte sich auf Spitzbergen an und weitete innerhalb von 20 Jahren ihr Verbreitungsgebiet an der amerikanischen Ostküste um 700 km nach Süden aus. Ihr Bestand stieg überall an, wo sie sich ganzjährig auf Müllkippen und in Fischereihäfen mühelos ernähren kann.

Mantelmöwen sind Strich- oder Standvögel. Im Winter streifen sie an allen Küsten Mitteleuropas entlang und dringen auch in die Flußmündungen vor. Nicht ausgefärbte Jungvögel trifft man das ganze Jahr über an den Nordseeküsten an.

Fortpflanzung: Das Nest wird stets so offen angelegt, daß die wehrhaften Vögel jeden Feind von weither kommen sehen. Sie fliegen auch Scheinangriffe auf den Menschen, machen ihm gegenüber aber keinen Gebrauch von ihrem 6 cm langen Schnabel. Mantelmöwen brüten einzeln, in kleinen Gruppen oder in lokkeren Kolonien, manchmal mit Silbermöwen. Die Nester liegen einige Dutzend Meter auseinander. Manche Paare nisten hoch in den Felsen in der Nähe von Seevogelkolonien. Wenn unter ihnen die Lummen Eier legen, haben die Mantelmöwen schon Küken zu versorgen. Ein Partner scheucht dann mit Flügelschlägen die Seevögel aus der Wand, der andere stiehlt Eier oder Jungvögel.

Als großer und wehrhafter Vogel hat die Mantelmöwe keine natürlichen Feinde. Die meisten Tiere schreiten zum ersten Mal in ihrem 4. Sommer zur Brut. Beide Eltern brüten auf dem mit rund 70 cm Durchmesser recht stattlichen Nest. Meist enthält ein Gelege 3 Eier von etwa 78 mm Länge. Brutzeit Mai und Juni, Brutdauer 26 bis 28 Tage. Wenn die Jungen schlüpfen, wiegen sie 70 bis 80 Gramm. Nach einer Woche sprießen die ersten Federn, nach drei Wochen fallen die Dunen ab, nach 6 Wochen beginnen die Flugversuche, und mit 8 Wochen können die Jungen so gut fliegen, daß sie den Eltern aufs Meer folgen. Die Familien bleiben etwa bis zur zweiten Augusthälfte zusammen, dann verschwinden die Vögel aus dem Brutgebiet und zerstreuen sich.

Nahrung: Mantelmöwen sind räuberische Vögel mit der Aufgabe einer Gesundheitspolizei. Sie erbeuten nicht nur Eier und Küken der Meeresvögel, sondern auch erwachsene Krabbentaucher, Papageitaucher, Bläßhühner und andere, sogar Enten, wobei ihnen in erster Linie kränkelnde Tiere zum Opfer fallen. Sie erbeuten Fische, wenn sie zum Laichen das Flachwasser aufsuchen, sogar den meterlangen Lachs. Sie stoßen aus dem Flug ins Wasser und können etwa mit dem halben Körper untertauchen. An Land schlagen sie den Lemming. Sie lassen gepanzerte Krebse aus großer Höhe auf Felsplatten fallen, bis sie zerbrechen. Sie laufen über weite Strecken am Spülsaum des Meeres entlang und sammeln alles Freßbare auf. Dabei waten sie oft bis zum Bauchgefieder ins Flachwasser und tauchen den Kopf ein.

Jugendkleid

Heringsmöwe *(Larus fuscus)*

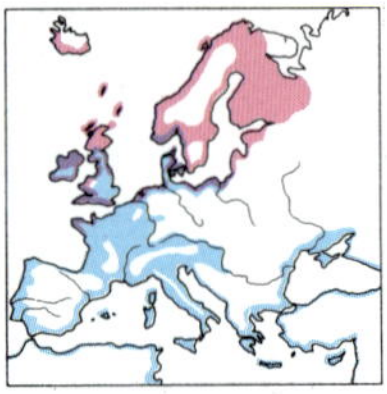

Merkmale: Etwas kleiner als die Silbermöwe, doch ist der Unterschied ohne Vergleichsmöglichkeit kaum zu sehen. Länge 52 bis 56 cm, Spannweite um 140 cm. In Europa leben zwei Rassen, eine westliche mit dunkelgrauem Mantel (Flügel und Rükken) und eine mit schieferschwarzem Mantel im Norden und Osten. Dazwischen, etwa in Dänemark und Südnorwegen, treten Übergangsformen auf. Die Beine sind immer gelb. Von der Mantelmöwe mit ebenfalls schieferschwarzem Mantel ist die Heringsmöwe durch die deutlich geringere Größe zu unterscheiden. Die Jungvögel sind meist etwas dunkler als gleichaltrige junge Silbermöwen, aber die geringen Unterschiede machen das Auseinanderhalten schwer. Die Stimme ist volltönend »gag . . . gag« und zur Paarungszeit »kiau . . kiau . . kiau«.

Lebensraum: Die helle Westrasse lebt in England und Frankreich und hat in diesem Jahrhundert auch die Küsten von Holland und Deutschland besiedelt. Die dunkle Rasse im Nordosten ist nur mit Mühe von der sich weiter östlich anschließenden der Silbermöwe zu unterscheiden, die manche Vogelkundler nur als Rasse der Heringsmöwe ansehen. Die Verwandtschaft zur Silbermöwe läßt sich vereinfacht so darstellen: Geht man von Westeuropa aus rund um die Erde nach Osten, so werden die Heringsmöwen immer silbermöwenähnlicher, bis man schließlich eindeutige Silbermöwen vor sich hat. Wo diese mit den »reinen« westeuropäischen Heringsmöwen zusammentreffen, verhalten sich beide als »gute« Arten; sie vermischen sich nicht oder kaum. Es gibt sogar Kolonien, in denen beide Arten brüten, wo sich die etwas schwächere und zierlichere Heringsmöwe mit den unbeliebteren Brutplätzen landeinwärts begnügen muß. Ein weiterer Unterschied liegt im Zugverhalten: Die Heringsmöwen sind strenge Zugvögel, die teils an den Küsten Westeuropas, im Mittelmeer, im Roten und Schwarzen Meer und sogar an den großen Seen Ostafrikas überwintern.

Fortpflanzung: Heringsmöwen brüten mit Vorliebe auf felsigen, bewachsenen Inseln – auch darin unterscheiden sie sich von den Silbermöwen. Die mitteleuropäischen Kolonien liegen am Meer – etwa auf der Vogelinsel Memmert – im Norden und Osten brüten die Heringsmöwen auch in kleinen Kolonien an Seen und Flüssen im Binnenland. Die Brutbiologie gleicht der der Silbermöwe. Die Vögel finden sich im April, im Norden auch im Mai und manchmal erst Anfang Juni in der Brutkolonie ein, die über viele Jahre hin beibehalten wird. Beide Partner bauen in einigen Tagen das immer sehr unordentliche, manchmal aber recht geräumige Nest. Man hat auch schon Nester in Bäumen gefunden. In Wales, wo sie nicht verfolgt werden, brüten Heringsmöwen auf Hausdächern.

Die zwei oder drei Eier sind praktisch nicht von denen der Silbermöwe zu unterscheiden, zumal sie in der Größe stark schwanken, etwa zwischen 60 und 75 mm. Beide Eltern brüten rund 24 Tage, Brutzeit Mai und Juni. Die Jungen halten sich in der Nähe des Nestes auf, werden mit ausgewürgter Nahrung gefüttert und beginnen im Alter von 4 bis 5 Wochen zu fliegen. Nach dem Ausfliegen tragen die Jungvögel ein dunkelbraunes Jugendkleid, aber schon Wochen später mausern sie und legen dabei ihr erstes Winterkleid an. Wieder Wochen später mausern sie erneut und bekommen dabei ihr erstes Sommerkleid. Die ausfallenden Federn werden gleich ersetzt, so daß die Vögel immer voll flugtauglich bleiben. Das Winterkleid der Altvögel ähnelt dem Sommerkleid, aber Kopf und Nacken tragen im Winter eine graubraune Längsstreifung. Die Frühjahrsmauser beginnt im Januar und ist im April, zu Beginn der Paarungszeit, abgeschlossen. Die Jungvögel tragen in den ersten zwei oder drei Jahren mehr oder weniger braun gescheckte Übergangskleider. In diesen Kleidern werden sie in den Brutkolonien nicht geduldet.

Nahrung: Wie bei der Silbermöwe. Die unverdaulichen Nahrungsbestandteile werden von den Möwen als Gewölle oder Speiballen ausgeworfen. Die Untersuchung dieser Gewölle gewährt einen guten Einblick in die Ernährung der Möwen.

Sturmmöwe *(Larus canus)*

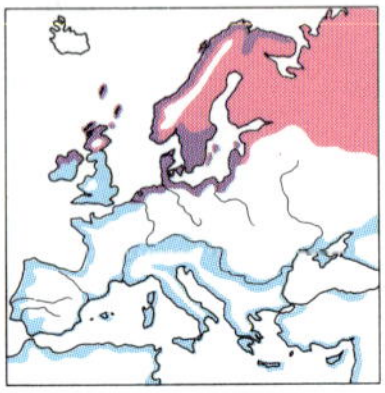

Merkmale: In der Färbung ähnlich der Silbermöwe, aber mit 45 cm Länge und um 112 cm Spannweite viel kleiner und zierlicher. Beine grünlichgrau, ohne roten Fleck am Unterschnabel. Von der etwa gleichgroßen Dreizehenmöwe und der Lachmöwe im Winterkleid durch weiße Flecken in der schwarzen Flügelspitze zu unterscheiden. Im Jugendkleid fehlen sie noch, im zweiten Jahr sind sie klein und erreichen im dritten Jahr ihre endgültige Größe. Altvögel im Winterkleid mit dunkel graubraunen Streifen an Kopf und Nakken. Jungvögel schmutzig braun längsgefleckt mit braunschwarzen Schwingen und fast weißem Schwanz mit breiter schwarzer Endbinde. Sturmmöwen folgen mit großer Ausdauer den Schiffen, manchmal zusammen mit Herings- oder Silbermöwen. Durchdringende Stimmlaute auf »skiaa«, in der Erregung »skak«, bei der Verteidigung des Nestes kreischend »skriii«.

Lebensraum: Das Brutgebiet der Sturmmöwe zieht sich quer durch das gemäßigte und kühle Eurasien und durch Teile Nordamerikas, wo ihre Ausbreitung allerdings durch die Konkurrenz der kräftigeren Delawaremöwe Grenzen gesetzt sind. Im größten Teil ihres Brutgebietes ist die Sturmmöwe ein Vogel des Binnenlandes. Sie brütet dort in kleinen Kolonien an Flüssen und größeren Seen. In Mitteleuropa ist sie weitgehend ein Küstenvogel, scheint aber auch hier langsam landeinwärts vorzudringen. Sie hat in diesem Jahrhundert ihr Brutgebiet erweitert und beispielsweise Holland und Island besiedelt. An der Ostsee ist sie häufiger als an der Nordsee und hat hier auch ihre größten Kolonien bei Graswarder und Langenwerder mit zusammen über 12 000 Brutpaaren. Hier werden die ersten Eier für Speisezwecke abgesammelt. Die Möwen erhalten ihren Bestand durch Nachgelege. Bei Sturm flüchten viele Tiere weit ins Binnenland, was ihnen ihren Namen gab. Sie sind Zug- und Strichvögel. Die englischen Sturmmöwen verstreichen nur von ihren Brutplätzen im Binnenland ans Meer, die mitteleuropäischen ziehen bis ans Mittelmeer und sogar ans Rote Meer; dafür rücken Sturmmöwen aus Nordosteuropa nach. In geringer, aber zunehmender Zahl überwintern Sturmmöwen auch tief im Binnenland in Städten, wo sie neben den Lachmöwen auf Brückengeländern sitzen und auf zugeworfenes Brot warten.

Fortpflanzung: Sturmmöwen brüten meist in kleinen Kolonien von 5 bis 50 Paaren, manchmal auch einzeln oder als Gäste in den Kolonien von Seeschwalben und anderen Möwen. Sie treffen von Mitte März bis Mitte April in den Kolonien ein und ziehen im Juli wieder ab. In den Kolonien geht es sehr laut zu, besonders wenn sich ein Eindringling zwischen die Nester wagt. Im Verlauf von zwei bis drei Tagen baut oder repariert ein Paar das immer unordentliche, manchmal aber, vor allem auf Sumpfgrund, recht massive Nest. Dann beginnen alle Möwen einer Kolonie im Zeitraum von etwa 3 Wochen mit der Eiablage. Meist 3, oft auch 2 Eier von etwa 57 mm Länge. Brutzeit Mai und Juni, für Nachgelege auch Juli. Beide Eltern lösen sich beim Brüten ab, Brutdauer 22 bis 23 Tage. Die Jungen bedürfen in der ersten Woche noch der elterlichen Wärme und bleiben meist im Nest. Bald hocken sie in der Nähe und warten auf ihre Eltern. Anfangs stecken die Altvögel ihren Kindern das Futter in den Schnabel, später legen sie es vor ihnen auf den Boden. Mit drei Wochen finden die Jungen schon einen Teil ihrer Nahrung selber, mit 5 Wochen beginnen sie zu flattern und mit 6 Wochen richtig zu fliegen.

Nahrung: Sturmmöwen sind findige Allesfresser, man nennt sie die Krähen des Meeres. Sie suchen am Strand angespülte Fische und Kadaver aller Art, folgen in dichten Scharen dem Pflug und untersuchen von früh bis spät die Müllplätze, sie erbeuten Mäuse, fressen auch Getreide und Beeren und jagen schwächeren Möwen, Seeschwalben und Enten die Beute ab. Sie suchen im Schlick Kleintiere, schmarotzen in Seevogelkolonien. Fische, die sie etwa den Papageitauchern aus dem Schnabel gerissen haben, müssen sie jedoch nicht selten der stärkeren Schmarotzerraubmöwe überlassen.

Dreizehenmöwe *(Rissa tridactyla)*

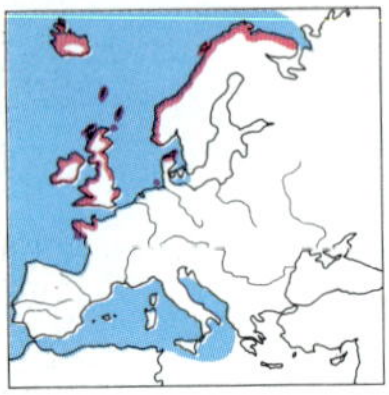

Merkmale: In Größe und Färbung sehr ähnlich der Sturmmöwe, aber mit schwarzen Beinen. Flügelspitzen schwarz. Länge 41 cm. Die Hinterzehe ist noch mehr verkümmert als bei den anderen Möwen und bei der europäischen Rasse ohne Kralle. Das markant gezeichnete Jugendkleid weist ein dunkles Längsband der Flügel auf, einen leicht gegabelten Schwanz mit schwarzer Endbinde und einen schwärzlichen Nackenring. Sehr gesellig und zutraulich. Folgt mit großer Ausdauer den Schiffen. Die auffällige Stimme »kiti-we« ist in den Brutkolonien ohne Unterlaß, auf See aber nur selten zu hören.

Lebensraum: Die Dreizehenmöwe ist die einzige Hochseemöwe und der häufigste Vogel des Nordatlantik. Die größte ihrer Kolonien liegt im Norden Norwegens zwischen dem Varanger-Fjord und dem Lakse-Fjord in den Steilwänden des Svaerholtklubben. Hier brüten schätzungsweise 360 000 Dreizehenmöwen, zusammen mit Lummen, Papageitauchern, Gryllteisten, Tölpeln und anderen Meeresvögeln. Auch von Grönland wird eine Kolonie mit über 100 000 Brutpaaren gemeldet. Der Lärm um diese Vogelfelsen erinnert von fern an die Geräusche einer Großstadt; die vom Meer zu den Felsen auffliegenden und die aus den Wänden herabschwebenden Vögel scheinen ein lebendes Dach zu bilden. Auf jedes erschreckende Ereignis hin stieben Wolken weißer Vögel aus den Felswänden.

Außerhalb der Brutzeit leben die Dreizehenmöwen auf dem offenen Meer. Sie fliegen sowohl niedrig über den Wellen wie in großen Höhen. Sie widerstehen auch schweren Stürmen und schlafen auf dem oft stark bewegten Wasser. Die im Norden brütenden Populationen ziehen im Winter südwärts bis in gemäßigte Breiten, die südlicher brütenden bleiben teilweise auch im Winter in der Nähe ihrer Kolonien. Die nördlichsten Möwenfelsen liegen auf Spitzbergen, die südlichsten in der Bretagne. Auch der Vogelfelsen auf Helgoland beherbergt eine kleine, aber dennoch eindrucksvolle Kolonie. Nicht selten verfliegen sich Dreizehenmöwen ins Binnenland und werden hier gewöhnlich ermattet und abgemagert aufgegriffen, da sie sich nur auf dem Meer und vom Meer ausreichend ernähren können.

Fortpflanzung: Die Kolonien der Dreizehenmöwen bestehen teilweise schon seit Menschengedenken. Sie werden meist im April bezogen, im höchsten Norden auch im Mai, und im August oder September wieder verlassen. Bei der Balz stehen sich die Partner gegenüber, reißen den Schnabel auf und zeigen sich mit verschiedenen Kopfstellungen ihre hochroten Rachen. Vor der Begattung hockt sich das Weibchen ins Nest und piept und flattert wie ein bettelnder Jungvogel. In den Kolonien besetzen die Dreizehenmöwen die unteren und mittleren Etagen, unter sich die Gryllteisen und Krähenscharben, über sich die Papageitaucher und die großen Möwen.

Männchen und Weibchen der Dreizehenmöwen kleistern aus Schlamm, Tang und Treibgut ein tiefnapfiges Nest, das 5 bis 10 kg wiegen kann. Meist genügt es aber, eines der vorjährigen Nester auszubessern und aufzustocken. In diesen Baukünsten liegt ein Erfolgsgeheimnis der Dreizehenmöwen, denn sie können auch in abschüssigen Felsen brüten, wo die anderen Seevögel kein waagerechtes Plätzchen für ihr Ei finden. In der Kolonie leben auch viele nichtbrütende Vögel. Sie möchten gern beim Nestbau helfen, werden aber brüsk abgewiesen, wenn sie mit einer Ladung Schlamm im Schnabel auf einem fremden Nest landen. Sollten aber irgendwo Küken ihre Eltern verlieren, so finden sie rasch liebevolle Pflegemütter. Hauptbrutzeit ist im Süden der Mai, im Norden der Juni. Meist 2 Eier von etwa 57 mm Länge, beide Eltern brüten 24 bis 25 Tage und lösen sich alle 12 bis 24 Stunden ab. Die Jungen sind Nesthocker, sie können sich in der ersten Woche noch nicht auf die Füße stellen und werden von den Eltern gewärmt.

Nahrung: Kleine Fische und auf der Oberfläche treibende Planktonorganismen. Bei der Nahrungssuche schwimmen die Möwen teils auf dem Wasser, teils stürzen sie in flachem Winkel auf das Wasser, das sie aber nur oberflächlich streifen.

Eismöwe *(Larus hyperboreus)*

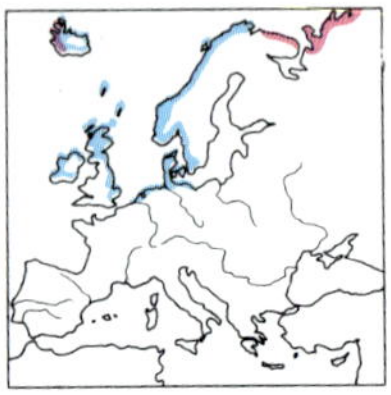

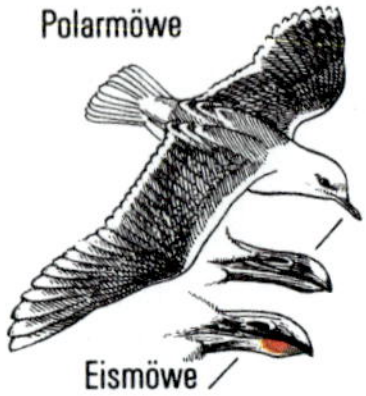

Merkmale: Eine mächtige, sehr helle Möwe ohne jedes Schwarz im Gefieder. Länge bis 80 cm, Spannweite bis 180 cm. Der Mantel ist zart blaugrau, das übrige Gefieder weiß. Auch die Jungvögel sind viel heller als andere Jungmöwen und wirken in den Übergangskleidern beinahe weiß. Die Eismöwe ist eine räuberische Möwe, die oft auf den höchsten Felsen einer Seevogelkolonie sitzt (der »Bürgermeister« der alten Seefahrer). Die Stimme ist selten zu hören; silbermöwenähnlich, aber rauher.
Lebensraum: Die Eismöwe tritt im hohen Norden an die Stelle der Mantelmöwe. Wo sich letztere ansiedelt, zieht sich erstere zurück. In Island ist die Eismöwe häufig, ihr Bestand jedoch rückläufig. Außerhalb der Brutzeit streichen die Möwen teils über das Eismeer und rasten auf treibenden Eisschollen, teils kommen sie auch bis an die Küsten Mittel- und Westeuropas, vor allem von Oktober bis März. Im April finden sie sich wieder bei ihren Brutfelsen ein.
Fortpflanzung: Eismöwen brüten einzeln oder in kleinen, auf Grönland auch größeren Kolonien. Die Nester liegen manchmal hoch in den Felsen über den Seevogelkolonien, auf felsigen Inseln, aber auch an flachen Stellen des Festlandes, manchmal an Binnengewässern, aber stets nahe der Küste. Beide Eltern bauen am Nest. Brutbeginn ab dem ersten Ei. Brutzeit Mai und Juni, Brutdauer 27 bis 28 Tage. Die Jungen werden im August flügge. Sie tragen dann das bleichbraune Jugendkleid, aber schon nach 3 Monaten vermausern sie in das etwas hellere erste Winterkleid, das sie im März gegen das wiederum hellere erste Sommerkleid vertauschen.
Nahrung: Tote und lebende Tiere, soweit die Möwen sie überwältigen können.

Polarmöwe *(Larus glaucoides)*

Merkmale: Sehr ähnlich der Eismöwe, also zart aschblaugrau und weiß. In der Größe ähnlich der Silbermöwe, Länge um 60 cm, mit schwächerem Schnabel. Im Winterkleid zeigen Kopf und Hals eine verwaschene, trüb braungraue Längsfleckung. Die Jungvögel wirken hell sandfarben mit dunkelgrauem Schnabel. Im 4. Jahr erreichen sie das Alterskleid. Stimme »giruw« und »ig-knirr«.
Lebensraum: Die Polarmöwe brütet nur auf Grönland und einigen, schon zu Amerika gehörenden Inseln. Sie brütet genau in dem Gebiet, wo Herings- und Silbermöwe fehlen. In ihrem Verbreitungsgebiet ist sie nicht selten, im Winter an den Nordküsten Islands sogar die häufigste Möwe. Auf den Britischen Inseln überwintern regelmäßig einige Jungvögel.
Fortpflanzung: Die Brutkolonien liegen meist geschützt in Fjorden und Buchten, oft hoch in den Klippen, manchmal bis 800 Meter über dem Meer. Gern brüten die Polarmöwen auf dem »Dachfirst« der Vogelberge. Brutzeit Mai und Juni, 2 bis 3 Eier von durchschnittlich 68 mm Länge. Brut und Aufzucht wie bei der Silber- und der Heringsmöwe.
Nahrung: Die Polarmöwe ist wie die anderen Großmöwen Allesfresser. Sie fängt aber sehr geschickt Fische, wobei sie aus dem Flug ins Wasser stößt. Schwärme von Polarmöwen begleiten fliegend und mit viel Geschrei die wandernden Herden der Wale und Robben und stoßen nach den Fischen, die auf der Flucht vor den Großsäugern der Wasserfläche nahekommen oder gar aus dem Wasser springen. Walfänger achten sorgfältig auf die beuteverheißenden Möwenschwärme, die sich natürlich auch um Fischerboote sammeln und auf Küchen- und Fischabfälle warten. Daneben finden sie auch im Spülsaum Nahrung.

Seeschwalben *(Sternidae)*

Die Seeschwalben bilden eine recht einheitliche Gruppe in der Ordnung der Wat- und Möwenvögel. Sie stehen den Familien der Möwen und Raubmöwen besonders nahe und werden mit diesen zur Unterordnung der Möwenvögel zusammengefaßt. Über allgemeine Merkmale der Wat- und Möwenvögel hinaus zeigen sie Eigenschaften, welche die Unterordnung der Möwenvögel kennzeichnen, aber auch solche, die nur der Seeschwalbenfamilie zukommen:

Ihr Schnabel ist lang, spitz, nur leicht gebogen und im Alterskleid markant rot, schwarz oder gelb gefärbt. Er kann im Brutkleid anders aussehen als im Winterkleid. Die Beine sind schwach und werden wenig gebraucht, meist nur zu einem kurzen Trippeln in der Nähe des Nestes. Um so länger sind die Flügel, deren Spitzen sich während der Ruhe über dem Schwanz kreuzen. Der Schwanz gabelt sich mehr oder weniger tief.

Die Seeschwalben sind die gewandtesten Flieger der ganzen Ordnung, ja sie zählen zu den besten des Vogelreiches überhaupt. Vergleicht man sie in dieser Hinsicht mit den Seglern, so ergibt sich ein tiefgreifender Unterschied: Die Segler durchbrechen die Luft mit ungestümer Kraft und haben daher auch einen sehr hohen Energieverbrauch. Seeschwalben sind auf kräftesparendes Fliegen angelegt: Mit weit ausholenden, mühelos wirkenden Schlägen ihrer überlangen Flügel hängen sie fast wie Papierdrachen über dem Wasser, tummeln sich aber von früh bis spät in den Lüften. Nur bei stürmischem Wind, den die Segler noch spielend meistern, rasten sie am Boden.

Ihre Nahrung erspähen die Seeschwalben aus dem Flug und erjagen sie als Stoßtaucher. Je nach Art stoßen sie mehr oder weniger ungestüm aufs Wasser nieder, tauchen dabei auch völlig unter und fliegen mit der Beute im Schnabel wieder vom Wasser auf. Daneben nehmen sie auch Nahrung vom Boden, indem sie sich kurz niederlassen, können Insekten von Halmen erhaschen oder aus der Luft fangen. Sie schwimmen selten und langsam, wie auch die Schwimmhäute an ihren Füßen nur unvollständig ausgebildet sind.

Das Gefieder der Seeschwalben spielt in der Regel nur zwischen Weiß und Schwarz, wobei Schnabel und Füße farbige Marken setzen. Sommer- und Winterkleid unterscheiden sich deutlich. Die meisten Seeschwalben, vor allem die Arten der Hauptgattung Sterna, sind grauweiß gefärbt mit schwarzer Kopfkappe. Von ihnen setzen sich die Wasserschwalben der Gattung Chlidonias ab: Kleiner als die meisten anderen Seeschwalben, düster grau bis schwarz gefärbt, jagen sie in der Regel nicht stoßtauchend, sondern nehmen im Fluge niederwippend Beutetiere von der Wasseroberfläche auf, ohne mehr als ihren Schnabel einzutauchen.

Insgesamt kennt man etwa 40 Seeschwalbenarten, die vor allem in den Tropen und auf der südlichen Halbkugel brüten. 10 davon gehören auch zur Fauna Mitteleuropas. Viele Seeschwalben sind über alle oder fast alle Erdteile verbreitet. Aber ihre Brutgebiete splittern sich in weit verstreute, isolierte Verbreitungsinseln auf.

Alle Seeschwalben brüten in Kolonien, nicht selten in gemischten, zusammen mit verschiedenen Möwen- oder anderen Seeschwalbenarten. Die Jungen sind aufgrund ihrer Reife beim Schlüpfen, nach ihrer Bedunung und Färbung echte Nestflüchter; aber da sie später kaum laufen werden, bleiben sie auch als Küken meist in Nestnähe hocken und lassen sich füttern. Nur langsam erlangen sie die Flugkunst, die sie zu ihrer Ernährung brauchen.

Flugbildvergleich:

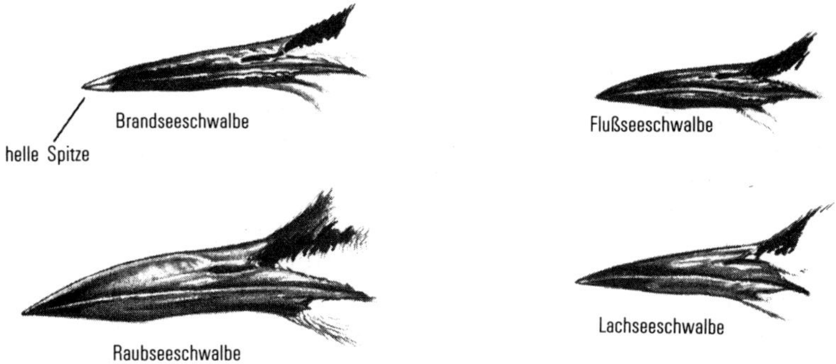

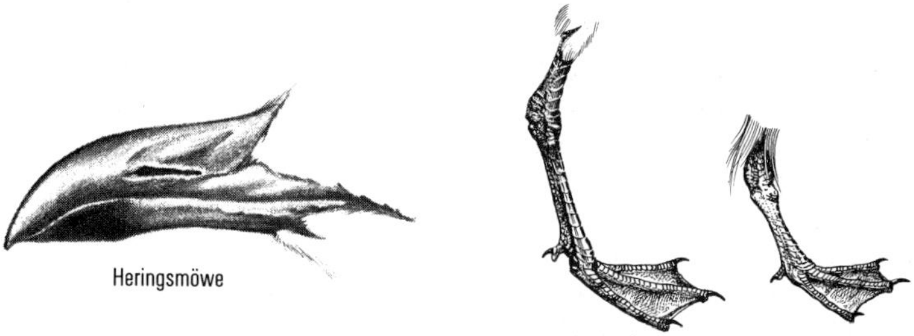

Größenvergleich:

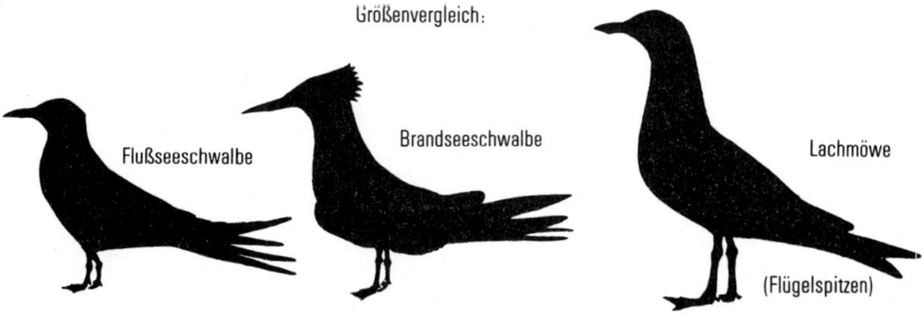

Flußseeschwalbe *(Sterna hirundo)*

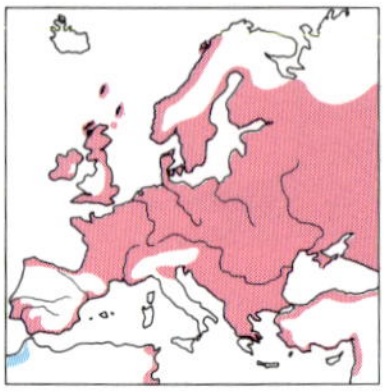

Merkmale: Rudert, schwebt und rüttelt fast pausenlos über dem Wasser, bei der Jagd mit steil nach unten gerichtetem roten Schnabel mit schwarzer Spitze. Füße hochrot. Im Winterkleid mit schwarzem Schnabel und heller Stirn. Im Jugendkleid tragen die grauen Federn rostgelbe Säume, so daß es rostbräunlich erscheint. Schwimmender, schwerelos wirkender Flug. Sitzt mit eingezogenem Kopf und über dem Schwanz gekreuzten Flügeln, schwimmt schlecht, ruht aber gelegentlich, vor allem in den heißesten Stunden, auf dem Wasser. Reckt beim Starten und Landen elegant die langen Schwingen in die Höhe. Stimme kreischend »kriää« und »kirri . . . kirri« sowie keckernde Laute. Länge 35 cm, Spannweite um 80 cm.

Lebensraum: Die Flußseeschwalbe ist sehr anpassungsfähig. Ihr Idealbiotop sind Flüsse mit weiten flachen Betten, klarem fischreichem Wasser und vegetationslosen Kies- oder Sandinseln. Sie kommt aber auch an Seen mit grasigen Ufern, in sumpfigen, wasserreichen Niederungen und an der Meeresküste vor. Um die Jahrhundertwende war ihr deutscher Name noch voll berechtigt, denn sie lebte an fast allen größeren Flüssen und Seen und an vielen Teichen und Sümpfen, daneben auch am Meer. Heute ist sie im Binnenland bis auf geringe Reste ausgerottet. Flußseeschwalben sind Fernzieher, die im August in kleinen Gesellschaften südwärts ziehen und meist an tropischen Küsten überwintern. Ende April kehren sie in ihre mitteleuropäischen Brutgebiete zurück.

Fortpflanzung: Die Brutkolonien liegen teils auf nacktem Kies oder Sand, meist auf Inseln oder zwischen Dünen, teils auch in schütterer Vegetation, die aber niemals so dicht sein darf, daß sie dem Brutvogel die freie Rundsicht raubt. Der Paarbildung geht eine gestenreiche Balz voraus, etwa mit Paarfliegen bis in große Höhen, wobei das Männchen einen Fisch im Schnabel trägt. Vor der Begattung laufen die Partner nebeneinander her, dann duckt sich das Weibchen in Aufforderungsstellung nieder, und das Männchen steigt mit viel Flügelschlagen auf seinen Rücken. Im Kies und Sand ist das Nest nur eine ausgescharrte Mulde, aber auf sumpfigem Grund kann es auch aus einem größeren Haufen von Pflanzenteilen bestehen. 2 bis 3, manchmal auch 4 Eier von etwa 41 mm Länge. Tagsüber lösen sich beide Eltern häufig beim Brüten ab, nachts schläft einer auf den Eiern und der andere auf dem Nestrand. Brutzeit Mai und Juni, Brutdauer 21 bis 22 Tage. Die Jungen sind anfangs noch sehr unbeholfen und lassen den ihnen vorgehaltenen Fisch oft aus dem Schnabel fallen, worauf er ihnen wieder angeboten wird. Später lernen sie, die Stimmen ihrer Eltern im Stimmengewirr der Kolonie zu erkennen und laufen ihnen zur Fütterung entgegen. Bald legen die Eltern den Fisch einfach vor den Jungen auf den Boden. Die Kleinen schlucken dann mit viel Mühe auch Fische, die länger sind als sie selber und deren Schwanz noch aus dem Schnabel hängt, während der Kopf schon verdaut wird. Im Alter von 3 Wochen beginnen die Jungen zu flattern, mit 4 Wochen können sie einigermaßen fliegen. Hochwasser vernichtet manchmal die gesamte Brut. Die Flußseeschwalben verteidigen ihre Nester mit wilden Schreien und Sturzangriffen. Den Menschen berühren sie nicht, einen Hund vertreiben sie mit groben Schnabelstichen.

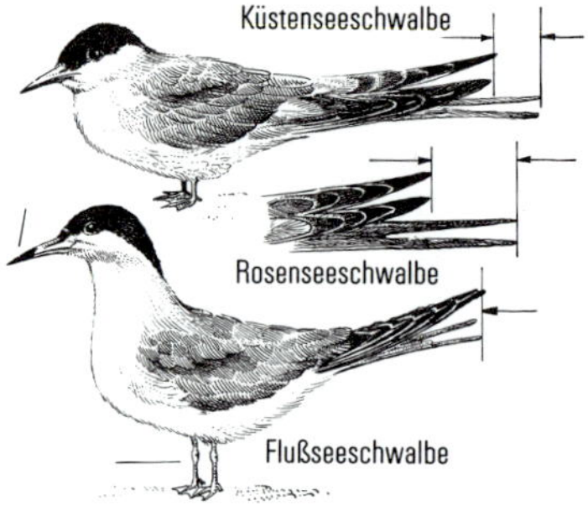

Nahrung: Flußseeschwalben sind Stoßtaucher, die die Beute im Rüttelflug anpeilen und dann senkrecht ins Wasser stoßen. So erbeuten sie kleine Fische, Kaulquappen, junge Frösche, Wasserinsekten, Blutegel.

Brutkleid

Küstenseeschwalbe *(Sterna paradisea)*

Merkmale: Ähnelt stark der nur wenig kleineren Flußseeschwalbe – 38 gegen 35 cm Länge. Als Hauptunterscheidungsmerkmal gilt der Schnabel: Er ist bei der Küstenseeschwalbe während der Brutzeit durchgehend rot, allenfalls mit einem kleinen schwarzen Fleck an der Spitze, während die Flußseeschwalbe eine schwarze Spitze des sonst gleichfalls roten Schnabels aufweist. Dieses Merkmal versagt im Winter, wenn der Schnabel beider Arten schwarz ist, und manchmal auch noch im Frühjahr zur Zeit der Umfärbung. Die Küstenseeschwalbe ist besonders kurzbeinig und ihre Brust hellgrau überflogen, ihre Wangen wirken auffallend weiß. Die Flügelspitzen (äußere Handschwingen) wirken bei der Küstenseeschwalbe, von unten gesehen, eher grau mit dunklerem Außenrand; bei der Flußseeschwalbe dagegen großflächiger dunkelgrau und schwarz. Stirn und Oberkopf der Küstenseeschwalbe sind im Winterkleid weiß, bei der Flußseeschwalbe ist nur die Stirn aufgehellt. Die Stimme der Küstenseeschwalbe klingt schrill »kiraaa«, wenn sie ihre Brut verteidigt.

Lebensraum: Die Küstenseeschwalbe ist der nördliche Vertreter der Flußseeschwalbe, wenngleich beide Arten sich in ihren Verbreitungsgebieten überlappen und zuweilen sogar in gemischten Kolonien brüten, etwa an der deutschen Nord- und Ostseeküste. Küstenseeschwalben kommen in allen Ländern rund um den Nordpol vor. Im Schärengürtel der Ostsee brütet sie auf den äußersten, der Brandung ausgesetzten Klippen, während die Flußseeschwalbe die Inseln im Stillwasser dicht vor der Küste besetzt. Im Norden brütet die Küstenseeschwalbe auf flachen Felseninseln, in den Kiesbetten der Küste, in Sanddünen, Strandwiesen, küstennaher Flechtentundra und an ähnlichen Orten. Vereinzelt findet man sie auch im Binnenland an Flüssen und Seen.

Außerhalb der Brutzeit ist die Küstenseeschwalbe ein Meeresvogel. Unter den Zugvögeln legt sie die längsten Wanderwege zurück: Der Wegzug aus den Brutgebieten setzt bereits Ende Juli ein, erreicht im August seinen Höhepunkt und endet im September. Die Vögel folgen den Küsten, überfliegen aber auch den Atlantik und überwintern schließlich in der Treibeiszone der Antarktis. Sie legen auf diesem Fernzug Strecken von etwa 18 000 km zurück. Die Vögel Ostsibiriens überfliegen zudem nicht auf dem kürzesten Weg, an Japan vorbei, den Pazifik, sondern folgen zunächst der Eismeerküste in westlicher Richtung und ziehen dann über den Atlantik. Die Küstenseeschwalbe verbringt mehr Zeit bei Tageslicht als jedes andere Tier der Welt: Sie lebt etwa 8 Monate des Jahres unter der Mitternachtssonne.

Fortpflanzung: Küstenseeschwalben brüten in lockeren und meist kleinen Kolonien, in denen die Nester rund ein Dutzend Meter voneinander entfernt liegen. Nicht selten suchen sie alljährlich einen neuen Ort für die Kolonie. Meist werden die Brutplätze im Mai bezogen. Die Vögel zeigen um diese Zeit die bei vielen Seeschwalben vorkommende Fischchenbalz mit besonders schönen Posen: Das Männchen umtrippelt mit einem Fisch im Schnabel die Umworbene und übergibt ihr die Beute. Während sie das Geschenk verzehrt, steht er mit abgespreiztem Flügelbug daneben.

Verhaltensforscher haben beobachtet, daß sich manche Männchen wie Weibchen anbalzen lassen und das Fischgeschenk von dem werbenden Männchen übernehmen. Dann aber fliegen sie davon und verzehren den Fisch selber oder überreichen ihn gar ihrem diesmal hoffentlich echten Weibchen. Brutzeit Mai und Juni, 2 Eier, seltener 3 oder 1 Ei von rund 40 mm Länge. Brutdauer 21 bis 22 Tage. Beide Eltern brüten und verteidigen notfalls die Brut mit Sturzangriffen, dennoch werden viele Eier und Junge von Möwen und Raubmöwen erbeutet.

Nahrung: Als Meeresvogel ist die Küstenseeschwalbe ein besonders geschickter und erfolgreicher Stoßtaucher. Sie erbeutet Fischchen, Wasserinsekten, Krebse; in ihren Winterquartieren auf der Südhalbkugel lebt sie fast ausschließlich vom Krill, den als Plankton im Wasser treibenden Kleinkrebsen, von denen sich auch manche Walarten ernähren.

Brutkleid

Zwergseeschwalbe *(Sterna albifrons)*

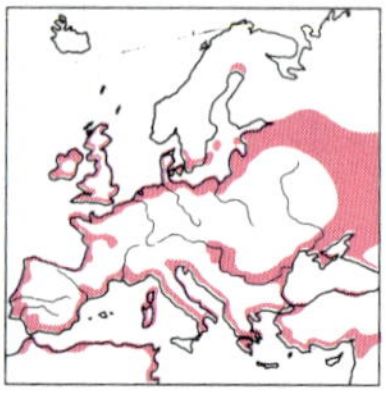

Merkmale: Die kleinste Seeschwalbe wird nur etwa lerchengroß, Länge um 24, Spannweite unter 50 cm. Schnabel und Füße gelb, Stirn weiß. Im Winterkleid ähnlich der Flußseeschwalbe, aber viel kleiner.

Lebensraum: Auf allen Erdteilen in gemäßigten und tropischen Breiten, aber auf winzige, weit verstreute Verbreitungsinseln beschränkt und nirgends häufig vertreten. Die Zwergseeschwalbe brütet auf Sand- oder Kiesbänken, manchmal auch in Mulden auf Felsufern, immer in fast vegetationsloser Umgebung an den Ufern großer Flüsse, in Mündungsgebieten, am Meeresstrand und in Lagunenlandschaften. Bleibt nur von Mitte Mai bis Anfang August im Brutgebiet und verbringt den Winter an sandigen Stränden in den Tropen.

Fortpflanzung: Nest meist auf trockenem Sand, oft in loser Nachbarschaft mit Artgenossen, mit anderen Seeschwalben oder mit See- und Sandregenpfeifern. Hauptbrutzeit Juni, Nachgelege auch im Juli, beide Eltern brüten ab dem ersten Ei. Brutdauer 20 bis 22 Tage. Sind Regenpfeiferküken in der Nähe, so kann es zu Verwechslungen kommen, indem der Regenpfeifer die Seeschwalbenküken gegen ihre futtertragenden Eltern verteidigt.

Nahrung: Zwergseeschwalben rütteln oft lange in 5 bis 6 Meter Höhe, dann stoßen sie senkrecht ins Wasser und tauchen manchmal völlig unter. Selten verfehlen sie ihr Ziel; die Beute wird nach dem Auffliegen in der Luft verschluckt.

Rosenseeschwalbe *(Sterna dougallii)*

Merkmale: Mit 38 cm Länge so groß wie die Küstenseeschwalbe; besonders lange, die Flügel in der Ruhe weit überragende Schwanzspieße. Schnabel schwarz, im Sommer mit roter Basis. Mit ruhigerem Flug als die Flußseeschwalbe und mit anderer Stimme: »aaach«. Im Brutkleid Unterseite zart rosa überflogen.

Lebensraum: Das fast weltweite Verbreitungsgebiet ist in kleinste, isolierte Brutvorkommen aufgesplittert. Die nördlichsten davon liegen in Schottland, die südlichsten in den Tropen. Brütete auch schon auf den nordfriesischen Inseln. Die Rosenseeschwalbe ist sehr weit verbreitet, gleichzeitig aber sehr selten. Die europäischen Rosenseeschwalben ziehen nach der Brut weg, doch wurden ihre Winterquartiere bisher nicht ermittelt. Auch die tropischen Rosenseeschwalben haben feste Brutzeiten und verschwinden anschließend aus dem Brutgebiet. Man nimmt an, daß sie den Fischschwärmen folgen.

Fortpflanzung: In Europa brütet die Rosenseeschwalbe meist als seltener Gast in den Kolonien von Fluß- oder Brandseeschwalben. In den Tropen ist sie bevorzugt bei Rüppell- oder Eilseeschwalben zu Gast. Daneben bildet sie auch artreine Kolonien mit Nestern im Abstand von etwa einem halben Meter. 1 oder 2 Eier von etwa 44 mm Länge. Die geringe Eizahl erklärt vielleicht, warum die Rosenseeschwalbe auch dort, wo sie brütet, so selten ist. Die Nester werden ausgescharrt, aber nicht ausgelegt. Beide Eltern brüten 21 bis 23 Tage. Brutzeit Juni, sowohl in England als auch in Ost- und Südafrika. Aus anderen Tropengegenden werden abweichende Brutzeiten gemeldet. Die Jungen fliegen nach etwa 4 Wochen und tragen dann ein Jugendkleid mit lehmbraunen Federsäumen.

Nahrung: Fischchen, durch Stoßtauchen erbeutet.

Brutkleid

Brutkleid

Brandseeschwalbe *(Sterna sandvicensis)*

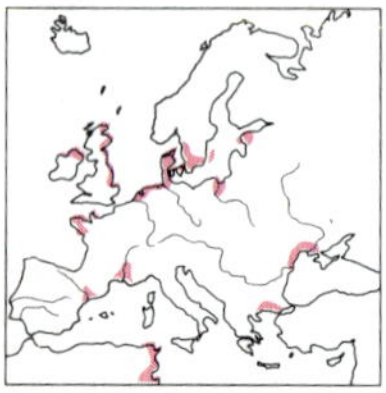

Merkmale: Mit 41 cm Länge größer als eine Lachseeschwalbe, der sie sonst stark ähnelt, Spannweite 110 cm. Im Nacken mit struppiger Federhaube, Schnabel lang und schlank, schwarz mit weißer Spitze. (Die Lachseeschwalbe hat einen kürzeren, weniger zugespitzten und schwarzen Schnabel.) Im Jugendkleid ist der Schnabel der Brandseeschwalbe meist einfarbig dunkel, kann aber auch schon eine kleine helle Spitze tragen. Brandseeschwalben wirken im Flug fast weiß.

Lebensraum: Die Brandseeschwalbe bewohnt alle Erdteile und verschiedene Klimagürtel von den Tropen bis in die kühlen Zonen (z. B. Schweden), aber ihr Lebensraum ist wie der anderer Seeschwalben in hohem Maß in kleinste Inseln zersplittert. Große Kolonien gibt es in Holland, wo etwa 30 000 bis 40 000 Paare brüten. Um 1850 sollen an der deutschen Nordseeküste noch Hunderttausende gebrütet haben. Um die Jahrhundertwende bedeutete das Absammeln der Eier noch eine verläßliche Einnahme. Brandseeschwalbeneier kamen zu Preisen wie Hühnereier in den Handel. In den siebziger Jahren brüteten an der deutschen Nordseeküste noch 6000 bis 7000 Paare in mehreren Kolonien, die der Öffentlichkeit nicht zugänglich sind. Die Brandseeschwalbe bevorzugt fischreiche Meeresküsten mit klarem, flachem Wasser und vegetationsarmen Inseln und Sandbänken. Die mitteleuropäischen Populationen sind Zugvögel, die ihr Brutgebiet Ende August verlassen und den Winter an subtropischen und tropischen Meeresküsten verbringen. Ende April erscheinen sie wieder in ihren Brutgebieten an mittel- und nordeuropäischen Küsten. Nicht selten werden die Kolonien von einem Jahr zum anderen an einen anderen Ort verlegt.

Fortpflanzung: In den Brutkolonien der Brandseeschwalben liegen die Nester so dicht, daß sich die brütenden Vögel mit den Schwanzspießen berühren können. Dringen Feinde in die Kolonie ein, so fliegen alle Vögel auf und umwirbeln den Eindringling in so dichten Wolken, daß sich die flatternden Vögel mit den Schwingen berühren; dazu erheben sie ein Geschrei, das sowohl die menschliche Stimme als auch die Meeresbrandung übertönt; zudem geht ein Kotregen auf den Störenfried nieder. Räuberische Möwen trauen sich nicht in dieses Inferno, und darin liegt der Vorteil des Brütens in riesigen, dicht gedrängten Kolonien. Im Schutz der großen Schar brüten meist auch andere Seeschwalben und Meeresvögel; in den Kolonien am Kaspischen Meer beispielsweise Flußseeschwalben, Zwergseeschwalben und Dünnschnabelmöwen. Dem Vorteil steht allerdings der Nachteil gegenüber, daß die Nahrung für so viele Vögel in der Umgebung der Kolonie leicht knapp wird. Darum können große Kolonien nur an ganz wenigen, besonders günstigen Orten entstehen.

Die Brutplätze der Brandseeschwalben liegen meist zwischen Stranddünen, in schütteren Strandwiesen oder auf Sandbänken dicht über der Hochwasserlinie und deshalb durch Sturmfluten bedroht. Brutzeit in Mitteleuropa Ende Mai und Juni, Brutdauer 22 bis 23 Tage. 2, seltener auch 1 oder 3 Eier, die von beiden Eltern von der Ablage des ersten Eies an bebrütet werden. Die Küken bleiben zwei Tage im Nest. Danach wandern sie umher und scharen sich mit den anderen Küken zu »Kindergärten« zusammen, die sich gemeinschaftlich oft weit von den Nestern entfernen. Sie bilden gleichsam eine wandelnde Kolonie. Die Eltern erkennen aber selbst in dem bewegten Kükenheer ihre Kinder nach Aussehen und Stimme und bringen nur ihnen die Fische, die sie in der Umgebung erbeuten und einzeln im Schnabel herbeitragen. Im Alter von etwa 35 Tagen beginnen die Jungen zu fliegen, werden aber auch dann noch von den Eltern mit Nahrung versorgt.

Nahrung: Brandseeschwalben sind treffsichere Stoßtaucher, die auch in die rollende Brandung stoßen und wenn nötig völlig untertauchen. Hauptnahrung sind kleine Fische. Als Beikost Krebse, Schnecken, Würmer sowie an Land erbeutete Heuschrecken und Käfer. Sogar von ausgeplünderten Kleinvogelnestern wird berichtet.

Lachseeschwalbe *(Gelochelidon nilotica)*

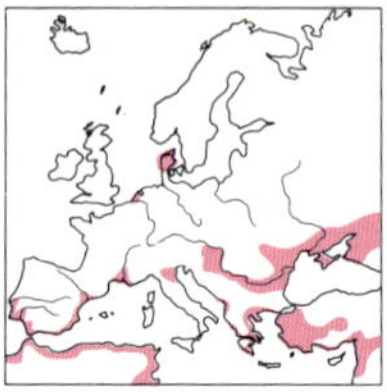

Merkmale: In allen Kleidern an dem im Vergleich zu den übrigen Seeschwalben viel kürzeren schwarzen Schnabel zu erkennen. Kein Federschopf. Im Winterkleid mit weißer Stirn und weißem Scheitel, Nacken verschwommen dunkel längsgestreift und mit rauchgrauem Fleck in der Ohrgegend. Länge um 38 cm, Spannweite um 95 cm. Die Stimme ist lachend »he-he-he«.

Lebensraum: Die Lachseeschwalbe brütet in der Alten und Neuen Welt, fehlt aber im tropischen Afrika, wo sie überwintert. In ihrem riesigen Verbreitungsgebiet liegen die eigentlichen Vorkommensbereiche als winzige Inseln eingestreut. Ihr Idealbiotop scheinen flache Gewässer in wenig bewachsener, sogar halbwüstenhafter Umgebung zu sein. Um die Jahrhundertwende brütete sie sogar im Lechtal, wo die Kolonie zum Ziel zahlreicher Ornithologen wurde. Am häufigsten findet man sie heute noch in Zentralasien. Die in den gemäßigten Zonen brütenden Vögel überqueren auf ihrem Zug auch wasserarmes Binnenland.

Fortpflanzung: Die meisten Kolonien liegen in Lagunenlandschaften mit Kiesbänken, sandigen Inseln, Dünen, trockenen Grasflächen und Salzsümpfen. Die Kolonien sind meist klein; nur in Asien umfassen sie mehr als 100 Brutpaare. Gastbruten in Kolonien anderer Seeschwalben sind häufig, auch Einzelbruten kommen vor. Brutzeit Mai und Juni, für Nachgelege auch Juli, Brutdauer 22 bis 23 Tage, 2 bis 4 Eier. Die Brutzeit innerhalb einer Kolonie zieht sich über viele Wochen hin.

Nahrung: Lachseeschwalben fliegen im Suchflug langsam mit nach vorn gerichtetem Schnabel über Grasland und Sümpfe, nur selten über Wasser. Sie folgen dem Pflug und erbeuten vor allem Insekten, daneben Mäuse, Eidechsen, Spinnen und Krabben. Sie betätigen sich auch als Nestplünderer in Seeschwalbenkolonien und bei anderen Bodenbrütern.

Raubseeschwalbe *(Hydroprogne caspia)*

Merkmale: Die größte aller Seeschwalben, nur wenig kleiner als eine Silbermöwe, Länge 53 cm, Spannweite 130 cm, Schnabellänge 6 bis 7 cm. Plumper als die kleineren Seeschwalben und mit möwenartigem Flug, wobei sie auf der Jagd wie die meisten Seeschwalben den Schnabel nach unten richtet und gelegentlich im Rüttelflug auf der Stelle verharrt. Das Winterkleid ähnelt dem Sommerkleid, nur daß der Oberkopf schwarzweiß ist und sich vor und hinter dem Auge je ein schwarzer Fleck befindet. Die Raubseeschwalben rasten gern am Ufer in einer langen, dicht aufgeschlossenen Reihe, wobei alle auf das Wasser hinausblikken. Die Stimme ist rabenartig »kraa« und kurz »kuk . . . kuk . . .«.

Lebensraum: Mit Ausnahme von Südamerika in allen Erdteilen und mit Ausnahme der Tundra in allen Klimazonen beheimatet; aber nur an wenigen Stellen wirklich vorhanden. Die Raubseeschwalbe benötigt flache, klare, fischreiche Gewässer größerer Ausdehnung mit flachen, vegetationslosen Inseln. In Mitteleuropa wurde sie im 19. Jahrhundert weitgehend ausgerottet. Um die Jahrhundertwende bestand noch eine kleine Kolonie auf Sylt. Der Bestand im Schärengürtel der Ostsee hält sich dagegen bei etwa 1000 Brutpaaren.

Fortpflanzung: Raubseeschwalben brüten meist in kleinen, manchmal in sehr großen Kolonien. Die Nester sind höchstens mit einigen Halmen oder Gräten ausgelegt. Die Brutvögel sind am Nest gegen Störungen, etwa durch Badebetrieb, sehr empfindlich. Brutzeit Ende Mai und Juni, Brutdauer 20 bis 22 Tage, 2 bis 3 Eier von etwa 65 mm Länge. Beide Eltern brüten vom ersten Ei an. Die Jungen beginnen mit 30 bis 35 Tagen zu fliegen.

Nahrung: Fische, Krebse, durch Stoßtauchen erworben, gelegentlich Vogeleier, Jungvögel und erwachsene Kleinvögel.

Weißflügel-Seeschwalbe *(Chlidonias leucopterus)*

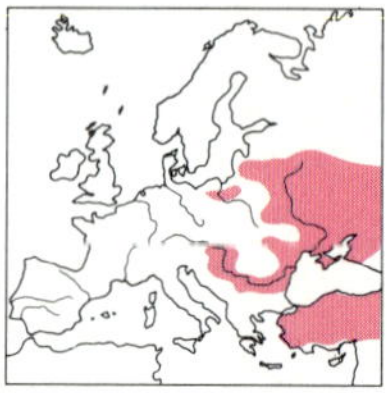

Merkmale: Länge 24 cm. Wirkt im Brutkleid vorn rußschwarz, hinten (an Schwanz, Bürzel und Flügelhinterrand) weiß. Schnabel und Füße im Brutkleid lackrot, sonst schwärzlich. Im Winterkleid ist der Nacken dunkel, der Rücken silbergrau, die Flügelunterseite weiß, ganz ähnlich wie bei der Trauerseeschwalbe, aber ohne deren dunklen Fleck an den Brustseiten. Der Flug ist weich, gaukelnd und unermüdlich. Die Vögel fliegen meist niedrig über dem Wasser. Im Sitzen tragen sie den Körper waagerecht und ziehen den Kopf ein; die langen Flügel weisen etwas nach hinten oben und ihre Enden überkreuzen sich. Sie gehen nur mit Mühe und niemals weit. Bei Sonnenschein sind sie fast pausenlos in der Luft und sitzen bei Regen untätig auf ihren Rastplätzen.

Lebensraum: Das Brutgebiet zieht sich von Osteuropa bis weit nach Zentralasien hinein und beginnt nach einer Lücke wieder in Ostasien. Die Vögel waren vor 50 Jahren in Griechenland zahlreich vertreten und brüteten auch schon in Mitteleuropa. Sie tauchen unerwartet irgendwo auf und verschwinden ebenso plötzlich wieder. In Europa verloren sie viele Brutplätze durch Entwässerung; ihre Zahl nimmt dort weiter ab.

Im Winter nomadisieren die Weißflügelseeschwalben durch die gesamten Tropen der Alten Welt und halten sich bevorzugt an Binnengewässern auf. Sie brüten an weitgehend verlandeten, sumpfigen Süßwasserseen.

Fortpflanzung: Von der ersten Maihälfte bis Ende August im Brutgebiet. Bei der Balz überreicht das Männchen seinem Weibchen kleine Fische oder andere Beutetiere. Das Nest besteht meist aus Pflanzenteilen, die im Flug aus dem Wasser gefischt und aufgehäuft werden. Es muß während der Brutzeit ständig ausgebessert werden. Meist ist es durch und durch naß und liegt auf zusammengespülten Pflanzenteilen im Wasser oder auf kleinen Sumpfhügeln.

Oft wird in kleinen Gruppen gebrütet, die Nester liegen dicht beieinander. Beide Eltern brüten und lösen sich tagsüber etwa alle halbe Stunde ab. Nachts schläft ein Partner auf den Eiern, der andere in der Nähe.

Trauerseeschwalbe

Weißflügelseeschwalbe

Brutzeit Mai und Juni, meist 3 Eier von 33 mm Länge, Brutdauer 20 bis 23 Tage. Viele Bruten gehen durch Hochwasser verloren. Wenn das Nest fortgespült wird, nachdem die Jungen geschlüpft sind, bauen die Eltern in kürzester Zeit ein Ersatz- und Hudernest für die versprengten Jungen. Bei der Fütterung tragen sie jedes Beutetier – meist Insekten – einzeln im Schnabel herbei und überreichen es im Fluge den Jungen. Bei gutem Wetter füttern sie ständig. Nähert sich eine Krähe oder Rohrweihe, so umfliegen alle Vögel der Kolonie den Feind mit lautem Geschrei. Bei kleinen Kolonien ist diese Verteidigung erfolglos. Werden die Altvögel angegriffen, versuchen sie, in die Höhe zu fliegen und können sich so häufig retten.

Die Jungen beginnen in ihrer 4. Woche zu fliegen, sind aber noch lange nicht fluggewandt genug, um genügend Nahrung zu finden.

Nahrung: Weißflügelseeschwalben fliegen auf der Nahrungssuche dicht über dem Wasser oder Sumpfland und nehmen im Fluge Insekten von den Halmen, lesen sie vom Boden auf oder picken sie aus dem Wasser. Dazu senken sie sich spielerisch nieder und stoßen meist nur mit dem Schnabel ins Wasser, ohne dessen Oberfläche mit dem Körper zu berühren. Sie können aber auch mit kräftigerem Schwung ins aufspritzende Wasser stoßen und teilweise untertauchen. Auf diese Art erbeuten sie kleine Fische, etwa Stichlinge, sowie Kaulquappen und junge Frösche. Auf dem Zug und im Winterquartier jagen sie auch weiter vom Wasser entfernt, falls sie dort genügend Insekten finden. So ernähren sie sich, wo die Heuschrecken überhand nehmen, angeblich fast ausschließlich von diesen Insekten.

Brutkleid

Winterkleid

Trauerseeschwalbe *(Chlidonias niger)*

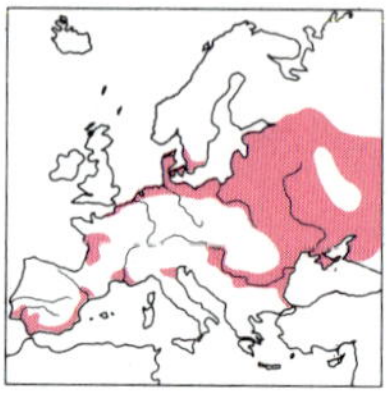

Merkmale: Im Brutkleid rußigschwarz mit schwarzem Schnabel, im Winterkleid oberseits grau, unterseits weiß mit einem markanten grauen Fleck an den Brustseiten. Länge um 24 cm, Spannweite um 60 cm. Der Flug wirkt etwas taumelnd und flatterig, ist aber doch rasch und wendig. Auf Nahrungssuche fliegen die Vögel dicht über dem Wasser, verhalten hier und da im Rüttelflug und holen die Beute aus dem Wasser, ohne mit mehr als dem Schnabel einzutunken. Sie können aber auch in flachem Stoß ins Wasser eintauchen.

Lebensraum: Bis nach Zentralasien und in Nordamerika verbreitet. Der Bestand ist überall in Europa durch Umweltzerstörung rückläufig und nur an manchen Seen im südlichen Rußland noch hoch. Die mitteleuropäischen Trauerseeschwalben verschwinden manchmal für Jahre aus ihrem Brutgebiet, brüten aber auch an Orten, wo sie noch nie gesehen wurden. Sie erscheinen im ersten Maidrittel im Brutgebiet und ziehen im August wieder fort. Die Winter verbringen sie an den Küsten des tropischen Afrika.

Fortpflanzung: Trauerseeschwalben brüten bei uns in kleinen Kolonien. Die Nester liegen dicht beieinander auf Schilfbruch oder auf trockeneren Fleckchen in Sümpfen. Man kann ihnen mit schwimmenden Inseln leicht Nisthilfen anbieten. Da die Nester den Wasserspiegel nur wenig überragen, sind sie durch Hochwasser sehr gefährdet. Brutzeit ab Mitte Mai und im Juni, 2 oder 3 Eier von 34 mm Länge, Brutdauer 20 bis 22 Tage. Beide Eltern brüten. Die Küken können schon am ersten Tag schwimmen, bleiben aber, wenn sie nicht gestört werden, etwa 2 Wochen im Nest. In der 3. Woche beginnen sie zu flattern, und in der 4. Woche fliegen sie schon gut.

Nahrung: Wie bei der Weißflügelseeschwalbe.

Weißbart-Seeschwalbe *(Chlidonias hybrida)*

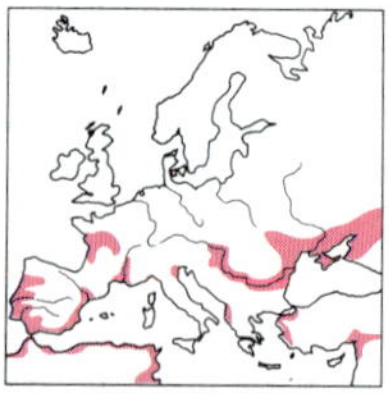

Merkmale: Im Brutkleid mit weißen Wangen, die zum Hals hin verlaufen, gegen den schwarzen Oberkopf aber scharf abgesetzt sind. Bauch dunkel, Flügelunterseite hell, Schnabel rot. Im Winterkleid ist die Unterscheidung von anderen Seeschwalben sehr schwierig. Die Stirn ist dann weiß, der Nacken dunkelgrau, die Bauchseite weiß, der Schnabel schwarz. Länge um 25 cm, Spannweite bis 70 cm.

Lebensraum: In der Brutzeit bewohnen die Vögel Sümpfe mit klaren, stehenden Wasserflächen, die von Schwimmblattfluren bedeckt sind. In Europa wurden sie durch Zerstörung ihres Lebensraumes sehr selten.

Fortpflanzung: Gelegentlich Einzelbrüter, meist aber in kleinen Kolonien mit einigen Dutzend Paaren, in Südrußland auch in größeren Gruppen von über 100 Paaren. Das Nest wird inmitten von Schwimmblattfluren auf der Wasserfläche errichtet, oft auf einem Seerosenblatt. Es besteht aus einem Haufen von Wasserpflanzen und Halmen, die die Vögel im Flug aus dem Wasser fischen und dann im Rüttelflug auf den Nistort fallen lassen. Die Brutplätze werden erst beziehbar, wenn sich die Schwimmblätter der Wasserpflanzen voll entfaltet haben. Deshalb sehr späte Brutzeit, meist in der zweiten Junihälfte und im Juli. Die Begattung findet auf dem Nest statt. Beide Eltern brüten mit häufiger Brutablösung. 3 oder 2 Eier von etwa 35 mm Länge, Brutdauer um 19 Tage, die Jungen werden mit etwa 3 Wochen flügge.

Nahrung: Hauptsächlich Insekten, im Fluge von Halmen genommen oder aus dem Wasser gefangen, daneben Würmer, kleine Fische, junge Frösche, Kaulquappen und Wasserasseln.

Die Alken *(Alcidae)*

Die Alken, eine artenarme, recht einheitliche Gruppe von Meeresvögeln, werden meist als Familie oder Unterordnung zu den Wat- und Möwenvögeln gezählt. Manche Vogelkundler fassen sie auch als eigene Ordnung auf. Die Alken sind Vögel mittlerer bis geringerer Größe. Die kleinste Art, der Krabbentaucher, wird nur starengroß und wiegt etwa 100 Gramm, die größten Arten, die Lummen, erreichen rund 42 cm Länge und wiegen bis 800 Gramm. Die Alken erwerben ihre Nahrung tauchend und mit wenigen Ausnahmen im Salzwasser. Sie kommen in 20 Arten nur in den kalten Meeren rund um den Nordpol vor. Segeltaugliche oder wendige Flieger können nicht gleichzeitig leistungsfähige Taucher sein. Erstere brauchen eine geringe Flächenlast, also große Flügel und leichte Körper, letztere verhältnismäßig schwere, gedrungene Körper mit möglichst kleinen Flügelflächen. Unter Wasser »fliegen« sie mit dem langsamen, aber sehr kraftvollen Schlag ihrer halb geöffneten Flügel und steuern mit den Füßen. Meist bleiben sie 30 bis 60 Sekunden unter Wasser. Beim Fliegen in der Luft werden die Flügel nach dem Prinzip der Schwenkflügel-Flugzeuge voll ausgestreckt und schwirrend schnell bewegt. Die Alken erinnern im Flug in der Tat an fliegende Libellen. Ihre Flügel sind im Verhältnis zum Körpergewicht so klein, daß bei den Alken die Grenze der Flugfähigkeit erreicht ist.

Die Gestalt der Alken ist spindelförmig, die Füße sitzen am hinteren Körperende, so daß die Vögel an Land aufgerichtet stehen müssen und kaum gehen können. Schwimmhäute verbinden die Zehen, der kräftige Schnabel wirkt seitlich zusammengedrückt. Die Nasenlöcher werden beim Tauchen durch Hautlappen verschlossen, wie das auch bei anderen Tauchvögeln und bei den Meeressäugern geschieht. Das außerordentlich dichte Federkleid besteht aus etwa 10 000 Federn. Die Alken sind arm an Farben, weshalb man sie auch als Schwarzvögel bezeichnet hat. Entsprechend der ihnen eigenen »Gegenschattierung« tragen sie aber unterseits viel Weiß. Beim Tauchen wirkt diese Tracht tarnend gegenüber den Freßfeinden: Von oben gesehen heben sich die dunklen Rücken nicht gegen die finstere Tiefe, von unten gesehen die hellen Bauchpartien nicht gegen das Licht der Wasseroberfläche ab. Beide Geschlechter sind gleich gefärbt und ähnlich groß, doch es gibt Unterschiede zwischen Jugend- und Alters- sowie zwischen Sommer- und Winterkleid. Die Alken verbringen fast ihr ganzes Leben auf dem Meer und kommen meist nur zum Brüten auf Inseln oder auf das Festland. Alken leben in Einehe und kehren alljährlich so genau zu ihrem vorjährigen Brutplatz zurück, daß sie dort wieder auf ihren vorjährigen Partner treffen. Sie brüten erstmalig in ihrem dritten Sommer. Alle Alken sind Koloniebrüter, die meist in riesigen und uralten Brutkolonien zusammenkommen. Hier brüten meist mehrere Arten gemeinsam. Sie bauen keine Nester und legen in der Regel ein Ei, das allerdings mit etwa 13% vom Gewicht der Mutter ungewöhnlich groß ist. Geht das Ei verloren, etwa durch das vielerorts übliche Absammeln, so zeitigen die Vögel ein Nachgelege. Beide Eltern brüten. Die Jungen schlüpfen mit offenen Augen und einem dichten Dunenkleid, sind anfangs aber völlig hilflos. Erst nach einigen Tagen können sie ihre Körpertemperatur aus eigener Kraft aufrechterhalten.

In den Brutkolonien werden die gegen den Menschen furchtlosen Alken seit Menschengedenken in großer Zahl erschlagen und verspeist.

Krabbentaucher

Papageitaucher

Krabbentaucher

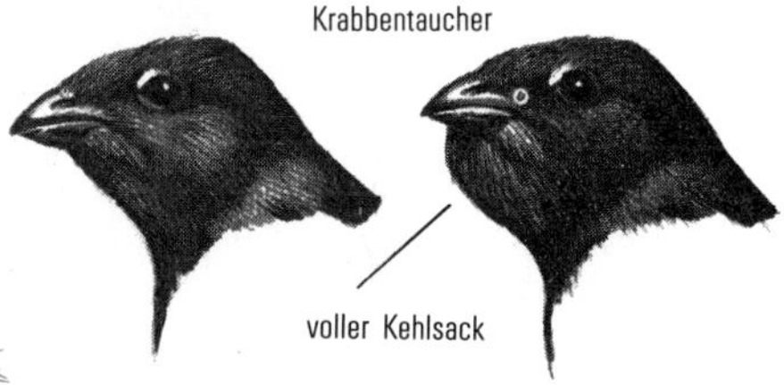

Trottellummen: Jungvögel

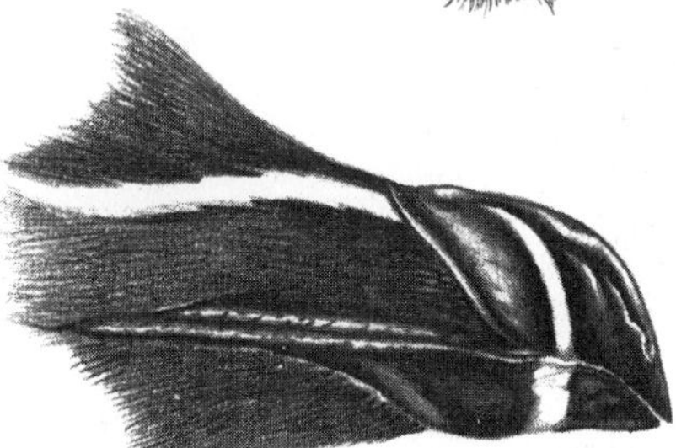

Tordalk (Originalgröße)

Dickschnabellumme

Ringellumme (Nebenart)

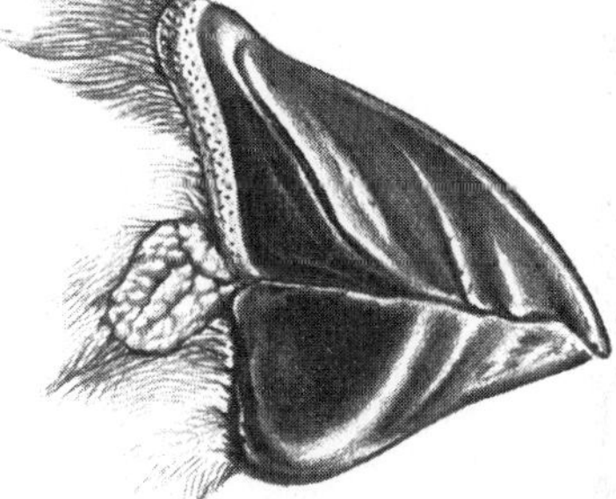

Papageitaucher (Originalgröße)

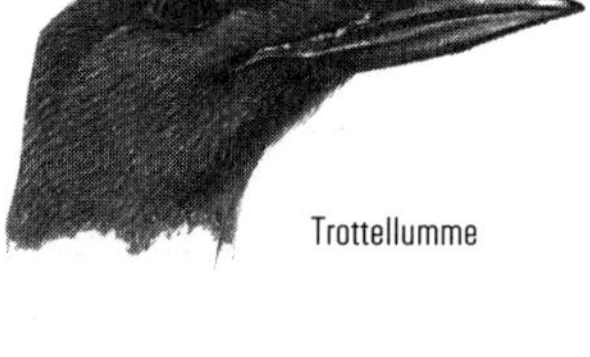

Trottellumme

Tordalk *(Alca torda)*

Merkmale: Etwa so groß wie die Lumme, Länge 41 bis 48 cm, Spannweite 62 bis 78 cm, Gewicht um 700 Gramm. Der Schnabel wirkt seitlich zusammengedrückt und in der Brutzeit aufgewölbt mit mehreren Querrinnen, eine mit weißer Füllung. Tordalken schwimmen mit aufgestelltem Schwänzchen und liegen hoch auf dem Wasser. Fühlen die Vögel sich bedroht, machen sie sich schwer und sinken tiefer ein, tauchen auch sehr früh weg und kommen erst in größerer Entfernung wieder zum Vorschein. Unter Wasser rudern sie mit halb ausgebreiteten Flügeln. Tauchdauer in der Not bis über 150 Sekunden. Angegriffen wehren sie sich mit ihren scharfen Schnäbeln. Sie fliegen mit etwas gesenktem Hals, ausgestreckten Füßen und gespreiztem Schwanz. Der Flug ist reißend schnell mit schwirrenden, fast insektenartig schnellen Flügelschlägen. Auf dem Boden laufen die Tordalken ähnlich wie Pinguine mit aufrechtem Körper und zum Balancieren weggestreckten Flügeln. Sie landen nur auf dem Wasser, und zwar mit dem Kopf voran, so daß sie zunächst völlig untertauchen. Der Start vom Wasser gelingt nach einem kurzen Anlauf. Auf das flache Land gebracht, versuchen die Vögel gar nicht, in die Luft zu kommen. Zum Rasten stehen sie gern unbewegt und stundenlang auf Klippen. Sie sind schweigsam; erschreckt oder zur Balzzeit lassen sie ihre rauhe Stimme hören, wie »korr«.

Lebensraum: Tordalken nisten südlich bis in die Bretagne. Nach langer Pause kehrten sie auch wieder als Brutvögel auf den Lummenfelsen vor Helgoland zurück. Sie sind im Süden selten, aber auch im Norden nicht besonders zahlreich. Man kennt jedoch auch Kolonien mit Tausenden von Brutpaaren, etwa auf den Lofoten. Tordalken brüten auch in der Ostsee. Sie sind die einzigen Alken, die auch am Süßwasser brüten, und zwar in einer kleinen Kolonie am Ladoga-See bei Leningrad. Tordalken gibt es nur im Nordatlantik; im Nordpazifik werden sie von anderen Arten ersetzt. Tordalken sind Teilzieher, die sich aber meist in Küstennähe aufhalten, wo sie bis zum Meeresgrund tauchen können. Man traf sie aber auch schon über 100 km von der Küste entfernt an. In kalten Wintern streichen sie an der Atlantikküste entlang bis in die Höhe von Spanien und erscheinen vereinzelt auch im Mittelmeer.

Gryllteiste Trottellumme Tordalk

Fortpflanzung: Meist brüten die Tordalken einzeln oder in kleinen Gruppen inmitten der Lummenfelsen. Dort besetzen sie Felsspalten, Höhlen oder zumindest Brutplätze unter überhängenden Felsen, die sie alljährlich wieder beziehen. Im Süden brüten sie im Mai, im Norden Ende Mai oder Anfang Juni. Beide Eltern brüten auf ihrem einzigen Ei für 30 bis 35 Tage.

Das Küken braucht etwa 3 Tage, um die Eischale zu sprengen. Anfangs ist es völlig hilflos und noch etwa eine Woche lang auf Wärmezufuhr von außen angewiesen. Das Ei ist mit 76 mm Länge fast so groß wie ein Gänseei. Gegen Kolkraben und Raubmöwen setzen sich die Eltern mit ihrem Schnabel erfolgreich zur Wehr, gegen den Menschen zeigen sie sich meist furchtlos. Sie werden deshalb mit Knüppeln erschlagen, oder man legt ihnen mit Hilfe langer Stangen Schlingen um die Hälse und erdrosselt sie. Mancherorts sind die Alken scheu geworden und fliegen frühzeitig vom Gelege. Verwaister Küken nehmen sich die Nachbarn an. Die Futterfischchen werden bis zu 20 km von der Kolonie entfernt gefangen und einzeln im Schnabel hergebracht. Im Alter von 19 oder 20 Tagen springen oder kullern die Jungen flatternd und fallend in die Tiefe. Manche haben dann noch bis 150 m Fußmarsch vor sich, bis sie das Meer erreichen.

Nahrung: Die Jungen werden ausschließlich mit Fischen aufgezogen. Die Altvögel erbeuten neben Fischen auch Krebse, Würmer und anderes Meereskleingetier.

Trottellumme *(Uria aalge)*

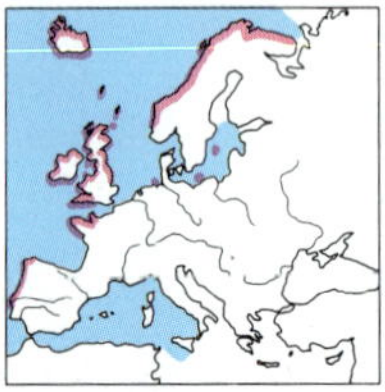

Merkmale: Entengroß, Länge 42 cm, Spannweite bis 70 cm. Im Sommer mit schwarzer, im Winter mit weißer Kehle. Manche Lummen tragen um das Auge einen dünnen weißen Ring, von dem ein feiner weißer Strich zum Nacken weist; sie werden als Ringellummen bezeichnet, stellen aber keine eigene Art oder Rasse dar.

Lebensraum: Kein Alkenvogel brütet so weit südlich wie die Trottellumme. Ihre südlichsten Vogelfelsen liegen an der spanischen Atlantikküste. Der Lummenbestand in der Ostsee war um 1880 durch Eiersammeln auf etwa 20 Paare gesunken, unter dem dann durchgesetzten Schutz hat er sich bis heute auf einige 10 000 Paare erholt. Auch Helgoland hat seinen Lummenfelsen. Um die Jahrhundertwende war er alljährlich am 24. Juli Ziel des unter den Badegästen sehr beliebten Helgoländer Lummenschießens. Dabei fuhren in volksfestartigem Rahmen Boote am Fuß der Brutkolonie auf, aus denen die zu ihren Jungen heimkehrenden Lummen beschossen wurden. Die Lummen überlebten diese Zeit. Aber die Papageitaucher wurden auf Helgoland ausgerottet. Den Weltbestand an Trottellummen schätzt man heute auf etwa 20 Millionen. Davon werden jährlich vielleicht 1 Million für Speisezwecke gefangen.

Fortpflanzung: Lummen brüten in volkreichen Kolonien. Jeden Neuankömmling begrüßen die Nachbarn mit lautem Krächzen und mit Verbeugungen. Die Lummen fliegen dicht über das Wasser dahin und steigen dicht vor den Felsen steil in die Höhe. Die Abfliegenden werfen sich in die Tiefe und fangen den Sturz erst dicht über dem Meer auf. Beim Niedergehen schlagen sie mit dem Bauch auf das Wasser. In den Vogelfelsen besetzen die Lummen die mittleren Etagen, unter sich die Krähenscharben und Gryllteisten, über sich die Papageitaucher und Eissturmvögel. Die Paare sitzen meist eng zusammengeschmiegt. Sie schnäbeln sich und reiben die Hälse aneinander. Kommt ein Partner um, so brütet der andere weiter und zieht

auch das Junge auf, unter Mithilfe nichtbrütender Vögel, die sich freudig auf jedes unbewachte Ei niederlassen. Die Eier liegen auf dem nackten Fels, oft nur 25 bis 50 cm voneinander entfernt. Beim Brüten wenden die Lummen ihren Kopf dem Meer zu. Die Lummeneier sind sehr veränderlich gefärbt und fast so groß wie Gänseeier – um 81 mm – manche so schön wie Schmucksteine. Jede Lumme kennt ihr eigenes Ei. Brutdauer 30 bis 35 Tage. Die Jungen schlüpfen mit offenen Augen und grauwolligem Dunenkleid, sind aber noch sehr hilflos. Sie werden 2- bis 3mal am Tag mit je einem um 10 Gramm schweren Fischchen gefüttert und erreichen nach etwa 20 Tagen gut Faustgröße. Um diese Zeit springen sie aus den Wänden flatternd in die Tiefe. Sie sind so flaumleicht, daß sie sich bei dem schrägen Fall gewöhnlich nicht verletzen. Viele stürzen in Felsspalten und kommen um. Die Überlebenden ziehen mit den Eltern aufs Meer. Die einigermaßen zugänglichen Lummenfelsen werden wirtschaftlich genutzt. Sie haben Besitzer oder Pächter, die den Fang betreiben. Die Eier werden mit großen, an langen Stangen befestigten Löffeln von den Felsen geholt. Früher aßen die Eskimos, die in der Nähe der Kolonien wohnten, den Sommer über fast nur das stark tranig schmeckende Lummenfleisch, von dem sie sich auch einen Teil als Wintervorrat einpökelten.

Nahrung: Zur Brutzeit und zur Jungenaufzucht fangen die Lummen fast ausschließlich kleine pelagische, das heißt im freien Wasserraum lebende Fische, vor allem Sandaale. Außerhalb der Brutzeit ist ihr Speiseplan vielseitiger: Neben Fischen verzehren sie Krebse, Meereswürmer, Muscheln und sogar Quallen. Wenn die Fischschwärme ausbleiben, kann es zu Hungersnöten kommen; der Strand vor den Brutfelsen ist dann von toten Lummen übersät.

Brutkleid

Dickschnabellumme *(Uria lomvia)*

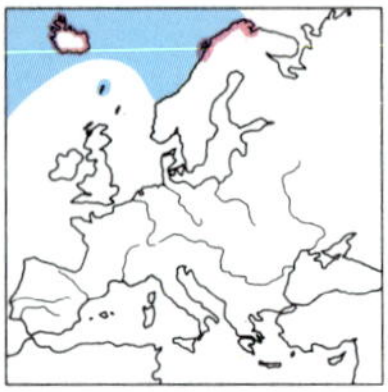

Merkmale: Etwas größer und gedrungener als die Trottellumme – Länge 42 bis 45 cm. Spannweite 70 bis 75 cm – und mit kürzerem und dickerem Schnabel. Aus der Nähe erkennt man eine helle Linie zwischen Mundwinkel und Nasenloch.

Lebensraum: Die Dickschnabellumme ist der nördliche Vertreter der Trottellumme. Sie brütet üblicherweise nicht in Norwegen, wohl aber auf gleicher Höhe in Island, Grönland und Nordamerika, wo kalte Meeresströme nach Süden ziehen. Stellenweise brütet sie in gemischten Kolonien mit der Trottellumme, steht dann aber zu ihren Artgenossen und geht keine Mischehen ein. Auf den bekannten Lummenfelsen in Nordnorwegen kann man während des Sommers immer einige Dickschnabellummen sehen, die wohl versprengt waren und sich nun, ohne zu brüten, in den Lummenfelsen aufhalten. Im Winter halten sie sich häufig in den Gewässern um Island auf, wenngleich die große Masse weiter nördlich lebt. Nach längeren Stürmen sieht man Dickschnabellummen auch in Nordengland und an der Westküste Norwegens. In die Nordsee kommen sie nur als Irrgäste. Im Winter wagen sich Lummen weit auf hohe See hinaus, aber die meisten bleiben doch im Bereich des Kontinentalschelfs, wo das Meer nicht tiefer als etwa 200 Meter ist und wo am meisten Fische vorkommen. Der Weltbestand an Dickschnabellummen wird auf etwa 40 Millionen geschätzt. Damit gehört sie zu den zahlreichsten Vögeln dieser Erde.

Fortpflanzung: Die arktischen Brutkolonien, etwa so weit nördlich wie der Eisbär wandert, können Hunderttausende von Brutpaaren beherbergen. Der Lärm solcher Vogelgroßstädte klingt von fern wie ein Sturm oder ein Wasserfall. Die bekannteste Großkolonie mit etwa 1 000 000 Brutpaaren liegt bei Aqparussit in Grönland. Schon 20 oder 30 km vor der Kolonie sieht man futtersuchende Scharen von Dickschnabellummen in ihrem typisch schwirrenden Flug streifend über die Wellen dahinfliegen, was sie fern ihrer Brutkolonie nur sehr ungern tun. Erst dicht vor den Brutfelsen steigen sie steil in die Höhe und landen auf ihrem Nestplatz. Die Stimmen klingen wie »arr« und »orr«. Jede Dickschnabellumme kehrt alljährlich zu ihrem kleinen Fleckchen in der großen Kolonie zurück. Die Brutplätze liegen stets in Steilwänden, manche davon sind so hoch und steil, daß sie auch vor den kühnsten Eiersammlern verschont bleiben.

Ab Ende März im Süden, später im Mai an weiter nördlich gelegenen Plätzen, kehren die Dickschnabellummen zu ihrem Brutfelsen zurück und besetzen die Felsstufen. Meist sitzen sie in regelmäßigem Abstand in langen Reihen, alle mit der weißen Brust zum Meer gewandt, in den Wänden, während die Luft erfüllt ist von kommenden und abfliegenden Vögeln. Die Brutzeit beginnt für die ganze Kolonie einheitlich innerhalb etwa einer Woche. Geht das eine Ei verloren, etwa durch das kommerzielle Absammeln, so machen die Vögel ein Nachgelege. Das Ei ist mit 75 bis 87 mm Länge und einem Gewicht bis 120 Gramm etwa so groß wie ein Gänseei und mit einem individuellen Muster aus Schnörkeln und Flecken bedeckt, an dem die Eltern ihr Ei in der Kolonie erkennen. Das eine Ende ist auffallend kegelförmig. Man war früher der Meinung, daß ein solches Ei, einmal angestoßen oder vom Wind gerollt, sich auf einer Kreisbahn bewege und darum nicht allzu leicht von der Felsstufe falle. Das ist aber wohl nicht der Fall, denn im Experiment rollt das Lummenei so gut oder schlecht wie andere Eier auch, und wirklich fallen viele von den Klippen. Beide Eltern brüten abwechselnd für 30 bis 35 Tage. Sie nehmen das Ei zwischen ihre Füße, hüllen es ganz in ihr Gefieder ein und bringen es an ihre warme Haut. So können sie ohne Nest, sogar auf einer Schneeunterlage, erfolgreich brüten. Das Junge bleibt nur 19 bis 20 Tage am Brutplatz, dann springt es, noch ohne Schwungfedern, mit den Ärmchen schlagend und mit den Schwimmfüßen bremsend in die Tiefe. Um diese Zeit ist der Boden unter hohen Brutwänden übersät mit kleinen Vogelleichen. Die Überlebenden schwimmen aufs Meer hinaus.

Nahrung: Wie bei der Trottellumme.

Brutkleid

Papageitaucher *(Fratercula arctica)*

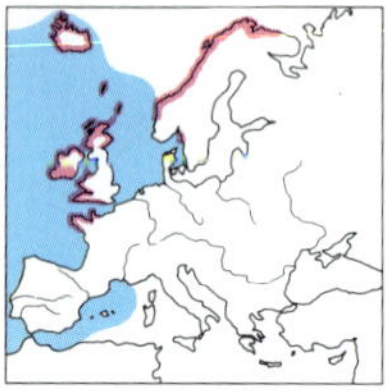

Merkmale: Taubengroß, dickköpfig, kurzer Hals, plump wirkend; Länge 30 bis 32 cm, Spannweite 60 cm. Altvögel mit unverwechselbarem, sehr hohem Schnabel in Rot, Gelb und Schwarz, dessen Farben im Winter verblassen. Die Jungvögel haben einen noch niedrigen, dunkelgrauen Schnabel mit rötlicher Streifung. Die umfangreiche, hornige Schnabelscheide wird zur Mauser abgeworfen und danach erneuert. Scheitel dunkel, Wangen im Sommer weiß; dunkle Konturen um das Auge und ein zum Nacken ziehender Strich verleihen dem Gesicht im Brutkleid einen clownartigen Ausdruck. Wangen im Winter und im Jugendkleid grau. Füße in allen Kleidern korallenrot. Ausgeprägte Gegenschattierungen des Federkleides: oberseits schwarz, unterseits weiß mit geschlossenem, schwarzem Halsring. Auch die Flügelunterseiten sind dunkel. Stimmlaut tief und rauh »orrr«.

Lebensraum: Nur im Nordatlantik verbreitet. Im Nordpazifik lebt eine Zwillingsart, der Schwarzkehlpapageitaucher. Man nimmt an, daß sich beide Arten aufgrund geografischer Isolation im Laufe langer Zeiträume aus gemeinsamer Wurzel zu getrennten Arten auseinanderentwickelt haben. In Nord-Süd-Richtung erstreckt sich das Brutgebiet des Papageitauchers von der Bretagne bis nach Spitzbergen, sein Weltbestand wird auf 15 Millionen geschätzt. Nach Süden zu wird er rasch seltener. Bis zur Jahrhundertwende brütete er noch auf Helgoland. Außerhalb der Brutzeit streifen die Papageitaucher auf hoher See umher.

Fortpflanzung: Papageitaucher beteiligen sich regelmäßig an den Brutgemeinschaften der Vogelberge. In mittleren Lagen, etwa auf den Färoern, sind sie auch die volkreichsten. Sie brüten vereinzelt in natürlichen Höhlen, mehr aber in selbstgebauten Gängen der Grasnarbe. Die Höhlen werden mit Schnabel und Krallen gegraben, haben einen Durchmesser von etwa 15 cm und sind meist reichlich metertief, selten auch über 2 und sogar bis 5 Meter lang. Am hinteren Ende erweitert sich die Höhle zu einem Kessel, in dem die Papageitaucher ihr einziges, etwa 69 mm langes Ei bebrüten. Die Brutzeit hängt unter anderem vom Auftauen des Bodens ab, weil die Vögel erst dann graben können. Die Brutdauer ist mit 35 Tagen recht lang; die Bebrütung beginnt oft erst einige Tage nachdem das Ei gelegt wurde. Während der Brutzeit wirkt die Kolonie wie ausgestorben. Nur manchmal hört man aus der Erde die miauenden Stimmen der Brutvögel. Einzelne sitzen auch mit reglosem Körper vor ihren Höhlen und wenden nur den Kopf in alle Richtungen. Greift man in die Bruthöhle, so verbeißt sich der Vogel in der Hand und läßt sich herausziehen. Der überaus kräftige Biß geht bis auf die Knochen. In die Enge getrieben knurren die Vögel wie Hunde. In manchen Landstrichen des hohen Nordens werden die Papageitaucher oder »Lunde« gegessen und zu diesem Zweck mit langen Speeren aus ihren Höhlen gezerrt. In der darauffolgenden Nacht sitzt dann gewöhnlich eine »Ersatzmutter« auf dem Ei, die das Brutgeschäft fortsetzt. Wird auch diese getötet, so mag eine dritte, vierte oder gar fünfte einspringen. Es handelt sich dabei um Jungvögel, die selbst noch nicht gelegt haben, sich aber schon auf den Brutbergen herumtreiben und gern die Rolle einer Amme übernehmen.

Von Zeit zu Zeit starten alle flugfähigen Lunde einer Kolonie zu gemeinsamen Rundflügen um ihren Brutfelsen. Bei dieser Gelegenheit werden die Papageitaucher mancherorts mit großen Käschern aus der Luft gefangen. An guten, auch für den Fänger nicht ungefährlichen Plätzen, kann ein Mann bis zu 1000 Vögel am Tag erbeuten.

Papageitaucher tragen gefangene Fische quer im Schnabel und können damit ihre Unterwasserjagd fortsetzen. Der Vogel klemmt die Fische mit seiner Zunge gegen den Oberschnabel, bis die ganze Schnabellänge mit Fischen belegt ist. Dabei dehnt sich ein elastisches Band im Schnabelwinkel.

Nahrung: Zur Jungenaufzucht Fische, die Altvögel erbeuten überwiegend Krebse und andere niedere Meerestiere. Der überaus kräftige Schnabel dürfte beim Aufknacken gepanzerter Meerestiere eine Rolle spielen.

Gryllteiste *(Cepphus grylle)*

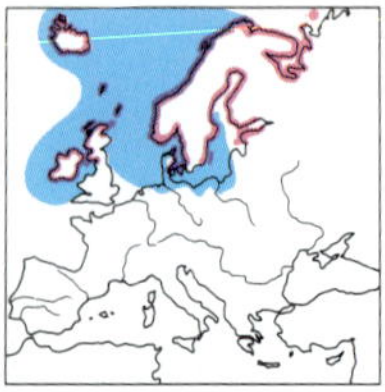

Merkmale: Etwas kleiner als die Lumme, Länge 34 cm, Spannweite 68 cm. Im Sommer der einzige Alk mit auch unterseits schwarzem Federkleid – ein scharf begrenztes Flügelfeld ist in allen Kleidern weiß. Im Winter mit völlig weißer Unter- und dunkel gefleckter Oberseite. Bei so verschiedenen Kleidern sehen die Vögel während der Mauser recht gescheckt aus.

Bei der Rast sitzen die Teisten in aufrechter Körperhaltung und mit S-förmig eingezogenem Hals auf Klippen oder Eisschollen und sind dabei so zutraulich, daß sie früher von Booten aus mit langen Speeren erstochen wurden. Ihr Gang ist ein beschwerliches Watscheln, der Flug rasch und schwirrend, nachdem die Vögel mit einem kurzen Anlauf vom Wasser abgehoben haben. Beim Tauchen rudern sie mit den Flügeln und steuern mit den Füßen. Der Seeadler hetzt sie, wie auch andere Tauchvögel, aus der Luft, bis sie vor Erschöpfung nicht mehr tauchen können und sich ohne Widerstand greifen lassen. Leise, pfeifende Stimmlaute auf »tsih-tsh«.

Lebensraum: Zirkumpolar in den kühlen und kalten Meeren verbreitet. In Europa reicht das Brutgebiet von den Küsten Irlands im Süden bis zu den nördlichsten Inseln am Rande des Packeises, wo die Wassertemperatur auch im Sommer nicht über 0 Grad ansteigt. In der Ostsee geht die Gryllteiste bis an das Ende des Finnischen Meerbusens, wo das Wasser praktisch nicht mehr salzig ist und im Winter gefriert. Dann weichen die Teisten südwärts aus und sind Wintergäste an der deutschen Ostseeküste. In der Nordsee werden sie nur als seltene Irrgäste gesichtet.

Die Gryllteiste ist kein Vogel des offenen Meeres, sondern lebt in Stillwasserzonen hinter vorgelagerten Inseln, in Fjorden und Flachwasserzonen; dort hält sie sich das ganze Jahr über auf. Sie brütet in Spalten zwischen Geröll und Felsen, also an ähnlichen Orten wie der Tordalk, mit dem sie gelegentlich auch um die Brutplätze streitet. Doch brütet sie meist niedriger als jener, oft nur dicht über der Spritzwasserzone, und gelegentlich auch bis 3 km von der Küste entfernt. In den Vogelfelsen besetzt sie meist die Geröllhalde am Fuß der Steilwände. Gelegentlich findet man reine Gryllteistenkolonien auf geröllbedeckten unbewohnten Inseln.

Fortpflanzung: Gryllteisten brüten in Kolonien mit einigen Dutzend Paaren oder als Einzelgänger am Fuße der Vogelberge. Im Mai balzen sie vor den Brutplätzen mit einer Art Wasserballett über und unter der Oberfläche. Gelegentlich reißt ein Männchen seinen Schnabel erstaunlich weit auf und zeigt dabei seinen grellroten Rachen. Das Paar ist sehr zärtlich; es sitzt zusammengeschmiegt und schnäbelt sich, und es ist zu hoffen, daß mancher sonst harte Seemann angesichts solcher Innigkeit seinen Schlagknüppel hat sinken lassen. Jedenfalls hießen die Teisten in der Sprache mancher Seeleute auch Tauben. Abweichend von den anderen Alken legen die Teisten häufig zwei Eier, aber gewöhnlich wird doch nur ein Junges flügge. Beide Eltern bebrüten die einen grellroten Dotter enthaltenden Eier, Brutdauer 21 bis 24 Tage, Brutzeit Juni und Anfang Juli. Die Brutvögel lassen sich beim Brüten oft mit Händen greifen. Das Junge schlüpft mit einem grauen Dunenkleid und bleibt 35 bis 39 Tage in der Höhle, wie überhaupt Höhlenbrüterküken sich viel länger im Nest aufhalten als vergleichbare Freibrüter. Wenn sie dann aber das Nest verlassen, so können sie schon gut fliegen und sind praktisch selbständig.

Nahrung: Gryllteisten suchen ihre Nahrung hauptsächlich am Gewässergrund. Deshalb entfernen sie sich nie weit von der Küste. Fische bilden bei ihnen gewöhnlich nur die Beikost. Hauptsächlich ernähren sie sich von Krebsen aller Art, von Meereswürmern, Muscheln und Polypen. Wirft man neben Gryllteisten einen Stein ins Wasser, so kann es sein, daß sie abtauchen, ihn einholen und mit dem Schnabel ergreifen. Bei der Nahrungssuche tauchen sie selten länger als etwa 30 Sekunden. Auf der Flucht bleiben sie aber bis 2 Minuten unter Wasser. Werden sie angeschossen, so verbeißen sie sich am Gewässergrund und kommen nicht mehr hoch.

Brutkleid

Krabbentaucher *(Alle alle)*

Merkmale: Kleinster aller Tauchvögel. Mit einer Länge von 20 cm knapp starengroß, aber massiger, Spannweite um 43 cm. Sehr kurzer Schnabel. Brutkleid schwarz und weiß ohne andere Farben. Im Winterkleid sind Hals und Brust grau und weiß gemischt, die weiße Unterseite zieht sich dann an den Wangen bis in die Ohrgegend hoch. Im Jugendkleid ist der Vorderhals mattschwarz. Krabbentaucher treten fast nur in größeren Gesellschaften auf. Sie schwimmen korkenleicht und ruhen in langen Reihen auf den Rändern treibender Eisschollen, wo einzelne gelegentlich mit den Füßen festfrieren, so daß sie den Möwen hilflos ausgeliefert sind oder verhungern. Sie tauchen auf der Nahrungssuche bis zu 30 Sekunden lang, selten aber tiefer als 2 Meter. Der Flug ist starenartig schwirrend und führt streifend über das Wasser hin. Unter Wasser rudern die Krabbentaucher wie ihre Verwandten mit den Flügeln und steuern mit den nach hinten gestreckten Füßen.

Lebensraum: Der Krabbentaucher, nördlichster aller Alkenvögel, brütet noch, wo die Wassertemperatur nie über 0 Grad ansteigt. Im hohen Norden ist er ein Millionenvogel, nach Süden zu wird er rasch selten. Die südlichste, nur spärlich besetzte Kolonie liegt auf der Insel Grimsö im Norden Islands. Sein Verbreitungsgebiet beschränkt sich auf den Nordatlantik, während im Nordpazifik ähnliche kleine Alken die ökologische Nische des Krabbentauchers besetzen. Der Krabbentaucher streift außerhalb der Brutzeit umher, wie es Wetter und Nahrungsangebot mit sich bringen, ist aber kein Zugvogel. Große Scharen lassen auf die Nähe der Packeisgrenze schließen. Vor Island ist er im Winter noch häufig, er erscheint regelmäßig vor Nordengland und Südnorwegen und kommt nur als Irrgast in die Nordsee. Nach anhaltenden schweren Stürmen ist die See bis in solche Tiefen aufgewühlt, daß unzählige Krabbentaucher verhungern müssen oder zu Tausenden ins Binnenland verschlagen werden, wo sie ebenfalls bald umkommen.

Fortpflanzung: Die Brutvögel erscheinen meist Ende April oder Anfang Mai vor ihren Brutkolonien und balzen auf dem Wasser. Die Kolonien können in Blockhalden dicht über der Brandung, aber auch bis zu 8 km landeinwärts und in Höhen bis zu 1000 Meter über dem Meer liegen. Die Vögel brüten im Spaltengewirr von Geröllhängen am Fuße von Steilwänden, aber auch in ebenem Gelände. Eine Nestunterlage fehlt. Man hat schon Eier auf dem in die Spalten gewehten Schnee gefunden. Brutzeit Juni und Juli, beide Eltern bebrüten das einzige Ei. Mit 48 mm Länge und einem Gewicht um 27 Gramm ist es für den nur 100 Gramm wiegenden Vogel geradezu ungeheuerlich groß. Wo die Krabbentaucher nicht verfolgt werden, lassen sie sich auf den Eiern mit den Händen berühren. Wo ihnen aber nachgestellt wird, werden sie scheu, laufen flink davon, können sogar rennen und verkriechen sich mäusegleich in Felsritzen.

Die Kolonien können sich über Quadratkilometer hinziehen und eine kaum schätzbare Bevölkerung beherbergen. Wenn das Junge nach einer Brutzeit von etwa 24 Tagen schlüpft, ist es dicht und grauwollig bedunt, aber völlig hilflos. Die Eltern bringen die Nahrung im Kehlsack, der dann wie aufgeblasen aussieht. Krabbentaucher werden auf dem Anflug zur Kolonie mitunter von Eismöwen, den weit überlegenen Fliegern, aus der Luft gegriffen und gleich im Fluge verschlungen. Die Möwen hetzen die kleinen Tauchvögel auch unter Wasser, bis sie nach etwa 20 Minuten vor Erschöpfung aufgeben. Die Jungen bleiben etwa 4 Wochen in ihrer Höhle. Wenn sie dann im August hervorkommen, sind sie voll befiedert, fliegen gleich aufs Meer hinaus und werden ab Mitte November im Nordatlantik gesehen. Ab Mitte Februar schwimmen sie wieder in Richtung ihrer Brutfelsen.

Nahrung: Wie die großen Wale der Nordmeere ernähren sich die Krabbentaucher fast ausschließlich von den massenhaft vorkommenden Kleinkrebsen.

Brutkleid

Gebirgsstelze *(Motacilla cinerea)*

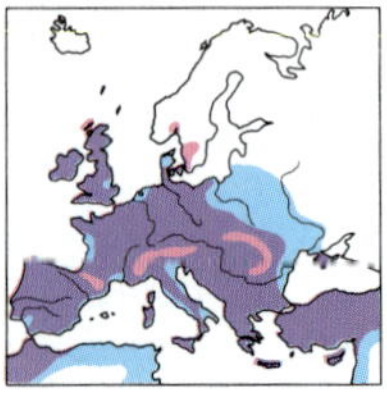

Merkmale: Länge um 18 cm. Schwanz noch länger als bei der Bachstelze, in der Färbung ähnlich der Schafstelze, bis auf den grauen anstatt olivgrünen Rükken. Die Jungen sind unscheinbar blaß gefärbt, aber am langen Schwanz kenntlich.

Lebensraum: Enger an das Wasser gebunden als die übrigen Stelzen. Watet gern bis zum Bauch im Wasser und pickt bei der Nahrungssuche auch ins Wasser. Auf der Wasserfläche treibende Insekten kann sie im Flug aufnehmen. Gebirgsstelzen halten sich am liebsten da auf, wo Wasser rauscht, also vor allem an schäumenden Bergbächen. Wo aber in der Ebene Wasser über ein Mühlenwehr oder eine künstliche Staustufe rauscht, können sie sich ebenfalls ansiedeln. Im Winter erscheinen Gebirgsstelzen an allen offenen Fließgewässern. Bei strengem Dauerfrost, aber auch bei Hochwasser weichen sie in günstigere Landstriche aus.

Fortpflanzung: Das Nest wird in Halbhöhlen in Wassernähe, unter Brücken, in Mauerlöchern und an ähnlichen Orten erbaut. Hängt man an rasch strömenden Bächen unter den Brücken Nistkästen mit großer Öffnung (sogenannte Halbhöhlenkästen) auf, kann man die Gebirgsstelze nicht selten zur Ansiedlung bringen. Das Weibchen baut das Nest, das Männchen trägt Nistmaterial herbei. Innen wird das Nest mit Tierhaaren ausgelegt. Meist 5 bis 6 Eier. In West- und Südeuropa zwei Bruten, in Mitteleuropa eine Brut.

Nahrung: Insekten, Spinnen.

Teichrohrsänger *(Acrocephalus scirpaceus)*

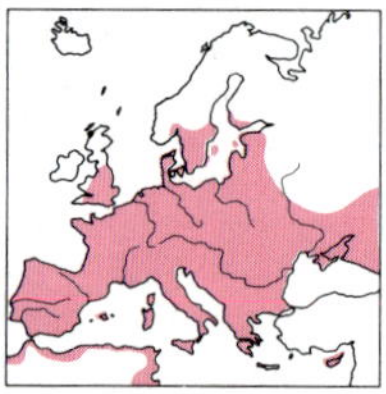

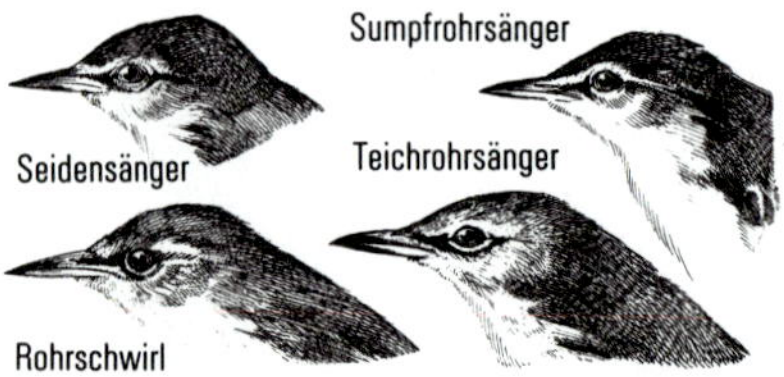

Merkmale: Länge 12,5 cm. Das Gefieder ist braun mit Rostton im Gegensatz zum Sumpfrohrsänger mit mehr olivbraunem Gefieder. Der rhythmische Gesang klingt eintönig, in gleichmäßiger mittlerer Lautstärke dahinschwätzend, wobei jeder Ton zwei- oder dreimal wiederholt wird. Die Männchen singen ab Mitte Mai und bis in den Juni fast zu jeder Tageszeit, auch in der Dämmerung und Mittagshitze. Warnruf gedämpft »tscharr«.

Lebensraum: Der Teichrohrsänger ist nur im dichten Schilfwald heimisch, mag er nun über dem Wasser stehen oder im Sumpf. Dabei genügen ihm auch kleine Schilfflecken ab der Größe eines Bauerngartens. Er ist strenger Zugvogel, der erst im Mai zurückkehrt und Ende September verschwindet.

Fortpflanzung: Teichrohrsänger bauen ein kunstvolles Hängenest zwischen mehreren frischen Schilfhalmen. Der Nestbau beginnt erst im Juni, wenn das Schilf schon hochgeschossen ist. Später wird das Nest dann von den weiterwachsenden Halmen mit in die Höhe genommen. Zum Nestbau verwenden die Rohrsänger auch Spinnengewebe und Halme, die sie vor der Verarbeitung ins Wasser tunken, um sie geschmeidig zu machen. Aus dem sehr tiefen Nestnapf fallen die Eier auch dann nicht heraus, wenn Gewitterböen das Schilf niederbeugen. Sind die Jungen einmal geschlüpft, krallen sie sich schon in zartem Alter in den Nestboden. Gewöhnlich 4, seltener 5 Eier mit olivgrauem Grundton und grober Fleckung.

♂ ♀

Drosselrohrsänger *(Acrocephalus arundinaceus)*

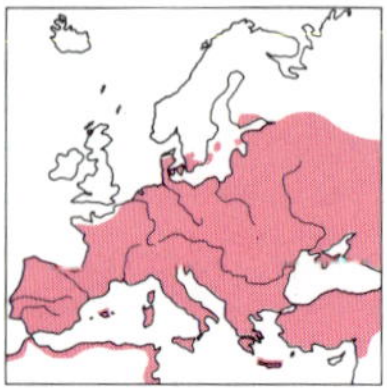

Merkmale: Der größte Rohrsänger, Länge 19 cm. Kräftiger Schnabel und heller Überaugenstreif. Gesang kräftig und knarrend: »Karre karre kiet kiet kröck kröck . . .«. Der Vogel hüpft oft beim Singen ruhelos von Zweig zu Zweig. Zuweilen singt er aber auch ruhig auf der Spitze eines Halmes und reißt dabei den Schnabel weit auf, so daß der organgerote Rachen aufleuchtet. Er ist auch ein guter Spötter, der etwa Möwenschreie in den Gesang einflicht. Er singt im Mai vom Morgen bis in die späte Abenddämmerung.

Lebensraum: Das Verbreitungsgebiet reicht von der Nadelwaldgrenze im Norden bis zum Rand der Wüstenzone im Süden. In Mitteleuropa ist sein Bestand rückläufig, so daß er zu den bedrohten Arten gezählt werden muß. Er bewohnt ausgedehnte und hochwüchsige Schilfwälder. Zur Nahrungssuche verläßt er nicht selten den Schilfwald und besucht naheliegendes Weidengebüsch oder andere Auwaldvegetation. Er ist Zugvogel und verbringt den Winter im tropischen Afrika, wo er sich auch in Gebüschen aller Art aufhält. Er erscheint meist Anfang Mai im Brutgebiet. Wegzug im August.

Fortpflanzung: Die Brutzeit beginnt Ende Mai oder Anfang Juni. Die Vögel vertreiben andere Vögel, vor allem den schwächeren Teichrohrsänger, aus ihrem Brutgebiet, können aber Artgenossen in der Nähe dulden, so daß man fast von kolonieartigem Brüten sprechen kann. Manchmal verteidigen mehrere Brutpaare gemeinsam die Nester. Nur das Weibchen baut, das Männchen bringt Nistmaterial, vor allem aus dem Wasser gefischte vorjährige Schilfhalme. Das Nest ist ein bis 25 cm tiefer Napf, der zwischen meist 3 oder 4 Schilfhalmen hängt. Innen wird er mit Fasern, Würzelchen und Schilfrispen fein ausgelegt. In der Regel liegt das Nest 60 bis 120 cm über dem Wasserspiegel. Die 4 bis 6 Eier sind im Durchschnitt 23 mm lang und meist kräftig gefleckt. Brutzeit Ende Mai und Juni, Brutdauer 14 bis 15 Tage. Männchen und Weibchen brüten. Bei einer Störung schleicht sich der Brutvogel frühzeitig von den Eiern. Kommt man dann dem Nest zu nahe, so umfliegen die Eltern den Eindringling mit lauten Schreien. Die Jungen verlassen im Alter von etwa 12 Tagen das Nest, 4 Tage später beginnen sie zu fliegen.

Nahrung: Bei der Nahrungssuche hüpfen die Rohrsänger ruhelos und spähend von Halm zu Halm. Neben geflügelten Insekten fangen sie vor allem im Wasser lebende Insektenlarven, vereinzelt auch kleine Frösche und Fischchen.

Seggenrohrsänger *(Acrocephalus paludicola)*

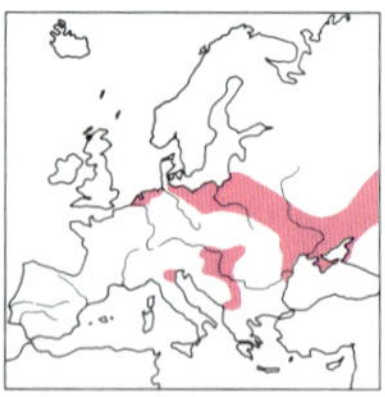

Merkmale: Drei auffällige, gelbbraune Längsstreifen auf dem Kopf, stufiger Schwanz. Länge um 13 cm. Gesang rohrsängerartig, rasch dahinschwätzend mit häufig vorkommenden Klangfiguren wie »düü-düü-düü, diddidid, errr«. Lockruf »tck«.

Lebensraum: Weitläufige Sümpfe mit Gräsern und locker stehenden Schilfhalmen sowie eingestreutem Weidengebüsch. Bestand überall stark rückläufig. Zugvögel, die im tropischen Afrika überwintern.

Fortpflanzung: 5 bis 6 Eier von etwa 16 mm Länge, Brutzeit ab Mitte Mai. Nur das Weibchen brütet, Brutdauer 13 bis 14 Tage, Nestlingsdauer ebenfalls 13 bis 14 Tage.

Nahrung: Zarte Insekten und Spinnen.

Rohrschwirl *(Locustella luscinioides)*

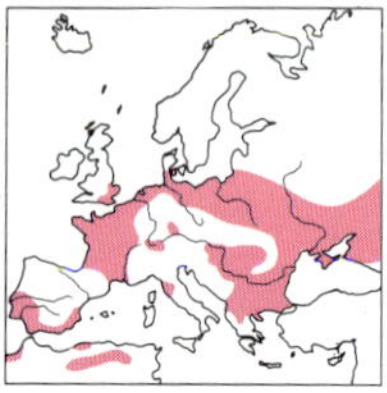

Merkmale: Länge 14 cm. Gefieder ungefleckt und auf der Oberseite rotbraun, etwas an eine Nachtigall erinnernd. Jungvögel auf der Oberseite dunkler, auf der Unterseite rötlicher als die Altvögel. Die Schwirle leben höchst versteckt im dichtesten Pflanzengewirr. Nur die Männchen zeigen sich im Frühjahr etwas offener, wenn sie etwa zum Singen einen Halm ersteigen oder mit einem Reviernachbarn zu kämpfen haben und sich dabei über dem Schilf jagen. Der Gesang beginnt mit einigen Schmatztönen (so wie platzende Schlammblasen), dann folgt ein Triller, der gedämpft und langsam beginnt und rasch schrill und hell wird. Im Mai und Juni singen die Männchen Tag und Nacht, auch in der größten Mittagshitze. Im Juli hört man die Strophe nur noch in den Morgen- und Abendstunden, im August nur noch ab und zu. Zur Hauptbalzzeit singen die Männchen von der Spitze eines Schilfhalmes herab. Sie reißen den Schnabel weit auf, sträuben die Kehlfedern und wenden den Kopf beim Singen hin und her, so daß der Sänger schlecht zu orten ist. Bei der geringsten Störung stürzt sich der Schwirl in die Tiefe, beginnt nach einiger Zeit unten im Dickicht wieder zaghaft zu singen, klettert von Strophe zu Strophe höher und sitzt bald wieder auf seiner Singwarte.

Lebensraum: Der Rohrschwirl ist auf größere Schilfwälder beschränkt, in denen zwischen dem Schilf noch Schneidgräser und andere Sumpfpflanzen wachsen und ein dichtes Halmegewirr bilden, in dem die anderen Rohrsänger nicht mehr leben können. Offene Wasserstellen müssen, eingestreute Weidenbüsche sollten im Brutgebiet vorhanden sein. Rohrschwirle sind Zugvögel, die den Winter im südlichen Mittelmeerraum, im Niltal bis in die Tropenzone und in den Euphratsümpfen verbringen.

Fortpflanzung: Die Männchen fallen schon am Tage ihrer Rückkehr durch Sangeseifer auf. Etwa 2 bis 3 Wochen später wird das Nest gebaut: Das Männchen trägt im Wasser liegende, bis zu 25 cm lange Schilfblätter zum Nestort. Das Weibchen fügt sie in den Bau ein. Das Nest ist außen sehr locker und sieht einem Bündel Altschilf täuschend ähnlich. Von oben ist es durch Halme vor Sicht und Regen geschützt und liegt nicht mehr als 30 cm über dem Sumpf oder Wasserspiegel. Nur das Weibchen brütet und wird auf den Eiern vom Männchen gefüttert. Brutzeit in Südeuropa von Mitte April bis Juni, im Norden von Mitte Mai bis Juni. Meist zwei Bruten mit je 5 bis 6 Eiern von etwa 20 mm Länge. Brutdauer 12 bis 13 Tage, Nestlingsdauer 12 bis 14 Tage.

Nahrung: Zarte Insekten wie Raupen, Köcherfliegen, Schlammfliegen und Spinnen.

Schlagschwirl *(Locustella fluviatilis)*

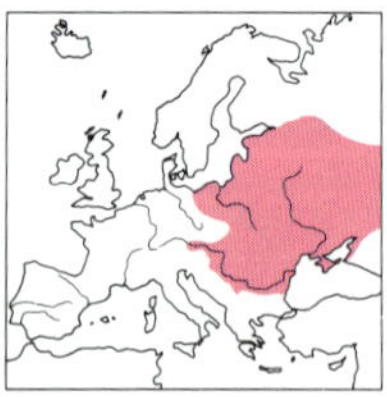

Merkmale: Oberseite einfarbig, aber Brust im Unterschied zum Rohrschwirl undeutlich gestreift. Länge 13 cm. Der Schlagschwirl lebt äußerst heimlich im Dickicht und macht sich fast nur durch seinen heuschreckenähnlich zirpenden Gesang von Mitte Mai bis Ende Juli bemerkbar.

Lebensraum: Weidengebüsch, lichte Auwälder, Laub- und Mischwälder mit üppigem Unterwuchs, meist nicht weit vom Wasser, aber auch verwilderte Gärten und Parkanlagen. Er wandert schon Ende Juli oder Anfang August aus den Brutgebieten ab und überwintert im südlichen Afrika.

Fortpflanzung: Das Nest, ein wenig kunstvoll gefertigter Napf aus dürren Halmen, liegt dicht über dem Boden unter üppiger Vegetation, meist zu Füßen eines Busches. Die Brutzeit beginnt selten vor Ende Mai, Brutdauer um 13 Tage, eine Jahresbrut. Die Jungen verbergen sich, lange bevor sie fliegen können, im Dikkicht und locken die Eltern mit unablässigen Pfiffen zu ihrem Versteck.

Nahrung: Zarte Insekten und Spinnen.

Wasseramsel *(Cinclus cinclus)*

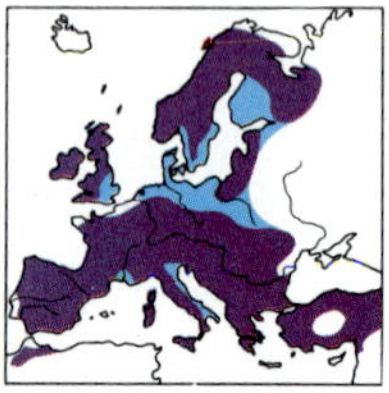

Merkmale: In der Gestalt ähnlich dem Zaunkönig, mit gedrungenem Körper, kurzen, gerundeten Flügeln und auch kurzem, aufgestelltem Schwanz. Mit 18 cm Länge etwa starengroß, kräftige, lange Beine. Dunkelbraun bis schwarzbraun mit weißem Brustlatz. Die Jungvögel sind bis zur Herbstmauser mehr braungrau mit dunkler Rücken- und hellerer Bauchseite und verwaschen gefleckt. Wasseramseln fliegen mit schnurrendem Flug dicht über das Wasser und folgen dabei allen Biegungen des Bachlaufes. Im Fluge rufen sie häufig »zrrrb«, sonst kurz »zit«.

Lebensraum: Bäche und schnellfließende Flüsse mit kaltem Wasser und kiesigem Grund, gern mit eingestreuten Felsbrocken und bewaldeten Ufern. Mit solchen Ansprüchen fehlt die Wasseramsel in den Niederungen, sonst ist sie in vielen Rassen weit nach Asien hinein verbreitet. In Mitteleuropa hat die Wasseramsel viele Brutplätze durch Bachverbauungen verloren. Sie ist kältefest; im Gebirge und in Nordeuropa geht sie bis über die Baumgrenze. Solange in ihrem Lebensraum offenes Wasser fließt, bleibt sie Standvogel. Sie schlüpft sogar durch Löcher in der Eisdecke, wenn sich darunter durch fallenden Wasserstand Lufträume gebildet haben, und jagt in diesen »Glashäusern« weiter. In Sibirien harrt sie noch bei minus 40 Grad im Brutgebiet aus. Nur wenn die Gewässer völlig zufrieren, muß sie verstreichen.

Fortpflanzung: Im Bach erstirbt das Insektenleben auch im Winter nicht, deshalb kann die Wasseramsel früh im Jahr mit der Brut beginnen. An sonnigen Tagen hört man schon mitten im Winter ihr schwätzendes, etwas an den Wirbel des Zaunkönigs erinnerndes Lied. Das Männchen beginnt ab Februar mit dem Nestbau und weist sich so als Revierinhaber aus. Hat sich ein Weibchen eingefunden, so bauen beide weiter. Das Männchen bringt Nistmaterial – Moos für die Außenwand und Weidenblätter für den Innenausbau –, das Weibchen baut. Das sehr große Kugelnest weist einen seitlichen Eingang auf. Es liegt stets dicht am Wasser in einer Halbhöhle oder einem dunklen Winkel, etwa zwischen unterspülten Wurzeln, in Felsspalten, in Erdabbrüchen, unter Brükken, manchmal auch unter einem Wasserfall, so daß die Vögel durch das stürzende Wasser zu ihrem Nest fliegen müssen. An begradigten Bächen finden die Wasseramseln meist keinen Nestplatz mehr. Man hilft ihr, indem man unter Brücken halboffene Nistkästen an der höchsten und dunkelsten Stelle aufhängt.

Nur das Weibchen brütet auf den 4 bis 6 weißen Eiern. Brutzeit März bis Juni, im Norden eine, im Süden zwei Bruten je Jahr. Während der Brutzeit hält sich das Männchen in Nestnähe auf und meldet sich häufig mit Gesang, verstummt aber, sobald die Jungen geschlüpft sind. Die Brutdauer beträgt etwa 16 Tage, die Nestlingsdauer 19 bis 25 Tage. Schachtelbruten, bei denen ein Partner die Jungen versorgt und der andere auf dem nächsten Gelege brütet, kommen vor. Wenn die Jungen ausfliegen, können sie sofort schwimmen und tauchen.

Nahrung: Wasserinsekten. Die Wasseramsel ist der einzige Singvogel, den man als echten Wasservogel bezeichnen kann: Sein Federkleid ist besonders dicht, seine Bürzeldrüse besonders groß, Nasenlöcher und Ohröffnung sind verschließbar, seine Augen flach wie eine Taucherbrille, so daß sie über und unter Wasser zum Sehen taugen. Wasseramseln laufen bei der Nahrungssuche häufig am Gewässergrund, sie schwimmen unter Wasser mit dem Schlag ihrer Flügel, sie drehen kleine Steine am Grunde um und schieben größere beiseite. Die einzelnen »Tauchgänge« der Wasseramsel dauern zwar meist nur Sekunden, aber da der lebhafte Vogel sich von früh bis spät am Wasser herumtreibt, so kann er insgesamt doch Stunden im Wasser verbringen.

Eisvogel *(Alcedo atthis)*

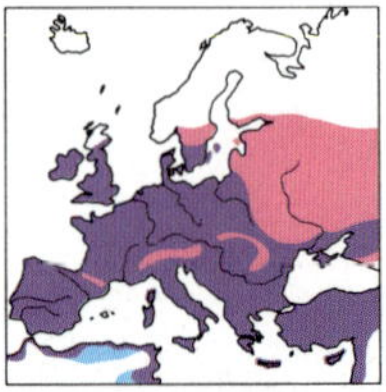

Merkmale: Länge um 16 cm. In Gestalt, Farbe und Lebensweise unverwechselbar. Die Jungvögel sind etwas matter gefärbt, das Männchen erkennt man am schwarzen, das Weibchen am unterseits schwarzroten Schnabel. Meist wird man auf den tropenprächtigen Vogel erst aufmerksam, wenn man ihn aufgescheucht hat, und er im Schnurrflug dicht über das Wasser davonfliegt, bis er außer Sichtweite ist.

Lebensraum: Der Eisvogel ist in mehreren Rassen über die gemäßigte und warme Zone ganz Eurasiens verbreitet. In seinem Brutgebiet müssen ruhige, klare und fischreiche Gewässer mit genügend Sitzplätzen für die Ansitzjagd vorhanden sein und eine Steilwand aus Sand, Löß oder Torf, in welche die Vögel ihre Bruthöhle graben. Da in Mitteleuropa vielfach Abwässer den Fischbestand vernichten, Flußregulierungen und Flurbereinigungen sowohl Nahrungsbiotop wie Brutwand beseitigen, schrumpfte der Bestand und ist weiter rückläufig. Zudem leiden die mitteleuropäischen Eisvögel unter der Winterkälte unseres Klimas. Harte Winter können den Eisvogelbestand einer Region zu neun Zehnteln vernichten. Da sich die Eisvögel unter günstigen Bedingungen stark vermehren, können sie die Verluste in wenigen Jahren wieder aufholen, wenn nur ihre Umwelt in Ordnung ist. Leider wurden und werden Eisvögel von Menschen verfolgt, weil sie Fische fangen oder ihrer bunten Federn wegen. Wenn sie bei Dauerfrost von ihren Wohngewässern in mildere Landstriche ausweichen müssen, erleiden sie zusätzlich durch die Jagd auf sie große Verluste. So wurden an einem See in Frankreich im Härtewinter 62/63 etwa 6000 Eisvögel geschossen. Eisvögel sind Teilzieher.

Fortpflanzung: Da es das ganze Jahr über Fische gibt, kann der Eisvogel früh mit der Brut beginnen, zuweilen schon im April. Immer wird die Brutzeit so gewählt, daß nach dem Schlüpfen der Eisvögel auch Fischbrut verfüttert werden kann. Am liebsten bezieht der Eisvogel

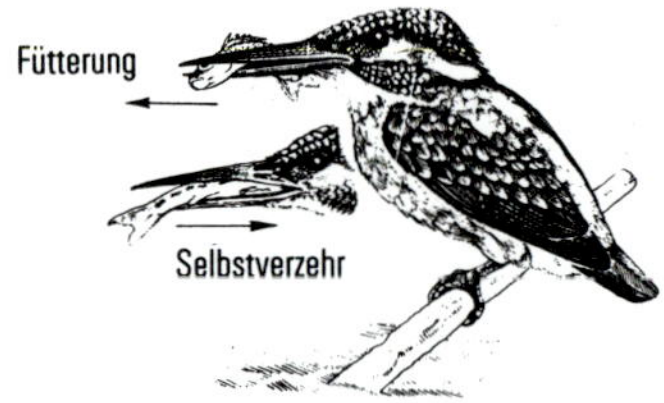

seine vorjährige Bruthöhle; ist dies nicht der Fall, beginnt das Paar damit, im Rüttelflug Erdteilchen aus der Brutwand zu picken. Später hacken die Vögel mit dem Schnabel und scharren mit den Füßen. Die Röhre wird gut armtief und endet in einem Kessel, der immer so gelegen ist, daß der Brutvogel noch unmittelbar hinausschauen kann. Die 6 bis 7 Eier liegen anfangs auf losgescharrter Erde, aber mit der Zeit bildet sich eine pulverige Unterlage aus Fischschuppen und Gräten, welche die Vögel als Gewölle ausscheiden. Beide Eltern brüten, Brutdauer 18 bis 21 Tage. Die Jungen werden erst mit etwa zentimeterlangen, später aber mit bis 8 cm großen Fischchen gefüttert. Nach 23 bis 27 Tagen fliegen sie aus. Sie können anfangs noch nicht stoßtauchen und müssen einige Zeit von den Eltern weitergefüttert werden. Sobald sie selbständig sind, zerstreuen sie sich. Die Altvögel brüten nicht selten noch ein zweites Mal. Man hat sogar schon drei Schachtel-Bruten in einem Jahr beobachtet.

Nahrung: Eisvögel sind Auflauerer und Stoßtaucher. Von einem Sitzplatz aus peilen sie ein Fischchen an und stoßen dann gezielt ins Wasser. Dennoch geht ihr Stoß oft daneben. Manchmal stoßen sie auch aus dem Rüttelflug zu. In Fischteichen, wo die meisten Fische schon zu groß für den Eisvogel sind, fängt er die Kümmerlinge und die Kranken heraus, außerdem unerwünschte Kleinfische wie Stichlinge und Ellritzen. Wo aber Kleinstfische in den Becken geschützt werden sollen, entfernt man alle Sitzgelegenheiten für den Eisvogel. Wenn das nicht reicht, spannt man dünne Stolperdrähte oder Nylonnetze in 40 cm Höhe über das Wasser. Leider wird auch heute noch – illegal – mit Leimruten und Schlageisen gearbeitet. Nicht selten schlagen die Bügel dem Eisvogel beide Füßchen ab, und er verendet qualvoll.

Lebensräume der Wasservögel

Bach und Fluß

Schon an unseren kleinen Bergbächen leben wassergebundene Vögel: die Gebirgsstelze und die Wasseramsel. Beide Arten halten ihrem einmal gewählten Bach lebenslang die Treue und können als echte Bachvögel bezeichnet werden.
Gefällereiche Bergbäche fließen in der Regel in scharf begrenzten, steinigen, oft tief in den Untergrund eingefressenen Bachbetten, ein Fluß dagegen zeigt dank seiner meist zahlreichen Zuläufe stärker wechselnde Wasserstände und schafft sich in seiner flacheren Umgebung mehr oder weniger breite Uferzonen. Früher wuchs hier ein uriger Auwald, der die nach Arten und Individuen vogelreichste Naturlandschaft im europäischen Binnenland darstellte.
Auf den Kiesinseln, die ein Wildfluß während seiner Frühjahrshochwässer immer wieder umschichtet und dadurch von dichterem Pflanzenwuchs freihält, brüteten Flußseeschwalben und Flußregenpfeifer.
Daß die eben erwähnten vier Vogelarten auf der Roten Liste der vom Aussterben bedrohten Arten stehen, ist kein Zufall. Kaum ein Kilometer Bach- oder Flußlauf konnte im heutigen Mitteleuropa seinen Naturzustand bewahren. Nur geringe Anteile unserer Flußläufe darf man noch als naturnah bezeichnen. Daher starben einige der hier einst typischen Wasservögel, wie die Lachseeschwalbe, bereits aus. Am schlimmsten wirkten sich für unsere Fließgewässer Begradigung und Melioration aus. Ursprünglich gewundene und mäandernde Bachläufe werden dabei ihrer natürlichen Ufer beraubt und durch ein möglichst schnurgerades, oft mit Beton befestigtes neues Bett geführt.

Gebirgsbach

Die angestammte Tierwelt des natürlichen, büschebesäumten Bachlaufes bricht nach solchen Eingriffen zusammen und wird durch eine arten- und individuenarme *Kümmerfauna* ersetzt. Die Vögel verschwinden oft vollkommen, weil sie nun weder Nahrung noch Brutgelegenheit finden. Den meisten großen Fließgewässern Europas wird heute eine Abwasserbelastung zugemutet, der ihre biologische Selbstreinigungskraft nicht mehr gewachsen ist. Sie leiden durchweg unter Sauerstoffmangel. Er wird durch das Aufheizen des Flußwassers, das Kraftwerken zur Kühlung dient, noch verschärft.
Viele mitteleuropäische Flußlandschaften in Siedlungs- und Industriegebieten können deshalb nur noch von sehr anpassungsfähigen, kulturfolgenden Vogelarten bewohnt werden, etwa von Mitgliedern der Familien Rabenvögel und Möwen. Als Abfallvertilger beherrschen sie heute das Vogelleben vieler Ströme bis in deren Mündungsgebiete.

Seen, Weiher, Teiche

Seen sind mehr oder weniger stehende Gewässer. Wo sich ihr Grund tiefer absenkt, wachsen mangels Licht keine Pflanzen mehr. In Ufernähe, in Flachseen und Weihern finden Wasserpflanzen oft genügend Licht zu ihrem Gedeihen, so daß sie dort einen üppigen grünen Flor bilden. Teiche werden von Menschen angelegt – zum Beispiel für die Fischzucht. Früher gab es in vielen Dörfern einen Teich als Löschwasserreserve. Im Lauf der Jahre können unbewirtschaftete Teiche so sehr verwildern, daß sie sich in ihrer Tier- und Pflanzenwelt nicht mehr von den natürlichen Weihern unterscheiden. An vielen Seen, Weihern und Teichen lebt eine artenreiche Wasservogelwelt, weil diese Gewässer vielgestaltige, oft nährstoffreiche Lebensräume umfassen: fast unbegehbare Schilfwälder, blütenübersäte Schwimmblattfluren, untergetauchte »Wiesen« aus Wasserpflanzen, den weiten Wasserraum mit seiner schwebenden Algenflora und mit umherstreifenden Fisch-Schwärmen, Schlickbänke an der Einmündung von Bächen und Flüssen sowie Kiesufer, wo der Wind Wellen gegen das Ufer treibt.

Gewässer besonderer Art sind die Fließstauseen, wie sie etwa an Alpenflüssen zur Stromgewinnung und als Wasserrückhaltebecken angelegt wurden. Ständiger Zufluß bringt ihnen in reichem Maße organische Schwebestoffe und mineralische Nährsalze, so daß sich in Fließstauseen bald weite Schlickbänke bilden und eine reiche, submerse, das heißt untergetauchte Flora entsteht. Treten nur geringe Wasserstandsänderungen auf, kann sich auch eine natürliche Flachwasser- und Ufervegetation entwickeln, in der die Wasservögel Brutplätze finden.

Bei Talsperren dagegen mit starken Wasserspiegelschwankungen fehlt ein Bestand an Brutvögeln oder er bleibt wegen der fehlenden Ufervegetation unbedeutend. Wichtig für die Wasservögel wurden allerdings auch solche künstlichen Gewässer zur Rast und Überwinterung.

Binnensee mit Schilfufer

Erstaunlich viele Wasservögel leben mancherorts auf Parkweihern – auch inmitten der Siedlungen und Großstädte. Ihre Ufer kennen die Vögel als zuverlässige Grenze, die von den Menschen selten überschritten wird. Weil hier die Jagd ganzjährig ruht, werden die Vögel schnell vertraut und fühlen sich auch auf kleinen Wasserflächen sicher.

Als Erhaltungsräume für gefährdete Wildvögel eignen sich unsere Parkweiher allerdings nicht. Denn diese menschennahen Lebensräume nehmen nur unempfindliche Wasservogelarten an, vor allem Stockenten, Bläßhühner, Schwäne und Lachmöwen. Trotzdem geben die Parkweiher ein erfreuliches Beispiel für das friedliche Zusammenleben von Menschen und Wasservögeln.

Mündungsgebiete

Wo Flüsse und Ströme ins Meer münden, lagern sie ihre Schwebstoff-Fracht ab und schütten nach und nach mächtige Schwemmlandflächen auf. Die Fließgewässer tragen jährlich Millionen von Tonnen Gesteinsschutt der Gebirge, fein gemahlen bis zu Sandkornstärke, in die Meere. So schoben die Flüsse ihre Mündungen immer weiter ins Meer hinaus.

Mündungsgebiete sich verzweigender Ströme, Deltas genannt, bilden vielgestal-

Flußmündung

tige Lebensräume, da sie alle Übergänge vom Festland zum Meer und vom Süßwasser zum Salzwasser bieten. In industriefernen Gegenden Süd- und Südosteuropas erhielten sich große Flußmündungen mit reichem Vogelleben und klangvollen Namen für den Naturfreund: die Camargue, das Delta der Rhône, ferner der Coto Doñana im Mündungsgebiet des Guadalquivir und das ausgedehnte Donaudelta, ferner die Mündungsgebiete des Axios, des Ebro, des Kizilirmak, des Seyhan und des Nil. Diese Ballungsräume des Vogellebens wurden leider nicht selten auch solche der Vogeljagd.

Der Wasserstand in den Mündungsgebieten schwankt mit der Jahreszeit. Im allgemeinen erreicht er im Winter und Frühjahr Höchststände; einmal weil in Südeuropa Winterregen vorherrscht, zum anderen, weil im Frühjahr in den Einzugsgebieten der Ströme die Schneeschmelze einsetzt, und schließlich, weil im Winter die Verdunstung geringer ist als im Sommer.

So sammeln sich im Winter in den überschwemmten Niederungen unzählige Enten und Gänse, bis sie der Wandertrieb im Februar wieder nach Norden zieht. Zugleich beginnt auf den in die Sümpfe eingestreuten Inseln schon die Brutzeit der Frühbrüter. Mit dem Fortschreiten des Sommers sinkt das Wasser in den Sümpfen immer weiter ab. Wo im Winter die Enten gründelten, jagen nun Fuchs und Habicht, und die überall heranwachsenden Wasservogeljungen sammeln sich um die schrumpfenden Wasserflächen. Sobald sie fliegen können, verstreichen viele und suchen andere, weniger dicht besetzte Gewässer auf. Im Herbst beginnt der Wasserstand wieder zu steigen, die ersten Wintergäste aus dem Norden treffen ein.

Vor allem die Mündungsgebiete der eurasischen Ströme sind unverzichtbare Zwischenstationen für die Wasservögel auf dem Zug in ihre Überwinterungsquartiere. Darum setzt sich der Naturschutz besonders nachdrücklich für die Erhaltung ihrer natürlichen Struktur ein.

Küsten

Im Bereich der Küsten treffen und durchdringen sich die Lebewelten des Festlandes und der Meere, weitreichende Nahrungsketten der Pflanzen- und Tiergemeinschaften verknüpfen sich hier. Die Brandung wirft tote Meerestiere aller Größen auf den Spülsaum, Quallen, die von ungünstigen Strömungen und Winden ans Land getrieben wurden, stranden auf dem Sand, das Meer lädt oft dichte Wälle losgerissener Meerespflanzen ab, die sich mit Treibholz und vielen anderen Fundsachen der Ozeane vermengen. Das Meer

Steilküste

gibt dem Land aber auch jene Heerscharen von Insekten zurück, die auf die See hinausgetrieben wurden, bis sie ermattet auf dem Wasser niedergingen. So ist an den Küsten der Tisch für viele Tierarten meist reich gedeckt.
Wo allerdings Brandungsbrecher gegen steile Felsen schlagen, kann sich kaum eine küstentypische Lebensgemeinschaft entwickeln. Sie entfaltet sich um so reicher, je flacher die Küste verläuft, und am reichhaltigsten im Watt, nämlich auf jenen Flächen, die bei Flut unter Wasser liegen und bei Ebbe trockenfallen.
Die größten Wattgebiete der Erde liegen im südlichen Teil der Nordsee. Bis heute blieben sie unvergleichliche Vogelparadiese, obwohl bereits erhebliche Teile des Wattenmeeres eingedeicht und in Weiden, Wiesen oder Ackerland umgewandelt wurden. Neue Eindeichungspläne der Anrainerstaaten drohen dieser einzigartigen europäischen Urlandschaft mit weiteren unersetzbaren Verlusten.

Das Meer

Die Meere bilden den größten zusammenhängenden Lebensraum unseres Planeten. Sie beherbergen, nach dem Gewicht berechnet, etwa 70 Prozent von allem Lebendigen auf der Erde. Dabei verteilen sich die Lebewesen im Meer recht ungleich: Wo Flußmündungen oder Meeresströmungen für Mineralienzufuhr sorgen, drängen sich schwebende Algen (Plankton) zusammen und färben das Wasser grün. Wo aber Nährstoffmangel herrscht, zeigt sich das Meer blau und kann hier nur wenige Lebewesen ernähren. Blau ist die Wüstenfarbe des Meeres. Meeresvögel leben aber vor allem da, wo die Primärproduktion der Pflanzen besonders hoch ist.

Klippen im Meer

Für Jahrtausende war das Meer im Vergleich zum Festland ein von Menschen wenig beeinflußter Lebensraum. Zwar gibt es in den Meeren auch heute weder Fischzucht noch Pflanzenanbau in bedeutendem Umfang, aber die Menschen des 20. Jahrhunderts brachten es fertig, auch die Weltmeere zu verschmutzen. Nicht nur nach Tankerunfällen bedroht Ölpest die Meeresvögel. Schwimmende Ölfladen verschmutzen ihr Gefieder und nehmen ihm seine wasserabstoßende Wirkung. Die Vögel werden naß bis auf die Haut und erfrieren oder ertrinken. Schon ein unscheinbarer kleiner Ölfleck kann auf den Federn eines Seevogels tödliche Folgen haben. – Die laufenden Schadstoffbelastungen der Natur sind heute ungleich größer als die Entlastung durch biologischen Abbau und Regeneration. Wir müssen deshalb mit einer erheblichen Verarmung der natürlichen Flora und Fauna in den nächsten Jahrzehnten rechnen. Die Vögel stehen wegen ihrer Empfindlichkeit gegenüber Umwelteinflüssen an der Spitze gefährdeter Tierarten.
Jeder von uns ist gefordert, sich innerhalb seines Wirkungskreises umweltbewußt zu verhalten. Zu den Möglichkeiten des einzelnen zählt nicht zuletzt die Unterstützung der Menschen und Gruppierungen, die sich uneigennützig für den Naturschutz einsetzen.

Literatur

AMANN
Vögel des Waldes
Verlag J. Neumann-Neudamm KG, Melsungen

ANDREWS
Vögel erkennen – leicht gemacht
Kosmos, Franckh'sche Verlagshandlung, Stuttgart

ARDLEY
Vögel erkennen und bestimmen
Delphin Verlag GmbH, München und Zürich

AUSTIN
Die Vögel der Welt
Droemersche Verlagshandlung Th. Knaur Nachf., München/Zürich

AUSTIN
Singvögel der Welt
Wasser- und Watvögel der Welt
Rheingauer Verlagsgesellschaft, Eltville am Rhein

BAUER, GLUTZ VON BLOTZHEIM
Handbuch der Vögel Mitteleuropas
Akademische Verlagsgesellschaft, Frankfurt

BEZZEL/GIDSTAM
Vögel Mittel- und Nordeuropas
BLV Verlagsgesellschaft, München

BREHMS NEUE TIERENZYKLOPÄDIE
Vögel 1, 2, 3 und 4
Verlag Herder KG, Freiburg im Breisgau

BRUUN, SINGER, KÖNIG
Der Kosmos-Vogelführer
Europas Vogelwelt in Farbe
Franckh'sche Verlagshandlung, Stuttgart

CAMERON, PERRINS
Die Welt der Vögel
Verlag Herder KG, Freiburg im Breisgau

CERNY
Welcher Vogel ist das?
Kosmos, Franckh'sche Verlagshandlung, Stuttgart

Das Reader's Digest
Buch der Vogelwelt Mitteleuropas
Verlag DAS BESTE, Stuttgart, Zürich, Wien

Der große ADAC-Führer durch Wald, Feld und Flur
Verlag DAS BESTE, Stuttgart, Zürich, Wien

DORST
Das Leben der Vögel I und II
Editions Rencontre, Lausanne

FELIX, J.
Das große Vogelbuch in Farbe
Mosaik Verlag, München

FELIX, J.
Vögel an Küsten und Meeren
Vögel an Seen und Flüssen
Vögel in Wald und Gebirge
Bertelsmann Ratgeberverlag, München

FISHER, PETERSON
Das bunte Buch der Vögel
BLV Verlagsgesellschaft, München
Verlag »Das Bergland-Buch«, Salzburg

FRIELING
Was fliegt denn da?
Kosmos, Franckh'sche Verlagshandlung, Stuttgart

Grzimeks Tierleben
Vögel Band 1–3
Kindler Verlag, Zürich

HARRISON
Jungvögel, Eier und Nester
Verlag Paul Parey, Hamburg und Berlin

HAYMANN
Vögel
Hallwag Verlag, Bern und Stuttgart

HEINZEL, FITTER, PARSLOW
Pareys Vogelbuch
Verlag Paul Parey, Hamburg und Berlin

Handbuch der Vögel Mitteleuropas
in 14 Bänden (1985 lagen 9 Bände vor)
Aula-Verlag, Wiesbaden

MAKATSCH
Die Eier der Vögel Europas
Verlag J. Neumann-Neudamm KG, Melsungen

MAUERSBERGER
Vögel 1, 2 und 3
Rowohlt Taschenbuch Verlag, Reinbek bei Hamburg

PETERS
Vögel der Gewässer in Farben
Vögel in Feld, Heide, Gebirge in Farbe
Vögel in Wald und Garten in Farbe
Otto Maier Verlag, Ravensburg

PETERSON, MOUNTFORT, HOLLOM
Die Vögel Europas
Verlag Paul Parey, Hamburg und Berlin

PFORR/LIMBRUNNER
Ornithologischer Bildatlas der Brutvögel Europas
Verlag J. Neumann-Neudamm KG, Melsungen

READE, HOSKING
Vögel in der Brutzeit
Verlag Ulmer, Stuttgart

SPARKS
Vögel und ihr Verhalten
Delphin Verlag, Stuttgart und Zürich

STEINBACH
Die Welt der Eulen
Verlag Hoffmann & Campe, Hamburg

STERN, THIELCKE, VESTER, SCHREIBER
Rettet die Vögel
Herbig-Verlag, München/Berlin

WUST
Die Brutvögel Mitteleuropas
Bayerischer Schulbuchverlag, München

Auskunft:
Deutscher Bund für Vogelschutz, Achalmstr. 33
7014 Kornwestheim
Bund für Umwelt- und Naturschutz Deutschland, Oskar-Walzel-Str. 17, 5300 Bonn

Umweltstiftung WWF-Deutschland
Sophienstr. 44, 6000 Frankfurt 90

Register

Bildautoren

o. = oben, u. = unten, M. = Mitte, l. = links, r. = rechts

T. Angermayer S. 45, 69 o., 77 u. r., 79 u., 103 u.; Ziesler S. 61 o., 255 u., 265 o., 277 u.; **H. G. Arndt** S. 21 o., 93 u. l., 99 o., 141 o., 149 u., 219 u., 275 u.; **Bio-info**: Abel S. 211 o.; Anderson S. 187 o. r., 249 o.; Danegger S. 167 M. l.; Denninghaus S. 163 u. l.; Gladerer S. 181 u. l., 221 u. l.; Großmann S. 179 o., 199 o. l.; Jorek S. 183 u. r.; Meszaros S. 75 o., 253 o.; Wothe S. 89 o.; Oshowski S. 187 u., 205 o.; Pum S. 177; Quedens S. 205 u.; Synatzschke S. 113 u. r.; Todt S. 171 u., 245 u. l.; Wilson S. 189 o.; **H.-D. Brandl** S. 183 o.; **W. Curth** S. 27 o., 55 o. l., 61 u., 63 o. r., 183 M., 183 u. l.; **Bruce Coleman Ltd.**: Breeze-Jones S. 39 o.; Bartlett S. 41 u., 137 u.; Coleman S. 247 u.; Dawson S. 133 2. Bild von o., 137 o.; A. S. Deane S. 253 u.; Erize S. 269 o.; Halvorsen S. 39 u., 269 u.; Kuusamo S. 199 o. r.; Langsbury S. 147 u.; Lightfoot S. 227 u.; McConnell S. 141 u.; Sullivan/Rogers S. 165 u.; LL. Rue 133 u.; Wayne/Ankinen S. 19 o.; **R. Cramm** S. 135 o. l., 155 o., 231 o., 231 u. l., 231 u. r., 233 o., 245 o.; **Eichhorn/Zingel** S. 159, 275 o.; **A. Fischer-Nagel** S. 59 u. r., 75 u. l., 75 u. r., 189 u., 211 u.; **H. Främbs** S. 105 u. l., 173 o.; **P. Gloe** S. 227 o. l., 227 o. r.; **K. Griehl/Hirsch** S. 229 u.; **H. J. Hage** S. 201 o. r.; **J. Hiller** S. 199 u. l.; **W. Irsch** S. 273 u.; **J. Kankel** S. 151 u. r.; **W. Layer** S. 63 o. l., 67 o. r., 67 u., 111 o. l., 113 o., 117 o., 147 o., 171 o., 189 M.; **Lindenburger**: Arndt S. 191 o.; Cramm S. 97 o.; König S. 10; Nill S. 11; Wernicke S. 12, 15; **St. Meyers** S. 25 o., 113 u. l., **H. Moosrainer** S. 23 o., 93 o., 97 u., 113 M. l., 115 u. l., 145 u., 193 u. r., 255 o.; **The National History Photographic Agency**: S. 239 u.; Hawkes S. 221 o., 239 o.; **H. Partsch** S. 193 o. l., 193 M. l., 193 u. l., 235 u., 259 u. l.; **M. Pforr** S. 25 u. r.; **W. Pilz** S. 281; **F. Pölkins** S. 279 u. l., 279 u. r.; **R. Podloucky** S. 85 u., 93 u. r., 187 o. l.; **Dr. E. Pott** S. 47 o., 47 u. l., 47 u. r., 51 o., 57 u. l., 77 o., 81 o., 121 o., 121 u., 125 o., 125 u. r., 167 o., 209 u. r., 223 o., 237 o. l., 259 u. r., 261 o. l., 261 o. r., 261 u. l., 261 u. r., 263 o., 263 u. l.; **Bildagentur H. Prenzel**: S. 101 o.; Kankel S. 49; Lederer S. 85 o.; Kronmüller S. 163 u. r.; Moosrainer S. 265 u.; **G. Quedens** S. 23 u. l., 91 o., 91 u., 95 o., 105 M. r., 105 u. r., 135 o. r., 135 u. l., 135 u. r., 139 o., 201 u. l., 229 o., 233 u., 249 u.; **H. Reinhard** S. 109 o., 151 o., 161 u., 271 o., 279 o.; **Dr. F. Sauer** S. 19 u., 21 M., 25 u. l., 33 o. l., 33 o. r., 33 u. l., 33 u. r., 43 o., 57 u. r., 59 o., 65 o. l., 65 o. r., 65 u. l., 65 u. r., 99 u., 103 o., 109 u. r., 111 o. r., 111 u. l., 111 u. r., 115 o. l., 115 o. r., 115 u. r., 123 o., 123 u., 124 M. l., 127 o. l., 127 o. r., 131 o., 131 u., 133 o., 133 2. Bild von u., 165 o., 167 u. l., 167 u. r., 173 u., 175 o., 175 u., 177 u. l., 181 u. r., 191 u. r., 193 o. r., 195 o., 195 u. r., 197 u. l., 201 o. l., 203 o., 203 u. l., 209 u. l., 223 u. r., 237 o. r., 245 u. r.; **K. Schwammberger** S. 179 u.; **E. Seebold** S. 143 o., 143 u.; **R. Siegel** S. 55 u. l., 149 o., 223 u. l.; **G. Synatzschke** S. 23 u. r., 27 u., 37 u. r., 51 u., 55 u. r., 57 o. l., 59 u. l., 63 u. l., 63 u. r., 73 o., 81 M., 101 u., 127 u., 157 o., 157 u., 195 u. l., 203 u. r., 225 o., 225 u., 251 o., 251 u.; **P. Trötschel** S. 69 u. l., 139 u.; **Dr. K. Warncke** S. 43 u. l., 43 u. r., 73 u., 77 u. l., 81 u. l., 81 u. r., 151 u. l., 155 u., 221 u. r.; **I. Weber** S. 87 u., 105 o., 181 o., 199 u. r., 237 u.; **K. Wernicke** S. 21 u., 87 o., 95 u., 217 o., 217 u., 219 o.; **H. Wöhler** S. 89 u., 179 u., 197 u. r., 267 u. l.; **K. Wothe** S. 67 o. l., 79 o., 117 M., 117 u., 129 o., 155 M., 177 u. r.; **P. Zeininger** S. 29, 31, 57 o. r., 69 u. r., 71, 145 o., 191 u. l., 201 u. r., 235 o., 243 o., 243 u., 247 o., 271 u., 273 o. l., 273 o. r.; **H. Zettl** S. 109 u. l., 161 o., 207; **G. Ziesler** S. 37 o., 37 u. l., 41 o., 55 o. r., 163 o., 197 o., 209 o., 215 o., 215 u., 259 o., 267 o.

Der Mosaik Verlag ist ein Unternehmen
der Verlagsgruppe Bertelsmann
Neue, bearbeitete Sonderausgabe

Druck und Bindung: Graphischer Großbetrieb Pößneck GmbH
Printed in Germany · ISBN 3-576-10761-4

Steinbachs Naturführer

Weitere Bände

Säugetiere · Landvögel · Süßwasserfische
Insekten (außer Schmetterlingen) · Schmetterlinge
Bäume · Strauchgehölze · Wildblumen
Pilze · Orchideen · Alpenblumen · Mineralien
Beeren, Wildgemüse, Heilkräuter
Lurche und Kriechtiere · Leben in Bach und Teich
Gesteine · Pflanzen des Mittelmeerraums · Gräser
Versteinerungen · Flechten, Moose, Farne · Sterne

Der Autor
Dr. Frieder Sauer, Jahrgang 1934, studierte Zoologie sowie Biochemie und war acht Jahre lang Hochschulassistent. Er ist als naturwissenschaftlicher Fotograf tätig und bereist für seine Arbeit alle Erdteile. Sauer publiziert in Fachzeitschriften und ist Autor von zahlreichen Büchern. Er lebt heute bei München und ist Verleger von Naturführern.

Der Zeichner
Fritz Wendler (†), geboren 1941, erhielt seine Ausbildung in Stahl- und Kupferstich bei Freiherr von Wackerbarth, München, und Professor Bajardi, Mailand. Er arbeitete zunächst als Kartograph, erregte aber bald Aufsehen durch seine minutiös durchgearbeiteten Tier- und Pflanzenzeichnungen. Seine Fähigkeit, Artmerkmale in lebendigem Zusammenhang mit der Gesamtgestalt eines Lebewesens zu sehen und darzustellen, sicherten ihm europäischen Rang.

Der Herausgeber
Gunter Steinbach, geboren 1938, hat sich in zahlreichen Publikationen über die heimische Tier- und Pflanzenwelt einen Namen gemacht. Nach zwei Jahrzehnten Verlagstätigkeit lebt er heute auf seinem Einödhof im Westallgäu. Dort widmet er sich artgerechter Tierhaltung, dem biologischen Gartenbau in Höhenlagen und seinen Veröffentlichungen im Themenkreis Natur.